建筑工程施工现场专业人员培训教材

材　料　员

徐学军　主编

孙其珩　朱跃斌　副主编

中国环境科学出版社・北京

图书在版编目（CIP）数据

材料员/徐学军主编. —北京：中国环境科学出版社，2011.3

建筑工程施工现场专业人员培训教材

ISBN 978-7-5111-0496-0

Ⅰ. ①材… Ⅱ. ①徐… Ⅲ. ①建筑材料—技术培训—教材 Ⅳ. ①TU5

中国版本图书馆 CIP 数据核字（2011）第 022140 号

责任编辑 张于嫣
责任校对 尹 芳
封面设计 中通世奥

出版发行 中国环境科学出版社
（100062 北京东城区广渠门内大街 16 号）
网 址：http://www.cesp.com.cn
联系电话：010-67150545（建筑图书出版中心）
发行热线：010-67125803，010-67213405（传真）

印 刷 北京市联华印刷厂
经 销 各地新华书店
版 次 2011 年 3 月第 1 版
印 次 2011 年 3 月第 1 次印刷
开 本 787×1092 1/16
印 张 17.5
字 数 400 千字
定 价 44.00 元

编　委　会

主编的话

行业兴旺，人才为本；人才培养，教育为本。这套丛书根据《建筑工程施工现场专业人员职业标准》，以加强建筑工程施工现场专业人员队伍建设为目的，指导专业人员教育培训，提高专业人员职业素质、专业知识和专业技能，促进和完善施工组织管理，确保建筑工程施工质量和生产安全。

本丛书特色鲜明，注重建筑工程专业技能、专业知识的讲解；注重理论与实际的结合。丛书以现行国家工程建设有关技术规范和标准为依据，结合工程应用的实际，将规范、标准要求具体化、系统化，使理论与实践有机地融为一体。丛书强调解决建筑工程的实际问题，内容深入浅出、图文并茂、通俗易懂，适用性强。相信并希望本丛书对促进建筑行业人才培养，促进行业健康发展起到积极的作用。

徐学军

2010 年 12 月

前言

改革开放以来，随着我国建筑业的迅速发展，建设规模日益扩大，建筑施工队伍不断增加，对建筑工程施工现场各专业人员的要求越来越高。为此，住房和城乡建设部经过广泛深入的调查研究，分析和总结了我国建筑业 20 世纪 90 年代实施的岗位培训工作及国外建设行业职业标准编制的经验，并结合当前我国建筑施工现场专业人员人才开发的实践经验，在广泛征求意见的基础上，制定了《建筑工程施工现场专业人员职业标准》(以下简称《新标准》)。《新标准》中规定了建筑施工现场专业人员工作职责、专业技能、专业知识，以及组织职业能力评价的基本要求，以加强建筑工程施工现场专业人员队伍建设，规范专业人员的职业能力评价，指导专业人员的使用与教育培训，提高其职业素质、专业知识和专业技能，促进完善施工组织管理，确保施工质量和安全生产。

《新标准》的推出，要求我们必须紧跟形势的变化而变化，为了确保广大建筑施工企业、高等学校、职业院校及培训机构工作的开展，以应对新时期的新要求，积极配合相关单位做好培训工作，编委会依据《新标准》推出一套新培训教材。初期编写出 8 本教材——《施工员》、《质量员》、《安全员》、《标准员》、《材料员》、《资料员》、《机械员》、《劳务员》。

在编写过程中，考虑到建筑工程施工现场专业人员的培训目标，本套教材在内容编写方面具有如下特色：注重专业技能、专业知识的讲解；注重理论与实际案例相结合，以现行国家工程建设有关技术规范和标准为依据，结合工程应用的实际，将规范、标准要求具体化、系统化，使理论与实践有机地融为一体，强调解决建筑工程的实际问题，弥补现有建筑工程施工现场专业人员各培训教材唯注重理论的缺陷；编者始终遵循规范化和适用的原则，力求做到深入浅出、图文并茂、通俗易懂；此外每本书后配以练习题，便于学员练习使用。

本套教材编写过程中得到了中国环境科学出版社的大力支持，在此一并致谢！由于编者的经验和水平有限，加之编写时间仓促，书中难免有疏漏和错误之处，恳请各方面的专家和读者批评指正，以便今后修订再版。

编委会

2010 年 12 月

目 录

第一章 概 论

一、材料管理的概念

建筑企业的材料管理就是对施工过程中所需的各种材料，围绕采购、储备和消费，所进行的一系列组织和管理工作。也就是借助计划、组织、指挥、监督和调节等管理职能。依据一定的原则、程序和方法，搞好材料平衡供应，高效、合理地组织材料的储存、消费和使用，以保证建筑安装生产的顺利进行。

建筑安装施工生产总是不间断地进行的。建筑材料在施工中逐渐被消耗掉，转化成工程实体。生产过程是原材料不断消耗的过程，又是原材料不间断地补充的过程。没有生产资料的供应，生产建设就无法进行。在建筑工程施工中，注意节约使用材料，努力降低单耗，控制材料库存，加速流转，节约使用储备资金，这些都与企业经营成果直接有关。建筑材料的供应与管理是建筑企业经营管理的重要组成部分，建筑材料是建筑企业组织生产的物质基础。加强材料供应和管理工作是建筑业现代化生产的客观需要，也是企业完成和超额完成各项技术、经济指标，取得良好经济效益的重要环节。

建筑业生产的技术经济特点，使得建筑企业的材料管理工作具有一定的特殊性、艰巨性和复杂性，表现在：

（1）建筑材料品种规格繁多。由于建筑产品（工程对象）各不相同，技术要求各异，需用材料的品种、规格、数量及构成比例也随之不同，一般工程经常使用的建筑材料就有 600 个品种，2 000 多个规格，加上特殊工程的则更多了。

（2）建筑材料耗用量多，重量大。建筑物不同于其他一般产品，它体积庞大，一个地区大宗材料的耗用，常以“吨”来计量，而且体积松散，不易管理，并需要很大的运输力量。

（3）建筑安装生产周期较长，占用的生产储备资金较多。一个建筑产品从投入施工到交付使用，往往要以月或年计算工期，在施工期间，不提供任何使用价值，每天要消耗大量的人力、物力。由于自然条件的限制，一部分建筑材料的生产和供应，受到季节性影响，需要做季节储备。这就决定了材料储备数量较大，占用储备资金较多。

（4）建筑材料供应很不均衡。建筑施工生产是按分部分项分别进行的，生产按工艺程序展开，施工各阶段用料的品种、数量都不相同，材料消耗数量时高时低，这就决定了材料供应上的不均衡性。

（5）材料供应工作涉及面广。供应单位点多面广，在常用的建筑材料中，既有大宗材料，又有零星或特殊的材料，材料货源和供应渠道复杂。其中有很大一部分需自外省市运入，建筑企业自身运输能力不能解决，需要借助大量的社会运输力量，这就要受到运输方式各运输环节的牵制和影响，稍有疏忽，就会在某一环节上产生问题，影响施工生产的正常进行，需要周密规划，认真考虑材料的供应问题。

（6）由于建筑产品——建筑物固定，施工场所不固定，决定了建筑生产的流动性，使得建筑材料的供应没有固定的来源和渠道，也没有固定的运输方式，反映了建筑材料供应工作上的复杂性。

（7）建筑材料的质量要求高。建筑产品的质量，在很大程度上取决于材料的质量。建筑材料供应工作的本身也就要求高质量，要求在一定时间的生产进度内，把不同品种、规格、质量、数量的各种建筑材料按质、按量、及时、配套地供应到施工现场。

材料管理人员，只有充分认识到建筑材料供应与管理工作的重要性、特殊性，以及做好材料供应与管理工作的艰巨性、复杂性，才能掌握工作的主动权，做好材料供应与管理工作。

二、建筑企业材料管理的范围

建筑企业材料部门的材料管理范围，不仅包括原料、材料、燃料，还包括生产工具、劳保用品、机电产品，有的还扩大到机械配件。所以“材料”一词，对建筑企业来说，是指材料部门管理的所有物资。建筑材料的管理，可分为社会流通领域的管理和生产领域的管理（对材料消费的管理）。在计划指导下，通过订货、采购、运输、仓储及配套等业务活动，把建筑材料供应到施工现场，并投入生产。这就是材料从流通领域转入生产领域的活动。

三、材料管理的方针与原则

1．“从施工生产出发，为施工生产服务”的方针

这是“发展经济，保障供给”的财经工作总方针的具体化，是材料供应与管理工作的基本出发点。

2．加强计划管理的原则

建筑产品中，不论是生产性或非生产性建筑，也不论工程结构繁简，建设规模大小，都是根据使用目的，预先设计，然后施工的。施工任务一般落实较迟，但一经落实就急于施工，加上施工过程中情况多变，若没有适当的材料储备，就没有应变能力。搞好材料供应的关键在于摸清施工规模，提出备料计划，在计划指导下组织好各项业务活动的衔接，保证材料满足工程需要，使施工生产顺利进行。

3．加强核算，坚持按质论价的原则

往往同一品种材料，因各地厂家或企业生产经营条件不同和市场供求关系等原因，价格上有明显差异，在采购订货业务活动中应遵守国家物价政策，按质论价、协商订购。

4．励行节约的原则

这是一切经济活动都必须遵守的根本原则，在材料供应管理活动中包含两方面意义：一方面是材料部门在经营管理中，精打细算，节省一切可能节约的开支，努力降低费用水平；另一方面是通过业务活动加强定额控制，促进材料耗用的节约，推动材料的合理使用。在设计过程中合理选用材料，是最大的节约。因此要进行图纸会审，选用最优的施工方案，合理使用材料。

四、材料管理的要求

做好材料管理工作，除材料部门积极努力外，尚需各有关方面的协作配合，以达到供好、管好和用好建筑材料，降低工程成本的目的。

1. 落实资源，保证供应

建筑施工任务落实后，材料供应是主要保证条件之一，没有材料，建筑企业就失去了主动权，完成任务就成为一句空话。施工企业必须按施工图预算核实材料需用量，组织材料资源。材料部门要主动与建设单位联系，属于建设单位供应的物资，要全面核实其现货、订货、在途资源，与工程需用量的余缺。双方协商、明确分工落实责任，分别组织配套供应，及时、保质、保量地满足施工生产的需要。

2. 抓好实物采购运输，加速周转，节省费用

搞好材料供应与管理，必须重视采购、运输和加工过程的数量、质量管理。根据施工生产进度要求，掌握轻、重、缓、急，结合市场调节，尽最大努力减少“在途”和“压缩库存”物资，加强调剂，缩短材料的“在用、在库”时间，加速周转。与材料供应管理工作有关的各部门，都要明确经济责任，全面实行经济核算制度，降低材料成本。

3. 抓好商情信息管理

商情信息与企业的生存和发展有密切联系。材料商情信息的范围较广，要认真搜集、整理、分析和应用。材料部门要有专职人员，经常了解市场物资流通供求情况，掌握主要材料和新型建材动态（包括资源、质量、价格、运输条件等）。搜集的信息应分类整理、建立档案，为领导提供决策依据。

如某安装公司应用市场信息的做法是：采取普遍函调、择优重点调查和实地走访三种方式，即印好调查表向各生产厂函调，根据信息反馈择优进行重点调查或走访实地调查。通过信息整理、分析和研究，摸清材料的产量、质量和价格情况，组织定点挂钩，做到供需衔接，最后取得成效。

4. 降低材料单耗

材料单耗是指建筑产品单位工程量所耗用建筑材料的数量。由于建筑产品是固定的，施工地点分散，露天作业多，不免要受自然条件的限制，影响均衡施工，材料需用过程中品种、规格和数量的变动大，使定额供料增加了困难。为降低材料单耗，要完善设计，改革工艺，使用新材料，认真贯彻节约材料技术措施。施工中要贯彻操作规程，合理使用材料，克服施工现场浪费，要在保证工程质量的基础上，严格执行材料定额管理。材料品种、规格繁多，应选定主要品种，进行核算，认真按定额控制用料，降低材料单耗水平。

五、材料管理的任务

建筑企业材料管理工作的基本任务是：本着“管物资必须全面管供、管用、管节约和管回收、修旧利废”的原则，把好供、管、用三个主要环节，以最低的材料成本，按质、按量、及时、配套供应施工生产所需的材料，并监督和促进材料的合理使用。

1. 提高计划管理质量，保证材料供应

提高计划管理质量，首先要提高核算工程用料的正确性。计划是组织和指导材料业务活动的重要环节，是组织货源和供应工程用料的依据。无论是需用计划，还是材料平衡分配计划，都要按单位工程（大的工程可按分部工程）进行编制。但是在实际工作中往往因设计变更，施工条件的变化，打破了原定的材料供应计划。为此，材料计划工作需要与设计、建设单位和施工部门保持密切联系。对重大设计变更，大量材料代用，材料的价差和量差等重要问题，应与有关单位协商解决好。同时，材料供应人员要有应变的工作水平，才能保证工程需要。

2. 提高供应管理水平，保证工程进度

材料供应管理包括采购、运输及仓库管理业务，这是配套供应的先决条件。由于建筑产品的规格、式样多，每项工程都是按照建筑物的特定功能设计和施工的，对材料各有不同的需求，数量和质量受设计的制约，而在材料流通过程中受生产和运输条件的制约，价格上受市场供求关系的制约。因此，材料部门要主动与施工部门保持密切联系，交流情况，互相配合，才能提高供应管理水平，适应施工要求。对特殊材料要采取专料专用控制，以确保工程进度。

3. 加强施工现场材料管理，坚持定额用料

建筑产品体积庞大，生产周期长，用料数量多，运量大，而且施工现场一般比较狭小，储存材料困难，在施工高峰期间土建、安装交叉作业，材料储存地点与供、需、运、管之间矛盾突出，容易造成材料浪费。因此，施工现场材料管理，首先要建立健全材料管理责任制度，材料员要参加现场施工总平面图关于材料布置的规划工作。在组织管理方面要认真发动群众，坚持专业管理与群众管理相结合的原则，建立健全施工队（组）的管理网，这是材料使用管理的基础。在施工过程中要坚持定额供料，严格领退手续，达到“工完料尽场地清”，克服浪费，节约有奖。

4. 严格经济核算，降低成本，提高效益

经济核算是借助价值形态对生产经营活动中的消耗和生产成果进行记录、计算、比较和分析，促使企业以最低的成本取得最大经济效益的一种方法。材料供应管理同企业的其他各项业务活动一样，都应实行经济核算，寻找降低成本的途径。

六、材料管理的业务内容

1. 材料管理的业务内容

材料管理涉及两个领域：物资流通领域和生产领域。

（1）物资流通领域的材料管理，是指在企业材料计划指导下，组织货源，进行订货、采购、运输和技术保管等活动的管理。

（2）生产领域的材料管理，指在生产消费领域中，实行定额供料，采取节约措施和奖励办法，鼓励降低材料单耗，实行退料回收和修旧利废活动的管理。建筑企业的施工队一级，是材料供、管、用的基层单位，它的材料工作重点是管和用，其工作的好坏，对材料管理的成效，有明显作用。

2. 材料管理业务工作

材料管理的业务工作包括供、管、用三个方面，具体有 8 项业务：材料计划、组织货源、运输供应、验收保管、现场材料管理、工程耗料核销、材料核算和统计分析。

七、建筑企业材料管理体制

建筑企业材料管理体制是建筑企业组织、领导材料管理工作的根本制度。它明确了企业内部各级、各部门间在材料采购、运输、储备、消耗等方面的管理权限及管理形式，是企业生产经营管理体制的重要组成部分。正确确定企业材料管理体制，对于实现企业材料管理的基本任务，改善企业的经营管理，提高企业的承包能力、竞争能力都具有重要意义。

决定和影响建筑企业材料管理体制的条件和因素，主要有以下三点：

1. 材料管理体制要反映建筑生产及需求特点

在确定企业材料管理体制过程中，应考虑以下几个问题：

（1）要适应建筑生产的流动性。材料、机具的储备不宜分散，尽可能提高成品、半成品供应程度，能够及时组织剩余材料的转移和回收，减轻基层的负担，使基层能轻装转移。

（2）要适应建筑生产的多变性。要有准确的预测，对常用材料要有适当储备，要建立灵敏的信息传递、处理、反馈体系，要有一个有力的指挥系统，这样可以对变化了的情况及时处理，保证施工生产的顺利进行。

（3）要适应建筑生产多工种的连续混合作业。按不同施工阶段实行综合配套，按材料使用方向分工协作，在方法上、组织上保证生产的顺利进行。

（4）要体现供管并重。建筑生产用料多、工期长，为实现材料合理使用，降低消耗，要健全计量、定额、凭证和统计等基础工作，通过核算，加强监督，保证企业的最终经济效益。

2. 材料管理体制要适应企业的施工任务和企业的施工组织形式

建筑企业的施工任务状况主要包括规模、工期和分布三个方面，在一般情况下，企业承担的任务规模较大，工期较长，任务必然相对集中；规模较小，工期较短，任务必然相对分散。按照建筑企业承担任务的分布状况，可分为现场型企业、城市型企业和区域型企业。

现场型企业，一般采取集中管理的体制，把供应权集中于企业，实行统一计划、统一订购、统一储备、统一供应、统一管理。这种形式有利于统一指挥，减少层次、减少储备、节约设施和人力，材料供应工作对生产的保证程度高。

城市型企业，其施工任务相对集中在一个城市内，常采用“集中领导，分级管理”的体制，对施工用主要材料和机具的供应权、管理权集中企业，对施工用一般材料和机具的供应权、管理权放给基层。这样，既能保证企业的统一指挥，又能调动各级的积极性，同样可以获得减少中转环节，减少资金占用，加速物资周转和保证供应的目的。

区域型企业，是指任务比较分散，甚至跨省跨市，这类企业应因地制宜，或在“集中领导，分级管理”的体制下，扩大基层单位的供应和管理权限，或在企业的统一计划指导下，把材料供应和管理权完全放给基层。这样既可以保证企业在总体上的指挥和调节，又能发挥各基层单位的积极性、主动性，从而避免由于过于集中而带来不必要的层次、环节，造成人力、物力、财力的浪费。

3. 材料管理体制要适应社会的材料供应方式

建筑材料依靠社会提供。企业的材料管理体制受国家和地方物资分配方式和供销方式的制约。只有适应国家和地方建筑材料分配方式和供销方式，企业才能顺利地获得自己所需的材料。

一般情况下，须考虑以下几个方面：

（1）要考虑和适应指令性计划部分的物资分配方式和供销方式。

凡是由国家物资部门配套承包供应的，企业除具有接管、核销能力，还要具备调剂、购置的力量，解决配套承包供应的不足。实行建设单位供料为主的地区，有条件的企业应考虑在高层次接管，扩大调剂范围，提高保证程度。直接接受国家和地方计划分配，负责产需衔接的企业，还应具有申请、订货和储备能力。

（2）要适应地方市场资源供货情况。

凡是有供货渠道和生产厂家的地区，企业除具有采购能力外，要根据市场供货周期建立适当的储备能力，要创造条件直接与生产厂家衔接，享受价格优惠，建立稳定的供货关系。对于没有供货渠道的地区，企业要考虑具有外地采购、协作，以及扶植生产、组织加工、建立基地的能力，通过扩大供销关系和发展生产的途径，满足企业生产的需要。不同的社会供应方式和地区的资源情况，对企业的材料供应体制提出了不同的要求，只有适应并反映了这些要求，才能更好地实现企业材料供应与管理的基本任务，为生产提供良好的物质基础，促进企业的发展。

（3）社会资源形势也是企业考虑材料管理体制的一个重要因素。

一般情况下，当社会资源比较丰富，甚至供大于求，企业材料的采购权、管理权不宜过于集中。否则会增加企业不必要的管理层次，造成人力、物力和财力的浪费，甚至影响施工生产；当社会资源比较短缺，甚至供不应求，企业材料的采购权、管理权不宜过于分散，否则，就会出现互相抢购、层层储备，造成人力、物力和财力的浪费，甚至影响施工生产。

企业材料管理体制还取决于企业材料队伍的素质状况，在其他条件不变的情况下，队伍素质高可以适当减少层次和环节，既能集中指挥，又能独立作战，能供能管。反之，依赖性强，必然增加层次和环节。

综上所述，建筑企业的材料管理体制既是实现企业经营活动的重要条件，又是企业联系社会的桥梁和纽带，受企业内外各种条件和因素的制约。确定企业材料管理体制必须从实际出发，调查研究，综合考虑各种因素，力求科学、合理；要保证企业经营活动的开展，有利于企业取得最终的整体效益；要保证企业生产管理的完整性，有利于企业生产的指挥和调节；要体现上一层次为下一层次服务的原则，兼顾各级的利益；要有利于信息的收集、传递、反馈和处理，使材料管理机制有机地运行。

建筑企业材料管理体制一般应包括和明确三个方面的内容：企业各层次在材料采购、加工、储备等方面的分工；企业所用材料的计划、采购、加工、储备、调拨及使用的主要管理办法；按照上述分工和管理要求而建立的各层次的材料管理机构。建筑企业的材料管理机构是企业材料管理的职能部门，负有对企业材料管理工作进行全面规划、领导和组织责任。各层次的材料管理机构的一般职责是：

① 贯彻执行国家各项有关物资管理的方针、政策，并监督检查执行情况；

② 制定执行企业材料管理的各项制度、办法；

③ 筹划施工所需材料、机具的采购、加工、储备、供应、平衡调度；

④ 准确及时编报各种材料计划及统计报表；

⑤ 做好仓库及现场料具的收、发、保管和核算工作；

⑥ 推行定额用料和开展用料承包，促进降低材料消耗；

⑦ 负责周转材料及工具的管理，有条件的要实行租赁制；

⑧ 负责材料采购资金管理及采购成本核算；

⑨ 负责企业材料供应管理的规划、总结，并推广交流先进经验；

⑩ 组织材料人员的业务学习和培训。

八、材料员岗位职责与工作程序

1. 材料员岗位职责

材料员应廉洁自律、秉公办事，认真执行有关法规，遵纪守法，努力钻研业务，熟悉各种材料，及时准确、保质保量完成任务。具体岗位职责包括：

（1）在项目经理领导下，负责项目部材料管理工作。

（2）负责项目部材料计划、供方评价、材料供应、材料现场管理工作。

（3）负责上级主管部门授权的材料招（议）标采购，进行市场价格调查，掌握市场材料价格信息。

（4）负责项目部材料验收、搬运、储存、标识、发放及固定财产的管理。

（5）负责项目部季度验工材料成本管理，建立材料消耗台账，搞好季度验工的材料成本分析工作。

（6）负责项目部能源、资源管理和可回收废弃物的回收、处置登记，易燃、易爆、危险化学品的收、发、存工作。做好仓库的消防安全管理工作。

（7）负责劳动保护用品的计划、申请、登记、发放、回收工作。

（8）负责检查施工现场材料的码放、仓库封闭、材料使用是否符合大气和水污染防治的要求。

（9）负责每月对两个以上供方的供货质量进行抽查和评价，每季度向材料设备管理部门反馈一次。

（10）负责项目部材料消耗统计报表、能源、资源季报、质量反馈季报、价格反馈季报的统计上报工作。

（11）负责项目部产生的各种记录的填写、标识、保管、整理和保存工作。

（12）完成领导交办的其他工作。

2. 材料员的工作程序

材料员应熟悉各种材料的型号、规格、特性、用途及各种材料的价格信息。在材料管理各阶段做好以下工作：

（1）熟悉建设工程项目的特点和施工合同的要点，参与施工组织设计的编制工作，规划材料存放场地和运输道路，做好材料预算汇总和编制材料分类需用计划，制订现场材料管理方案。

（2）根据材料使用计划的要求，做好材料采购的招标和采购合同的签订、管理工作。

（3）按施工进度计划的要求，组织材料分期分批有序地进场。一方面保证施工生产需要；另一方面要防止形成大批剩余材料。

（4）按照各类材料的品种、规格、质量、数量要求，严格对进场材料进行检查和办理入库验收手续。

（5）按照现场平面布置要求，做到合理存放材料，在方便施工、保证道路畅通、安全可靠的原则下，尽量减少材料二次搬运。

（6）按照各类材料的自然属性，依据材料保管技术要求和现场客观条件，采取各种有效措施进行维护、保养，保证各类材料不降低使用价值。

（7）按照施工班组所承担的工作任务，依据定额及预算做好材料的发放工作。

（8）按照施工规范要求和用料要求，对施工班组领用的材料，在使用过程中进行检查，督促班组合理使用和节约材料。

（9）通过对材料消耗活动进行记录、计算、控制、分析、考核和比较，做好材料核算工作。

九、建设行业从业人员职业道德

（一）职业道德

职业道德是所有从业人员在职业活动中应该遵循的行为准则，涵盖了从业人员与服务对象、职业与职工、职业与职业之间的关系。它是职业或行业范围的特殊的道德要求，是社会道德在职业生活中的具体体现。

社会主义职业道德是社会主义道德原则在职业活动中的体现，是社会主义社会从事各种职业的劳动者都应遵守的职业行为规范的总和。它的主要内容包括：爱岗敬业、诚实守信，办事公道、服务群众、奉献社会。社会主义职业道德的核心内容是“为人民服务”。

（二）建设行业从业人员职业道德规范

一名合格的建设行业从业人员应具备以下几方面的职业道德：

1．忠于职守，热爱本职

一个从业人员不能尽职尽责，忠于职守，就会影响整个企业或单位的工作进程。严重的还会给企业和国家带来损失，甚至还会在国际上造成不良影响。因此，我们应当培养高度的职业责任感，以主人翁的态度对待自己的工作，从认识上、情感上、信念上、意志乃至习惯上养成“忠于职守”的自觉性。

（1）忠实履行岗位职责，认真做好本职工作

岗位责任一般包括：岗位的职能范围与工作内容；在规定的时间内完成的工作数量和质量。忠实履行岗位职责是国家对每个从业人员的基本要求，也是职工对国家、对企业必须履行的义务。每个人选择职业时可以公平竞争，定岗后就要履行岗位职责。

（2）反对玩忽职守的渎职行为

玩忽职守，渎职失责的行为，不仅影响企事业单位的正常活动，还会使公共财产、国家和人民的利益遭受损失，严重的将构成渎职罪、玩忽职守罪、重大责任事故罪，而

受到法律的制裁。作为一个建设行业从业人员，就要从一砖一瓦做起，忠实履行自己的岗位职责。

2．质量第一，信誉至上

“质量第一”就是在施工时要对建设单位（用户）负责，从每个人做起，严把质量关，做到所承建的工程不出次品，更不能出废品，争创全优工程。建筑工程的质量问题不仅是建筑企业生产经营管理的核心问题，也是企业职业道德建设中的一个重大课题。

（1）建筑工程的质量是建筑企业的生命。建筑企业要向企业全体职工（包括技术人员和管理人员），特别是第一线职工反复地进行“百年大计，质量第一”的宣传教育，增强执行“质量第一”的自觉性，同时要“奖优罚劣”，严格制度，检查考核。

（2）诚实守信、实践合同。信誉，是信用和名誉两者在职业活动中的统一。“信誉至上”就是要信守诺言，实践合同，从而取得建设单位（业主）对本企业的信任，维护企业（或个人）的声誉。一旦签订合同，就要严格认真履行，不要“见利忘义”，“取财无道”，不守信用。“信招天下客，誉从信中来”，企业生产经营要真诚待客，服务周到，产品上乘，质量良好，以获得社会肯定。

建设行业职工应该从我做起，抓职业道德建设，抓诚信教育，使诚实守信成为每个建筑企业的精神，成为每个建筑职工进行职业活动的灵魂。

3．遵纪守法，安全生产

遵纪守法，是一种高尚的道德行为，作为一个建筑业的从业人员，更应强调在日常施工生产中遵守劳动纪律。自觉遵守劳动纪律，维护生产秩序，不仅是企业规章制度的要求，也是建筑行业职业道德的要求。

严格遵守劳动纪律，要求做到：听从指挥，服从调配，按时、按质、按量完成上级交给的生产劳动任务；保证劳动时间，不迟到、不早退、不旷工，遵守考勤制度；认真执行岗位责任制和承包责任制，坚守工作岗位，不玩忽职守，在施工劳动中精力要集中，不“磨洋工”，不干私活，不拉扯闲谈开玩笑，不做与本职工作无关的事；要文明施工、安全生产，严格遵守操作规程，不违章指挥、违章作业；做遵纪守法、维护生产秩序的模范。

安全生产就是在建筑施工的全过程中，每一个环节，每一个方面都要注意安全，把安全摆在头等重要的位置，认真贯彻“安全第一、预防为主”的方针，加强安全管理，做到安全生产。

由于建设行业的施工生产不安全因素多，建设行业从业人员要清醒地认识到生产安全的重要性和必要性，懂得安全生产、文明生产的科学知识，牢固树立“安全第一”的思想，自觉地遵守各项安全生产的法律、法规和规章制度。

4．文明施工，勤俭节约

文明施工就是坚持合理的施工程序，按既定的施工组织设计，科学地组织施工，严格地执行现场管理制度，做到经常性的监督检查，保证现场整洁，工完场清，材料堆放整齐，施工程序良好。施工现场应符合安全、卫生和防火要求，并做到安全生产，文明施工。

勤俭就是勤劳俭朴，节约就是把不必使用的节省下来。换句话说，一方面要多劳动、多学习、多开拓、多创造社会财富；另一方面又要俭朴办企业，合理使用人力、物力、财力，精打细算，节省开支、减少消耗，降低成本、提高劳动生产率，提高资金利用率，严格执行各项规章制度，避免浪费和无谓的损失。

5. 钻研业务，提高技能

当前，我国建立了社会主义市场经济体制，建筑企业要在优胜劣汰的竞争中立于不败之地，并保持蓬勃的生机和活力，从内因来看，在很大程度上取决于建筑企业是否拥有现代化建设所需要的各种适用人才。企业要实现技术现代化、管理现代化、产品现代化，关键是要实现人才现代化。作为建筑企业的职工素质优劣（包括文化、科学、技术、业务水平的高低，政治思想、职业道德品质的好坏）往往决定了企业的兴衰。在一个建筑企业里，适应企业需要的各种人才的数量愈多，素质愈高，生产的成效也愈大，所表现出来的生产力发展水平就愈高。科学技术越进步，人才在生产力发展中的作用也就越大。作为建设行业的从业人员，就应该努力学习先进技术和专门知识，了解现代建筑的发展方向，适应建筑现代化的要求。材料员从事材料的采购、管理工作，责任重大。应热爱本职工作，爱岗敬业，工作认真，一丝不苟。遵纪守法，模范地遵守建设行业职业道德规范。

第二章　建筑材料

第一节　材料的基本性质

建筑材料是用于建造建筑物或构筑物的所有物质的总称。建筑材料种类繁多，为了便于研究和使用，通常从不同的角度加以分类。

按用于建筑物的部位分：基础材料、墙体材料、屋面材料、地面材料、顶棚材料等。

按材料的作用分：结构材料、砌筑材料、防水材料、装饰材料、保温绝热材料等。

按材料的成分分：无机材料、有机材料、复合材料等。

建筑材料的性质各异。通常我们将一些材料共同具有的性质，称为材料的基本性质。归纳起来，材料的基本性质有物理性质、力学性质、化学性质、耐久性质、装饰性质等方面。

一、材料的物理性质

（一）材料状态参数与结构特征

1．材料的状态参数

（1）密度：材料的密度是指材料在绝对密实状态下单位体积的质量，可用下式计算：

$$\rho=\frac{m}{V}$$

式中，ρ——材料的密度，g/cm^3；

m——材料在干燥状态下的质量，g；

V——材料在绝对密实状态下的体积，cm^3。

材料的绝对密实体积是指材料内固体物质所占的体积，不包括材料内部孔隙的体积。实际除个别材料（金属、玻璃、单矿物）外，大多数材料是多孔的。也就是说自然状态下多孔材料的体积 V_0 是由固体物质的体积 V 和孔隙体积 V_k 两部分组成的。

为了测定材料的绝对密实体积，按测定密度的标准方法规定，将干燥的试样磨成粉末（通过 900 孔/cm^2 筛）。称一定质量的粉末，置于装有液体的李氏瓶（图 2-1）中测量其绝对体积。绝对体积等于被粉末排出的液体体积。

如果材料是比较密实的（如石子、砂子等），可不必磨成细粉，而直接用排水法求得其绝对体积的近似值，这样所得的密度称为视密度。

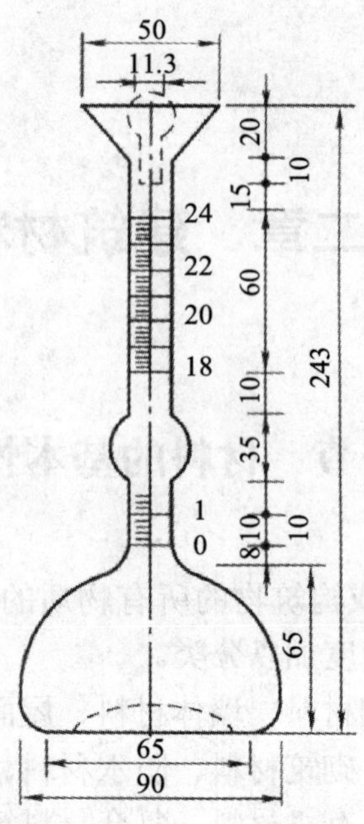

图 2-1 李氏瓶示意图（单位：mm）

（2）表观密度（俗称容重）：表观密度（又称体积密度）是指材料在自然状态下单位体积的质量。可用下式计算：

$$\rho_0 = \frac{m}{V_0}$$

式中，ρ_0——表观密度，g/cm³ 或 kg/m³；

m——材料的质量，g 或 kg；

V_0——材料在自然状态下的体积，cm³ 或 m³。

材料在自然状态下的体积是指包含材料内部孔隙的表观体积。当材料的孔隙内含有水分时，其质量和体积均将有所变化。故测定表观密度时，应注明含水情况。在烘干状态下的表观密度，称为干表观密度。

（3）堆积密度：堆积密度是指粉状、颗粒状或纤维状材料在堆积状态下，单位体积的质量。按下式计算：

$$\rho_0' = \frac{m}{V_0'}$$

式中，ρ'_0——堆积密度，g/cm³ 或 kg/m³；

m——材料的质量，g 或 kg；

V'_0——材料的堆积体积，cm³ 或 m³。

材料在堆积状态下的体积不但包括材料的表观体积，而且还包括颗粒间的空隙体积。其值的大小不但取决于材料颗粒的表观密度，而且还与堆积的密实程度有关，与材料的含水状态有关。

在建筑工程中，计算材料用量、构件自重、配料计算、确定堆放空间以及运输量时，经常要用到材料的密度、表现密度和堆积密度等数据。

2．材料的结构特征

（1）密实度：材料的密实度是指材料体积内被固体物质所充实的程度，即材料的密实体积与自然体积之比。可按下式计算：

$$D=\frac{V}{V_0}\times100\%=\frac{\rho_0}{\rho}\times100\%$$

由上式可知，凡含孔隙的固体材料其密实度均小于 1。固体物质所占比率越高，材料就越密实。对同种材料来说，较密实的材料，其强度较高，吸水性较小，导热性较好。

（2）孔隙率：材料的孔隙率是指材料中孔隙体积占材料总体积的百分率，可按下式计算：

$$P=\frac{V_0-V}{V_0}\times100\%=\frac{V_k}{V_0}\times100\%=1-\frac{V}{V_0}\times100\%=1-\frac{\rho_0}{\rho}\times100\%$$

材料的孔隙率与密实度是从两个不同的方面反映了材料的同一性质。孔隙率的大小对材料的物理力学性质均有影响。一般来说，孔隙率越小，则材料的强度越高，容重越大。此外，孔隙的构造和大小对材料的性能影响也较大。孔隙按构造可分为连通孔与封闭孔两类；按其孔径大小可分为细微孔和粗大孔两类。

对于松散颗粒材料，如砂、石等的致密程度应用“空隙率”表示。空隙率是指散粒材料颗粒间的空隙体积占总体积的百分率。计算时，式中的容重应为堆积密度，密度应为视密度。

（二）材料与水有关的性质

1．亲水性和憎水性

材料在空气中与水接触时，根据其能否被润湿，可把材料分为亲水性材料和憎水性材料两类。

润湿，就是水被材料表面吸附的过程，它和材料本身的性质有关。如果材料分子与水分子间的相互作用力大于水分子本身之间的作用力，则材料表面就能被水所润湿。此时，在材料、水和空气三相的交点处，沿水滴表面所引的切线与材料表面所成的夹角（称为润湿角）θ 角愈小，润湿性愈好，若 θ 角为零，则表示材料完全被水所润湿。一般认为，当润湿角 $\theta<90°$，如图 2-2（a）所示，这种材料称为亲水性材料。反之，如果材料分子与水分子间的相互作用力小于水分子本身之间的作用力，那么表示材料表面不能被水所润湿，此时 $\theta>90°$，如图 2-2（b）所示，这种材料称为憎水性材料。大多数建筑材料，如砖、混凝土、砂浆、木材等都是亲水性材料，而沥青、石蜡等则属于憎水性材料。

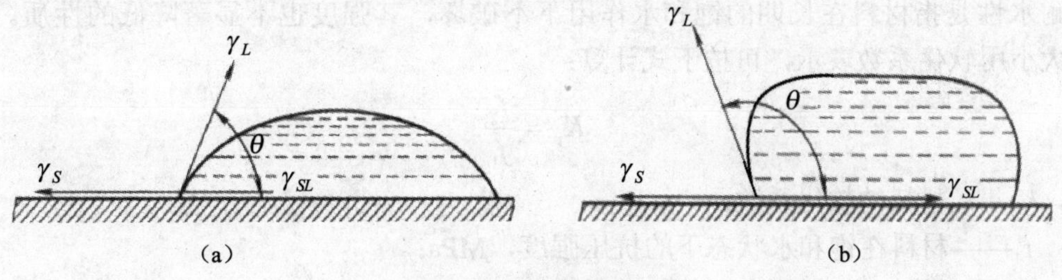

图 2-2 材料润湿示意图

（a）亲水性材料；（b）憎水性材料

2．吸水性

吸水性是指材料能在水中吸收水分的性质。其大小用吸水率表示。吸水率有质量吸水率和体积吸水率两种表示方法。可分别按下列公式计算：

质量吸水率（W_m）：

$$W_m = \frac{m_1 - m}{m} \times 100\%$$

式中，m_1——材料吸水达到饱和时的质量，g；

m——材料烘干至恒重时的质量，g；

W_m——材料的质量吸水率，%。

体积吸水率（W_v）：

$$W_v = \frac{m_1 - m}{V_0} \times 100\%$$

式中，W_v——材料的体积吸水率，%；

V_0——材料在自然状态下的体积，cm^3。

注：常温下将水的密度看做 $1g/cm^3$，所以材料所吸收的水的质量在数值上等于其体积。

材料的吸水性不仅取决于材料本身是亲水的还是憎水的，也与其孔隙率的大小和孔隙特征有关。一般来说，孔隙率越大，吸水率越大。如果材料具有细微而连通的孔隙，其吸水率就大。若是封闭孔隙，水分就难以渗入。粗大的孔隙，水分虽然容易渗入，但仅能润湿孔壁表面，而不易在孔隙内留存。所以具有封闭或粗大孔隙的材料，它的吸水率往往较小。

3．吸湿性

材料在潮湿的空气中吸收水分的性质称为吸湿性。吸湿性大小可用含水率表示。

含水率即材料所含水的质量占材料干燥质量的百分率，可按下式计算：

$$W_H = \frac{m_1 - m}{m} \times 100\%$$

式中，m_1——材料含水时的质量，g；

m——材料干燥至恒重时的质量，g；

W_H——材料的含水率，%。

材料的吸湿性大小，除了与材料本身的成分、组织构造等因素有关外，还与周围的湿度、温度有关。气温越低，相对湿度越大，材料的吸湿性也就越大。

4．耐水性

耐水性是指材料在长期的饱和水作用下不破坏，其强度也不显著降低的性质。耐水性的大小用软化系数表示，可按下式计算：

$$K_p = \frac{f_2}{f_1}$$

式中，K_p——材料的软化系数；

f_1——材料在饱和水状态下的抗压强度，MPa；

f_2——材料在干燥状态下的抗压强度，MPa。

材料的软化系数变化范围在 0～1 之间。软化系数值越大、耐水性越好。一般材料，随着含水率的增加，水分会渗入材料微粒间缝隙内，降低微粒之间的结合力。同时会软化材料中的不耐水成分，使强度降低。所以，用于严重受水侵蚀或潮湿环境中的重要建筑物，不宜采用软化系数小于 0.85 的材料。

5．抗冻性

抗冻性是指材料在吸水饱和状态下，经受多次冻结和融化作用（冻融循环）而不破坏，同时也不严重降低强度的性质。材料的抗冻性用抗冻等级表示。

抗冻等级是在材料试件浸水饱和后，在－15℃的温度下冻结，再在 20℃的水中融化（这样为一个冻融循环）。当试件承受反复冻融循环后，其质量损失不超过 5%，强度损失不超过 25%时，试件承受的最多冻融循环次数，即为该材料的抗冻等级。表示为 F10、F15 等。抗冻等级越高，则材料的抗冻性能越好。

对于寒冷地区、冬季设计温度低于－15℃的重要工程所用的结构材料、覆面材料，其抗冻性必须符合要求。抗冻性良好的材料，对于抵抗温度变化、干湿交替等破坏作用的性能也较强。所以，抗冻性常作为评价材料耐久性的一个重要指标。

材料的抗冻性大小与材料本身的组织构造、强度、吸水性、耐水性等因素有关。

6．抗渗性

抗渗性是指材料抵抗水、油等液体压力作用渗透的性质。材料的抗渗性用渗透系数表示，材料的渗透系数越大，表明材料的抗渗性越差。

材料的抗渗性也可用抗渗等级 P_n 来表示。抗渗等级是以规定的试件，在标准的试验方法下所能承受的最大水压力来表示。如 P_2、P_4、P_6 等，分别表示材料能承受 0.2MPa、0.4MPa、0.6MPa 水压而不渗透。

材料的抗渗性大小主要取决于材料本身的孔隙率和孔隙特征。一般来说，绝对密实或具有封闭孔隙的材料，就不会产生透水现象。而孔隙率较大和孔隙连通的材料则抗渗性较差。地下建筑、水工构筑物和防水工程，均要求有较高的抗渗性。根据所处环境的最大水力梯度，提出不同的抗渗指标。

（三）材料与热有关的性质

1．导热性

材料传导热量的能力称为导热性，其大小用导热系数表示，即

$$\lambda = \frac{QS}{At(T_2 - T_1)}$$

式中，λ——导热系数，W/（m·K）；

Q——传导的热量，J；

A——热传导面积，m^2；

S——材料的厚度，m;

t——热传导时间，s;

T_2-T_1——材料两侧温差，K。

导热系数是评定材料绝热性的重要指标。其值越小，则材料的绝热性越好。

材料导热系数的大小，受本身的物质构成、密实程度、构造特征、环境的温湿度及热流方向的影响。通常，金属材料的导热系数最大，无机非金属材料次之，有机材料最

小；相同组成时，晶态比非晶态材料的导热系数大些；密实性大的材料，导热系数亦大；在孔隙率相同时，具有微细孔或封闭孔构造的材料，其导热系数偏小。此外，材料含水，导热系数会明显增大；材料在高温下的导热系数比常温下大些；顺纤维方向的导热系数也会大些。

2．耐热性（亦称耐高温性或耐火性）

材料长期在高温作用下，不失去使用功能的性质称为耐热性。材料在高温作用下会发生性质的变化而影响材料的正常使用。

（1）受热变质：一些材料长期在高温作用下会发生材质的变化。如二水石膏在 65～140℃脱水成为半水石膏；石英在 573℃由α石英转变为β石英，同时体积增大 2%；石灰石、大理石等碳酸盐类矿物在 900℃以上分解；可燃物常因在高温下急剧氧化而燃烧，如木材长期受热则会发生碳化，甚至燃烧。

（2）受热变形：材料受热作用要发生热膨胀导致结构破坏。材料受热膨胀大小常用线胀系数表示。普通混凝土膨胀系数为 10×10^{-6}，钢材为（10～12）$\times10^{-6}$，因此它们能组成钢筋混凝土共同工作。普通混凝土在 300℃以上，由于水泥石脱水收缩，骨料受热膨胀，因而混凝土长期在 300℃以上工作会导致结构破坏。钢材在 350℃以上时，其抗拉强度显著降低，会使钢结构产生过大的变形而失去稳定。

3．耐燃性

材料对火焰和高温的抵抗力称为材料的耐燃性。耐燃性是影响建筑物防火、建筑结构耐火等级的一项因素。《建筑内部装修防火设计规范》（GB 50222—1995）按建筑材料的燃烧性能不同将其分为四类。

（1）非燃烧材料（A 级）：在空气中受到火烧或高温作用时不起火、不碳化、不微燃的材料，如钢铁、砖、石等。用非燃烧材料制作的构件称非燃烧体。钢铁、铝、玻璃等材料受到火烧或高热作用会发生变形、熔融，所以虽然是非燃烧材料，但不是耐火的材料。

（2）难燃材料（B1 级）：在空气中受到火烧或高温高热作用时难起火、难微燃、难碳化，当火源移走后，已有的燃烧或微燃立即停止的材料，如经过防火处理的木材和刨花板等。

（3）可燃材料（B2 级）：在空气中受到火烧或高温高热作用时立即起火或微燃，且火源移走后仍继续燃烧的材料，如木材。用这种材料制作的构件称为燃烧体，使用时应作防燃处理。

（4）易燃材料（B3 级）：在空气中受到火烧或高温作用时立即起火，并迅速燃烧，且离开火源后仍继续迅速燃烧的材料，如部分未经阻燃处理的塑料、纤维织物等。

材料在燃烧时放出的烟气和毒气对人体的危害极大，远远超过火灾本身。因此对建筑内部进行施工时，应尽量避免使用燃烧时放出大量浓烟和有毒气体的材料。国家标准中对用于建筑物内部各部位的建筑材料的燃烧等级作了严格的规定。

二、材料的力学性质

1．材料的强度

材料在外力（荷载）作用下抵抗破坏的能力称为强度。强度值是以材料受外力破坏时，单位面积上所承受的力表示。建筑材料在建筑物上所受的外力，主要有拉力、压力、剪力及弯曲等。材料抵抗这些外力破坏的能力，分别称为抗拉、抗压、抗剪和抗弯（抗折）等强度。强度的分类和计算公式如表 2-1 所示。

表 2-1　强度的分类、受力举例和计算公式

强度类别	举例	计算公式	附注
抗压强度/MPa			f——材料强度（MPa）
抗拉强度/MPa		$f=F/A$	F——破坏荷载（N）
抗剪强度/MPa			A——受荷面积（mm^2）
抗弯强度/MPa		$f=3FL/(2bh^2)$	L——跨度（mm） b、h——试件宽度和高度（mm）

对于以强度为主要指标的材料，通常按材料强度值的高低划分成若干等级，称为材料的强度等级或标号。材料的强度与材料的成分、结构及构造等有关。构造紧密、孔隙率较小的材料，由于其质点间的联系较强，材料的有效受力面积较高，所以其强度较高。如硬质木材的强度就要高于软质木材的强度。具有层次或纤维状构造的材料在不同的方向受力时所表现出的强度性能不同，如木材的强度就有横纹强度和顺纹强度之分。

在工程的设计与施工时，了解材料的强度特性，对于掌握材料的其他性能，合理选用材料，正确进行设计和控制工程质量，是十分重要的。

2．材料的硬度

硬度是材料表面能抵抗其他较硬物体压入或刻画的能力。不同材料的硬度测定方法不同。木材、混凝土、钢材等的硬度常用钢球压入法测定：如布氏硬度（HBS、HBW）、肖氏硬度（HS）、洛氏硬度（HR）等。但石材有时也按刻画法（又称莫氏硬度）测定，即将矿物硬度分为 10 级，其硬度递增的顺序为：滑石 1，石膏 2，方解石 3，萤石 4，磷灰石 5，正长石 6，石英 7，黄玉 8，刚玉 9，金刚石 10。一般硬度大的材料耐磨性较强，但不易加工，也可根据硬度的大小，间接推算出材料的强度。

3．材料的耐磨性

耐磨性是材料表面抵抗磨损的能力，常用磨损率表示。可用下式计算：

$$N=\frac{m_1-m_2}{A}$$

式中，N——材料的磨损率，g/cm^2；

m_1、m_2——材料磨损前、后的质量，g；

A——试件受磨面积，cm^2。

材料的耐磨性与硬度、强度及内部构造有关，材料的硬度越大，则材料的耐磨性越高，材料的磨损率有时也用磨损前后的体积损失来表示；材料的耐磨性也可用耐磨次数来表示。地面、路面、楼梯踏步及其他受较强磨损作用的部位，需选用具有较高硬度和耐磨性的材料。

4．材料的变形性

（1）弹性：材料在外力作用下产生变形，外力取消后变形即行消失，材料能够完全恢复到原来形状的性质，称为材料的弹性。这种完全恢复的变形，称为弹性变形。材料的弹性变形与荷载成正比。

（2）塑性：在外力作用下材料产生变形，在外力取消后，有一部分变形不能恢复，这种性质称为材料的塑性。这种不能恢复的变形，称为塑性变形。

钢材在弹性极限内接近于完全弹性材料，其他建筑材料多为非完全弹性材料。这种非完全弹性材料在受力时，弹性变形和塑性变形同时产生，外力取消后，弹性变形可以消失，而塑性变形不能消失。

（3）脆性：指材料受力达到一定程度后突然破坏，而破坏时并无明显塑性变形的性质。其特点是材料在接近破坏时，变形仍很小。混凝土、玻璃、砖、石材及陶瓷等属于脆性材料。它们抵抗冲击作用的能力差，抗拉强度低，但是抗压强度较高。

（4）韧性：指材料在冲击、振动荷载的作用下，材料能够吸收较大的能量，同时也能产生一定的变形而不致破坏的性质。对用作桥梁、地面、路面及吊车梁等材料，都要求具有较高的抗冲击韧性。

5．材料的耐久性

材料长期抵抗各种内外破坏因素或腐蚀介质的作用，保持其原有性质的能力称为材料的耐久性。材料的耐久性是材料的一项综合性质，一般包括有耐磨性、耐擦性、耐水性、耐热性、耐光性、抗渗性、抗老化性、耐溶蚀性、耐沾污性等。材料的组成和性质不同、工程的重要性及所处环境不同，则对材料耐久性项目的要求及耐久性年限的要求也不同。如潮湿环境的建筑物要求材料具有一定的耐水性；北方地区的建筑物所用材料须具有一定的抗冻性；地面用材料须具有一定的硬度和耐磨性。耐久性寿命的长短是相对的，如对花岗石要求其耐久性寿命为数十年至数百年以上，而对质量好的涂料则要求其耐久性寿命为10～15年。

影响耐久性的主要因素可分为两个方面：外部因素和内部因素。

（1）外部因素。外部因素是影响耐久性的主要因素，主要包括：

1）化学作用：包括各种酸、碱、盐及其水溶液，各种腐蚀性气体，对材料具有化学腐蚀作用。

2）生物作用：包括菌类、昆虫等，可使材料产生腐朽、虫蛀等而破坏。

3）机械作用：包括冲击、疲劳荷载、各种气体、液体及固体引起的磨损与磨耗等。实际工程中，材料受到的外界破坏因素往往是两种以上因素同时作用。金属材料常由化学和电化学作用引起腐蚀和破坏；无机非金属材料常由化学作用、溶解、冻融、风蚀、温差、湿差、摩擦等其中某些因素或综合作用而引起破坏；有机材料常由生物作用、溶解、化学腐蚀、光、热、电等作用而引起破坏。

（2）内部因素：内部因素也是造成材料耐久性下降的根本原因。内部因素主要包括材料的组成、结构与性质。当材料的组成易溶于水或其他液体，或易与其他物质产生化学反应时，则材料的耐水性、耐化学腐蚀性较差；无机非金属脆性材料在温度剧变时，易产生开裂，即耐急冷急热性差；晶体材料较同组成的非晶体材料的化学稳定性高；当材料的孔隙率，特别是开口孔隙率较大时，则材料的耐久性往往较差。

第二节 气硬性无机胶凝材料

能够通过自身的物理化学作用，从浆状体变成坚硬的固体，并能把散粒材料（如砂、石）或块状材料（如砖和石块）胶结成为一个整体的材料称为胶凝材料。

胶凝材料根据其化学组成可分为无机胶凝材料和有机胶凝材料；无机胶凝材料按硬化条件又可分为气硬性胶凝材料和水硬性胶凝材料。气硬性胶凝材料只能在空气中硬化、保持或发展强度，如石灰、石膏等；水硬性胶凝材料不仅能在空气中硬化，而且能更好地在水中硬化，保持并继续发展其强度，如各种水泥。

一、石灰

1. 石灰的生产

制造石灰的原料有很多，分布也广，如石灰岩、白垩土、贝壳等，主要成分是碳酸钙。碳酸钙在高温下分解为氧化钙和二氧化碳。原料中常含有数量不等的碳酸镁，加热使碳酸镁也发生分解反应，生成氧化镁和二氧化碳。

原料中的 CO_2 逸出后，即得到主要成分为 CaO 和少量 MgO 的白色块状材料，称生石灰；密度 3.1～3.4g/cm^3，堆积密度 800～1 000kg/m^3。其中 MgO 含量大于 5%时，称镁质生石灰，MgO 含量小于或等于 5%时，称钙质生石灰。

2. 石灰的熟化

生石灰与水反应生成氢氧化钙的过程，称为石灰的熟化或消解过程。

石灰在熟化时放出热量、同时体积膨胀 1.5～3.5 倍，煅烧良好、CaO 含量较高的石灰，熟化快、放热量大，体积增大也较多。熟化后的石灰称为熟石灰或消石灰。根据加水量不同，可将生石灰熟化成粉状的消石灰、浆状的石灰膏和液体的石灰乳。

生产石灰时，如遇煅烧温度不足或温度过高，会生成欠火石灰或过火石灰，欠火石灰中碳酸钙未能完全分解，不能熟化，过火石灰黏土杂质熔融，裹在石灰颗粒表面，使其熟化缓慢。如过火石灰颗粒用于工程中再吸潮熟化，体积膨胀，则会造成结构表面的凸起和开裂，甚至全面的破坏。为保证石灰充分熟化，生石灰必须保持 7d 以上的陈伏期，陈伏期间，石灰浆表面应留有一层水，与空气隔绝，以避免石灰碳化。

3. 石灰的硬化

石灰浆体在空气中逐渐硬化并产生一定的强度，是由如下同时进行的过程来完成的。

（1）结晶作用：石灰浆体中的水分在空气中蒸发，或被附着面吸收，因而 $Ca(OH)_2$ 从过饱和溶液中逐渐析出胶体颗粒，并凝聚成空间网，再度失水，转变为结晶结构网，体现强度。

（2）碳化作用：石灰浆体在空气中吸收 CO_2 气体，生成 $CaCO_3$ 结晶并释出水分。

生成的 $CaCO_3$ 结晶与 $Ca(OH)_2$ 结晶互相共生，或与砂粒等其他物质共生，形成紧密交织的结晶网，从而使浆体达到一定的强度。

由于空气中 CO_2 含量较低，而且表面形成的碳化薄层阻止 CO_2 进入内部，又阻碍内部水分的蒸发，故石灰硬化过程较缓慢，其强度主要依靠结晶作用。

4．石灰的技术标准

根据《建筑生石灰》（JC/T 479—1992）、《建筑生石灰粉》（JC/T 480—1992）、《建筑消石灰粉》（JC/T 481—1992）规定，按 MgO 含量多少，建筑石灰分钙质和镁质两类，分别又划分为优等品、一等品、合格品三个等级，其技术指标如表 2-2、表 2-3、表 2-4 所示。

表 2-2　建筑生石灰技术指标

项目	钙质生石灰			镁质生石灰		
	优等品	一等品	合格品	优等品	一等品	合格品
CaO+MgO 含量≥/%	90	85	80	85	80	75
未消化残渣（5mm 圆孔筛筛余）≤/%	5	10	15	5	10	15
CO_2 含量≤/%	5	7	9	6	8	10
产浆量≥/%	2.8	2.3	2	2.8	2.3	2

表 2-3　建筑生石灰粉技术指标

项目		钙质生石灰			镁质生石灰		
		优等品	一等品	合格品	优等品	一等品	合格品
CaO+MgO 含量≥/%		85	80	75	80	75	70
未消化残渣（5mm 圆孔筛筛余）≤/%		7	9	11	8	10	12
细度	0.9mm 筛筛余≤/%	0.2	0.5	1.5	0.2	0.5	1.5
	0.125mm 筛筛余≤/%	7	12	18	7	12	18

表 2-4　建筑消石灰粉技术指标

项目		钙质消石灰粉			镁质消石灰粉			白云石消石灰粉		
		优等品	一等品	合格品	优等品	一等品	合格品	优等品	一等品	合格品
CaO+MgO 含量≥/%		70	65	60	65	60	55	65	60	55
游离水/%		0.4～2			0.4～2			0.4～2		
体积安定性		合格		—	合格		—	合格		—
细度	0.9mm 筛筛余≤/%	0		0.5	0		0.5	0		0.5
	0.125mm 筛筛余≤/%	3	10	15	3	10	15	3	10	15

5．石灰主要技术性质

（1）可塑性好：生石灰消解为石灰浆时生成的氢氧化钙，其颗粒极微细。呈胶体状态，比表面积大。表面吸附了一层较厚的水膜，因而保水性能好，同时水膜层也降低了颗粒间的摩擦力，可塑性增强。

（2）强度低：石灰是一种硬化缓慢、强度较低的胶凝材料，通常 1∶3 的石灰砂浆，其 28d 抗压强度只有 0.2～0.5MPa。

（3）耐水性差：在石灰硬化体中大部分仍然是尚未碳化的 $Ca(OH)_2$，而 $Ca(OH)_2$ 是易溶于水的，所以石灰的耐水性较差。硬化后的石灰若长期受潮，会导致强度降低，甚至引起溃散，故石灰不宜用于潮湿环境中。

（4）体积收缩大：石灰在硬化过程中蒸发掉大量的水分，引起体积显著收缩，易产生裂纹。因此，石灰一般不宜单独使用，通常掺入一定量的骨料（砂）或纤维材料（纸筋、麻刀等）以提高抗拉强度，抵抗收缩引起的开裂。

6．石灰的应用及储运要求

（1）石灰的应用：石灰是一种价格低廉的胶凝材料，又有较好的技术性质，故在工程中使用广泛。

1）制作石灰乳：将熟化好的石灰膏或消石灰粉，加入过量水稀释成的石灰乳是一种传统的室内粉刷涂料。目前已很少使用，主要用于临时建筑的室内粉刷。

2）配制砂浆：利用石灰膏配制的石灰砂浆、混合砂浆广泛用于建筑物地面以上部位墙体的砌筑和抹灰。应注意，为确保砌体和抹灰质量，一般不宜用消石灰粉（尤其是淋水消化时间较短的消石灰粉）来配制砌筑和抹灰砂浆。

3）配制石灰土与三合土：消石灰粉与黏土拌和后称为石灰土，若再加砂（或炉渣、石屑等）即成三合土。石灰改善了黏土的可塑性，在强力夯实下石灰土和三合土的密实度增大，并且黏土中的少量活性氧化硅和氧化铝与 $Ca(OH)_2$ 反应生成水硬性的水化硅酸钙或水化铝酸钙，使三合土强度和耐久性得到改善。石灰土和三合土广泛用于建筑物基础和道路垫层。

4）生产硅酸盐制品：将生石灰粉与含硅材料（砂、炉渣、粉煤灰等），加水拌和，经成型、蒸养或蒸压处理等工序可制得各种硅酸盐制品，如蒸压灰砂砖、硅酸盐砌块等墙体材料。

5）制作碳化石灰制品：将生石灰粉与纤维材料（如玻璃纤维）或轻质骨料（如炉渣）加水搅拌成型，然后用二氧化碳进行人工碳化可制成轻质的碳化石灰制品（如石灰空心板等）。它的导热系数较小，保温绝热性能较好，宜做非承重内隔墙板、顶棚等。

6）磨细生石灰：若将块状生石灰直接磨细成粉状，即制得磨细生石灰。制成硅酸盐或碳化制品时，可不预先熟化、陈伏而直接使用，细度很高的生石灰粉，水化速度可提高 30～50 倍，且体积膨胀均匀，避免了局部膨胀造成的破坏。同时还由于成型后的颗粒膨胀作用，可提高制品强度（约 2 倍），加快了硬化速度，提高了工效，但也会相应提高成本。

（2）石灰的储运：生石灰的吸水、吸湿性极强，所以运输和存放应注意防潮，不应与易燃易爆物品及液体共存、同运，以免发生火灾，引起爆炸。另外，石灰在存放过程中，极易吸收空气中的水分和互氧化碳，自行消化而失去活性，使其胶凝性降低，因此，过期石灰应重新检验其有效成分含量。石灰不宜储存过久，要做到随到随用，对于石灰膏可将陈伏期转化为储存期。

二、建筑石膏

石膏既是一种有悠久历史的古老材料，又是一种很有发展前途的新型建筑材料。它是由天然石膏或一些主要由硫酸钙组成的工业副产品制得的气硬性无机胶凝物质。

根据石膏生产的热处理过程（加热温度和脱水条件）不同，可制得α型、β型半水石膏和无水石膏的一系列变体，其结构和特性各不相同。而建筑工程中常用的是β型半水石膏，也称建筑石膏。

1．建筑石膏的生产

建筑石膏是用天然二水石膏（$CaSO_4 \cdot 2H_2O$）。又称生石膏或化工废渣（如磷石膏等）为原料，经煅烧脱水成为β型半水石膏（$CaSO_4 \cdot 1/2H_2O$）又称熟石膏，再经磨细而制得的。

2．建筑石膏的凝结硬化

半水石膏遇水时，将重新生成二水石膏。

由于二水石膏的溶解度（约为 2.05g/L）比半水石膏溶解度（约为 8.5g/L）小得多，所以二水石膏在溶液中很快达到饱和，析出胶体微粒，溶液浓度的不平衡，则使半水石膏不断溶解、水化，如此循环，直至半水石膏全部水化。同时，二水石膏胶体迅速增多，水分减少，逐渐失去流动性，此时称为“初凝”。随着水分的消耗和结晶的增加，浆体塑性下降而开始产生强度，此时称为“终凝”。最后形成相互交错堆叠的结晶结构网，经过凝结、干燥硬化，变为坚硬的固体。实际上，建筑石膏的水化、凝结、硬化是一个连续、复杂的物理化学变化过程。

3．建筑石膏的主要技术指标和特性

建筑石膏的特性，主要表现在以下几方面。

（1）凝结硬化快：建筑石膏一般加水后在 3～5min 内即可初凝，30min 左右即达到终凝。为满足施工操作的要求，往往需掺加适量的缓凝剂，如动物胶、亚硫酸纸浆废液，也可掺硼砂或柠檬酸等。

（2）硬化后体积微膨胀：建筑石膏硬化后一般会产生 0.5%～1.0%的体积膨胀，使得硬化体表面饱满，尺寸精确，轮廓清晰，干燥时不开裂，有利于制造复杂图案的石膏装饰制品。

（3）孔隙率大、表观密度小、强度低：建筑石膏水化的理论需水量为 18.6%，但为了满足施工要求的可塑性，实际加水量为 60%～80%，石膏凝结后多余水分蒸发，导致孔隙率大、表观密度小、强度降低。抗压强度仅为 3～5MPa。

（4）其有良好的保温隔热和吸声性能：石膏硬化体中微细的毛细孔隙率高，导热系数小，一般为 0.121～0.205 W/（m·K），故隔热保温性能好，是理想的节能材料。同时石膏中含有大量微细孔，使其对声音传导或反射的能力显著下降，因此具有较强的吸声能力。

（5）具有一定的调节温度、湿度的性能：石膏的热容量大，吸湿性强，可均衡调节室内温度和湿度，营造一个怡人的生活和工作环境。

（6）防火性能优良：石膏硬化后的结晶物 $CaSO_4 \cdot 2H_2O$ 遇火烧时，结晶水蒸发，吸收热量并在表面生成“蒸汽幕”，因此，在火灾发生时，能够有效抑制火焰蔓延和温度的升高。

（7）耐水性差：石膏硬化后孔隙率高，吸水性强，并且二水石膏微溶于水，长期浸水会使其强度下降，所以耐水性较差。通常其软化系数为 0.3～0.5。

（8）有良好的装饰性和可加工性：石膏不仅表面光滑饱满，而且质地细腻、颜色洁白、装饰性好。此外，石膏制品可锯、可钉、可刨，具有良好的加工性能。

4．建筑石膏的应用

建筑石膏性能优良，因而是一种良好的建筑功能材料，主要用于室内的抹灰和粉刷、制成各种石膏板及石膏装饰制品等。

（1）室内抹灰和粉刷：由于建筑石膏的优良特性，常被用于室内高级抹灰和粉刷。建筑石膏加水、砂及缓凝剂拌和成石膏砂浆，用于室内抹灰，石膏砂浆也作为油漆等的打底层，并可直接涂刷油漆或粘贴墙布、墙纸等。建筑石膏加水及缓凝剂拌和成石膏浆体，可作为室内粉刷涂料。

（2）石膏板：石膏板具有轻质、隔热保温、吸声、防火、尺寸稳定及施工方便等性能，在建筑中得到广泛的应用，是一种很有发展前途的新型建筑材料。常用石膏板有以下几种。

1）纸面石膏板：以建筑石膏为主要原料，掺入适量的纤维材料、缓凝剂等作为芯材，并以纸板作为增强护面材料，经加水搅拌、灌注、辊压、凝结、切断、烘干等工序制得。纸面石膏板分为普通型、耐水型和耐火型三种。纸面石膏板主要用于隔墙、内墙等，自重仅为砖墙的 1/5。耐水型可用于厨房、卫生间等潮湿场合，耐火型用于耐火性要求高的场合。安装时须采用龙骨安装固定。纸面石膏板的生产效率高，但纸板用量大，成本较高。

2）纤维石膏板：是以纤维材料（多使用玻璃纤维）为增强材料，与建筑石膏、缓凝剂、水等经特殊工艺制成的石膏板。纤维石膏板的强度高于纸面石膏板，规格基本相同，但生产效率低。纤维石膏板除可用于隔墙、内墙外，还可用来代替木材制作家具。

3）装饰石膏板。

4）空心石膏板：以建筑石膏为主，加入适量的轻质多孔材料、纤维材料和水经搅拌、灌注、振动成型、抽芯、脱模、干燥而成。主要用于隔墙、内墙等，使用时不须龙骨。

5）吸声用穿孔石膏板：以装饰石膏板或纸面石膏板为基板，背面粘贴或不贴背覆材料（贴于背面的透气性材料，可提高吸声效果），板面上有声 $\phi6 \sim \phi12$mm 的圆孔，孔距为 18～24mm，穿孔率为 8.7%～15.7%。安装时背面须留有 50～300mm 的空腔，从而构成穿孔吸声结构，空腔内可填充多孔吸声材料以提高吸声能力。用于吸声性要求高的建筑，如播音室、影剧院、报告厅等。

此外，建筑石膏也可用于生产水泥和各种硅酸盐建筑制品。

三、石灰替代产品——砂浆宝

砂浆宝（Ⅱ型）——砌筑砂浆增塑剂（也可用于抹灰砂浆）是一种环保、节能的新型建材产品，可广泛使用于砌筑砂浆、内外墙抹灰、地面抹灰砂浆中。砂浆宝能全部替代传统石灰膏。它能有效减少施工中的裂缝、起壳、空鼓等现象，掺用砂浆宝后的砂浆，能显著改善砂浆的和易性，提高砂浆的抗压强度和黏结强度以及抗冻、抗渗性能，提高建筑物的耐久性。在砂浆中主要起到分散水泥，使水泥与砂子分布均匀，从而达到不沉淀、不泌水。

第三节 水 泥

水泥是一种粉末状的水硬性无机胶凝材料，是最主要的建筑材料之一。可加骨料及增强材料配制成各种混凝土和砂浆，被广泛应用于工业与民用建筑、交通、水利、国防等工程。

水泥的种类很多，按照主要的水硬性物质不同，可分为硅酸盐水泥、铝酸盐水泥、硫铝酸盐水泥、铁铝酸盐水泥等系列；按用途和性能，又可分为通用水泥、专用水泥、特性水泥三大类。

一、通用水泥

通用水泥是用于一般土木建筑工程的水泥，使用最多的为硅酸盐类水泥，如硅酸盐水泥、普通硅酸盐水泥、矿渣硅酸盐水泥、火山灰质硅酸盐水泥、粉煤灰硅酸盐水泥等。

（一）硅酸盐水泥

由硅酸盐水泥熟料、0%～5%石灰石或粒化高炉矿渣等混合材料、适量石膏磨细制成的水硬性胶凝材料，称为硅酸盐水泥。硅酸盐水泥分两种类型，不掺加混合材料的称为Ⅰ型硅酸盐水泥，代号为 P·Ⅰ；掺加不超过水泥量 5%的混合材料的称为Ⅱ型硅酸盐水泥，代号为P·Ⅱ。

根据国家标准 GB 17671—1999 规定，硅酸盐水泥技术性质应符合下列规定：

1．密度和堆积密度

硅酸盐水泥的密度，主要取决于熟料的矿物组成，一般在 3.0～3.1g/cm^3 范围内，平均可取 3.1g/cm^3。硅酸盐水泥松散状态下的堆积密度一般在 1 000～1 600kg/m^3 之间，平均可取 1 300kg/m^3。

2．细度

细度是指水泥颗粒的粗细程度。水泥颗粒的粗细对水泥的性质影响很大。颗粒越细，表面积越大，水化速度越快，反应越完全，早期强度也越大，但硬化时体积收缩较大，水泥过细，易受潮，生产成本也较高。硅酸盐水泥细度用比表面积表示，其值应大于 300m^2/kg。

3．凝结时间

为使水泥浆在应用时有充分的时间进行搅拌、运输、成型等施工操作，要求水泥的初凝时间不能过早。当施工完毕，则要求水泥尽快凝结、硬化、产生强度，因此终凝时间不能太长。国家标准规定，硅酸盐水泥初凝时间不得早于 45min，终凝时间不得迟于 390min。

4．体积安定性

水泥硬化后，若产生不均匀的体积变化（如弯曲变形或开裂），称体积安定性不良。引起水泥体积安定性不良的原因，一般是由于熟料中游离氧化钙、游离氧化镁及石膏含量过多而引起的。

国家标准规定，用沸煮法检验水泥的体积安定性。水泥试样沸煮 3h 后，经观察或测定未发现裂纹、变形，则体积安定性合格。该法只能检验游离氧化钙引起的破坏，游离氧化镁和石膏的危害均不便于快速检验。国家标准中还规定，水泥熟料中游离氧化镁含量不得超过 5%，水泥中石膏含量以三氧化硫计不得超过 3.5%，以控制水泥的体积安定性。

体积安定性不合格的水泥，只能作废品处理，不能用于任何建筑工程中。

5．强度和强度等级

水泥的强度是评定水泥强度等级的依据。

国家标准规定，水泥强度用水泥胶砂强度来评定。按国标《水泥胶砂强度检验方法（ISO 法）》（GB/T 17671—1999），将水泥和标准砂按 1∶3、水灰比为 0.5 的配合比混合，按规定方法制成标准尺寸的试件，在标准条件下养护，测定其达到规定龄期（3d 和 28d）的抗折、抗压强度。硅酸盐水泥分 42.5、52.5、62.5 三种强度等级，各强度等级又分为普通型和早强型（R 型）两种类型。水泥在各龄期的强度指标见表 2-5。

硅酸盐水泥的强度主要取决于熟料的矿物组成和细度。四种主要矿物的强度各不相同，它们的相对含量改变时，水泥的强度及其增长速度也随之变化。水泥颗粒越细，强度增长则较快，最终强度值也较高。此外，试件的制作，养护条件等对水泥强度值也有一定的影响。

表 2-5　硅酸盐水泥各龄期强度指标

强度等级	抗压强度/MPa		抗折强度/MPa	
	3d	28d	3d	28d
42.5	≥17.0	≥42.5	≥3.5	≥6.5
42.5R	≥22.0		≥4.0	
52.5	≥23.0	≥52.5	≥4.0	≥7.0
52.5R	≥27.0		≥5.0	
62.5	≥28.0	≥62.5	≥5.0	≥8.0
62.5R	≥32.0		≥5.5	

（二）掺加混合材料的硅酸盐水泥

1．混合材料

在生产硅酸盐水泥的过程中，为改善水泥性质，调节水泥强度等级，增加水泥品种，提高产量，节约熟料、降低成本，而加入水泥中的人工和天然矿物原材料，称为混合材料。

混合材料按其性能和作用，通常分为两类：填充性混合材料和活性混合材料。

（1）填充性混合材料：填充性混合材料又称非活性混合材料，在水泥中与水泥成分不起化学反应或化学作用很小，仅起填充作用的混合材料。常用品种有：黏土、石灰岩、石英砂、慢冷矿渣等天然矿物及各种对水泥无害的工业废渣。它可以起增加产量、降低成本和调节水泥强度等级的作用。

（2）活性混合材料：活性混合材料是指以化学性较活泼的 SiO_2 和 Al_2O_3 为主要成分的矿物质材料，掺在水泥中，与水调和后，能在 $Ca(OH)_2$ 溶液中发生水化反应，生成水化硅酸钙和水化铝酸钙，具有水硬性并有相当的强度。这类混合材料也称为水硬性混合材料。常用的是火山灰质的材料：如硅藻土、凝灰岩。火山灰、烧黏土、煤渣等和粒化高炉矿渣（又称水淬高炉矿渣）以及粉煤灰等。它们不但能提高水泥产量、降低水泥成本，而且可以减少有害的 $Ca(OH)_2$ 含量，提高水泥抗腐蚀性，降低水化热等，改善水泥某些性能。同时可调节水泥强度等级，扩大使用范围，还能充分利用工业废渣，净化生活环境。

2. 普通硅酸盐水泥

凡由硅酸盐水泥熟料、6%～15%混合材料、适量石膏磨细制成的水硬性胶凝材料称普通硅酸盐水泥（简称普通水泥），其代号为 P·O。

掺填充性混合材料时，不得超过 10%，掺活性混合材料时，不得超过 15%，若同时掺填充性混合材料和活性混合材料时，总掺量不得超过 15%，其中的填充性混合材料不得超过 10%。

根据 GB 175—2007 规定，普通水泥的主要技术性质和指标如下：

（1）细度：以筛分法测定，要求 0.080mm 方孔筛上筛余量不得超过 10%。

（2）凝结时间：初凝时间不得早于 45min；终凝时间不得迟于 10h。

（3）体积安定性：用沸煮法测定必须合格（试件无变形或开裂）；熟料中 $MgO \leqslant 5\%$；水泥中 $SO_3 \leqslant 3.5\%$。

（4）强度和强度等级用标准试验方法测得试件各龄期强度应符合表 2-6 要求。

表 2-6 普通硅酸盐水泥各龄期强度指标

强度等级	抗压强度/MPa		抗折强度/MPa	
	3d	28d	3d	28d
42.5	≥17.0	≥42.5	≥3.5	≥6.5
42.5R	≥22.0		≥4.0	
52.5	≥23.0	≥52.5	≥4.0	≥7.0
52.5R	≥27.0		≥5.0	

3. 矿渣硅酸盐水泥、火山灰质硅酸盐水泥和粉煤灰硅酸盐水泥

（1）矿渣硅酸盐水泥：由硅酸盐水泥熟料和 20%～70%粒化高炉矿渣，加入适量石膏磨细制成的水硬性胶凝材料称为矿渣硅酸盐水泥（简称矿渣水泥），代号为 P·S。允许用火山灰质混合材料、粉煤灰、石灰岩、窑灰中的一种材料代替部分粒化矿渣。但代替数量最多不超过水泥质量的 8%，代替后水泥中粒化高炉矿渣不得少于 20%。

（2）火山灰质硅酸盐水泥：由硅酸盐水泥熟料和 20%～50%火山灰质混合材料，加入适量石膏磨细制成的水硬性胶凝材料称为火山灰质硅酸盐水泥（简称火山灰水泥），代号为 P·P。

（3）粉煤灰硅酸盐水泥：由硅酸盐水泥熟料和 20%～40%粉煤灰，加入适量石膏磨细制成的水硬性胶凝材料，称为粉煤灰硅酸盐水泥（简称粉煤灰水泥），代号为 P·F。

根据 GB 175—2007 标准规定，三种水泥的细度、凝结时间及体积安定性的要求与普通硅酸盐水泥相同。三种水泥分别有 32.5、42.5、52.5 三个强度等级及普通型、早强型两种类型，各龄期的强度指标见表 2-7。

表 2-7　矿渣硅酸盐水泥、火山灰硅酸盐水泥、粉煤灰硅酸盐水泥各龄期强度指标

<table>
<tr><th rowspan="2">强度等级</th><th colspan="2">抗压强度/MPa</th><th colspan="2">抗折强度/MPa</th></tr>
<tr><th>3d</th><th>28d</th><th>3d</th><th>28d</th></tr>
<tr><td>32.5</td><td>≥10.0</td><td rowspan="2">≥32.5</td><td>≥2.5</td><td rowspan="2">≥5.5</td></tr>
<tr><td>35.5R</td><td>≥15.0</td><td>≥3.5</td></tr>
<tr><td>42.5</td><td>≥15.0</td><td rowspan="2">≥42.5</td><td>≥3.5</td><td rowspan="2">≥6.5</td></tr>
<tr><td>42.5R</td><td>≥19.0</td><td>≥4.0</td></tr>
<tr><td>52.5</td><td>≥21.0</td><td rowspan="2">≥52.5</td><td>≥4.0</td><td rowspan="2">≥7.0</td></tr>
<tr><td>52.5R</td><td>≥23.0</td><td>≥4.5</td></tr>
</table>

矿渣水泥、火山灰水泥及粉煤灰水泥与硅酸盐水泥相比，这三种水泥还具有如下特性：

1）初期强度增长慢，后期强度增长快。由于掺入了大量混合材料，水泥凝结硬化慢，早期强度低，但硬化后期可以赶上甚至超过同强度等级的硅酸盐水泥。因早期强度较低，不宜用于早期强度要求高的工程。

2）水化热低。由于水泥中水化放热高的熟料含量较少，且反应速度慢，所以水化热低。这些水泥不宜用于冬季施工。但水化热低，不致引起混凝土内外温差过大，所以此类水泥适用于大体积混凝土工程。

3）耐蚀性较好。这些水泥硬化后，在水泥石中易被腐蚀的氢氧化钙和水化铝酸钙含量较少，使得抵抗软水、酸类、盐类侵蚀能力明显提高。用于有一般侵蚀性要求的工程比硅酸盐水泥耐久性好。

4）蒸汽养护效果好。在高温高湿环境中，活性混合材料与氢氧化钙反应会加速进行，强度提高幅度较大，效果好。此类水泥适用于蒸汽养护。

5）抗碳化能力差。这类水泥硬化后的水泥石碱度低、抗碳化能力差，对防止钢筋锈蚀不利。不宜用于重要钢筋混凝土结构和预应力混凝土。

6）抗冻性、耐磨性差。与硅酸盐水泥相比抗冻性、耐磨性差，不适用于受反复冻融作用的工程和有耐磨性要求的工程。

三种水泥除有上述共同的特性外，矿渣水泥、火山灰水泥、粉煤灰水泥又有各自特性。

矿渣水泥耐热性较好。矿渣出自炼铁高炉，常作为水泥耐热掺料使用，矿渣水泥能耐 400℃高温，一般认为矿渣掺量大的耐热性更好。矿渣为玻璃体结构，亲水性差。因此矿渣水泥的泌水性及干缩性较大。

火山灰水泥抗渗性较好，抗大气性差。因为火山灰水泥密度较小，水化需水量较多，拌合物不易泌水，硬化后不致产生泌水孔洞和较大的毛细管，而且水化物中水化硅酸钙凝胶含量较多，水泥石较为密实，所以抗渗性优于其他几种通用水泥。适用于有一般抗渗要求的工程。由于低碱度，处于干燥空气中，则因空气中 CO_2 作用于水化物，则易“起粉”。因此，火山灰水泥不适用于干燥条件中的混凝土工程。

粉煤灰本身属于火山灰质材料，所以粉煤灰水泥性质与火山灰水泥基本相同。但粉煤灰颗粒大多为球形颗粒，比表面积小，吸附水少。因此粉煤灰水泥拌合物需水量较小，硬化过程干缩率小，抗裂性好。但粉煤灰水泥与矿渣水泥、火山灰水泥相比早期强度更

低，水化热低、抗碳化能力更差。

（三）复合硅酸盐水泥

由硅酸盐水泥熟料、两种或两种以上规定的混合材料、适量石膏磨细制成的水硬性胶凝材料，称为复合硅酸盐水泥（简称复合水泥），代号为 P·C。水泥中混合材料总掺量按质量百分比应大于 15%，不超过 50%。

按照 GB 175—2007 规定，复合水泥的细度、凝结时间和体积安定性与普通水泥要求相同。强度等级划分及各龄期强度要求不得低于表 2-8 的指标。

表 2-8　复合水泥各龄期强度指标

强度等级	抗压强度/MPa		抗折强度/MPa	
	3d	28d	3d	28d
32.5	≥10.0	≥32.5	≥2.5	≥5.5
35.5R	≥15.0		≥3.5	
42.5	≥15.0	≥42.5	≥3.5	≥6.5
42.5R	≥19.0		≥4.0	
52.5	≥21.0	≥52.5	≥4.0	≥7.0
52.5R	≥23.0		≥4.5	

（四）通用水泥的质量评定

通用水泥实物质量水平，主要是根据水泥强度等级、3d 抗压强度、28d 抗压强度变异系数及凝结时间划分的，主要分为优等品、一等品、合格品，如表 2-9 所示。

表 2-9　通用水泥质量等级评定指标

项目	优等品		一等品	合格品
	硅酸盐水泥 普通水泥	矿渣水泥 火山灰水泥 粉煤灰水泥 复合水泥		
水泥强度等级，不小于	425R（含）以上		425R（含）以上	符合通用水泥标准的技术要求
3d 抗压强度，不小于/MPa	30	26	同标准要求	
28d 抗压强度变异系数，不小于/MPa	3.5		4	
初凝时间不早于	3.5h	4h	4.5h	
终凝时间不迟于	6.5h	8h	同标准要求	

注：28d 抗压强度变异系数为 28d 抗压强度月标准差与 28d 抗压强度月平均值的比值。

此外，不符合标准要求的通用水泥又分为两个等级：

1．不合格品

（1）硅酸盐水泥、普通水泥，凡细度、终凝时间、不溶物和烧失量中任何一项不符合标准规定均为不合格品。矿渣水泥、火山灰水泥、粉煤灰水泥，凡细度、终凝时间中任何一项不符合标准规定均为不合格品。

（2）凡混合材料掺加量超过最大限量、强度低于商品强度等级规定的指标（但不低于最低强度等级的指标）时，均为不合格品。

（3）水泥包装标志中的水泥品种、强度等级、工厂名称和出厂编号不全者也属不合格品。

2．废品

凡初凝时间、氧化镁含量、三氧化硫含量、安定性中的任何一项不符合标准规定者，或强度低于该品种最低强度等级规定的指标时均为废品。

（五）通用水泥的选用和储运要求

1．通用水泥的选用

通用水泥常用品种的主要特性及适用范围如表 2-10 所示。

表 2-10 通用水泥常用品种的特性及适用范围

名称	硅酸盐水泥	普通水泥	矿渣水泥	火山灰水泥	粉煤灰水泥
主要特性	1. 早期强度高（与同强度等级普通水泥比，3d、7d 强度高 3%～7%）； 2. 水化热水； 3. 抗冻性好； 4. 耐腐蚀性差	1. 早期强度较高（7d 强度约为 28d 强度的 60%～70%）； 2. 其他性能基本与硅酸盐水泥相同	1. 早期强度低，后期强度可以等于同强度等级硅酸盐水泥； 2. 水化热水； 3. 抗腐蚀性好； 4. 耐热性好； 5. 抗冻性差； 6. 干缩性大	1. 抗渗性好； 2. 耐热性差； 3. 其他（同矿渣水泥的 1、2、3、5、6）	1. 抗裂性好； 2. 耐热性差； 3. 干缩性小； 4. 其他（同矿渣水泥的 1、2、3、5）
适用范围	1. 高强度混凝土； 2. 预应力钢筋混凝土预制构件； 3. 现浇预应力桥梁等要求快硬高强的结构； 4. 受冻融作用的结构； 5. 喷射混凝土	1. 一般土木建筑混凝土； 2. 钢筋混凝土、预应力混凝土的地上、地下与水中结构； 3. 受冻融作用的结构	1. 有耐热要求的混凝土结构； 2. 大体积混凝土结构、一般地上、地下水中的混凝土或钢筋混凝土结构； 3. 蒸汽养护的混凝土构件； 4. 有抗硫酸盐腐蚀要求的一般工程	1. 有抗渗要求的混凝土工程； 2. 其他（同矿渣水泥的 2、3、4）	同矿渣水泥的 2、3、4
不适用范围	1. 大体积混凝土工程； 2. 有软水作用或受化学腐蚀的工程； 3. 有海水侵蚀的工程		1. 早期强度要求较高的工程； 2. 严寒地区及处于水位升降范围内的混凝土工程	1. 处在干燥环境中的混凝土工程； 2. 有耐磨性要求的工程； 3. 其他（同矿渣水泥的1、2）	1. 处在干燥环境中的混凝土工程； 2. 有抗碳化要求的混凝土工程； 3. 其他（同矿渣水泥的 1、2）

2. 通用水泥的储运要求

通用水泥有效期自出厂之日起为 3 个月，即使储存条件良好，一般存放 3 个月的水泥强度也会降低 10%～15%，存放 6 个月强度降低 20%～30%。存期超过 3 个月为过期水泥，应重新检测决定如何使用。

水泥运输、储存应注意防水、防潮。储存应按不同品种、强度等级、批次、到货日期分别堆放，标志清楚。注意先到先用，避免积压过期。不同品种、强度等级、批次的水泥，由于矿物成分不同、凝结硬化速度不同、干缩率不同，严禁混杂使用。

二、专用水泥

专用水泥是指有专门用途的水泥，如砌筑水泥、道路水泥、大坝水泥、油井水泥等。下面简要介绍一下砌筑水泥。

凡由一种或一种以上的水泥混合材料，加入适量硅酸盐水泥熟料和石膏，经磨细制成的和易性较好的水硬性胶凝材料，称为砌筑水泥，代号 M。

砌筑水泥的组成中，水泥混合材料的掺加量（质量比）应大于 50%，允许掺入适量的石灰石粉或窑灰。但水泥混合料质量应符合现行 GB/T 203—2008 中的规定。

国家标准《砌筑水泥》（GB/T 3183—2003）中砌筑水泥的技术要求如下：

（1）细度：0.080mm 方孔筛筛余不得超过 10%。

（2）凝结时间：初凝不得早于 60min，终凝不得迟于 12h。

（3）安定性：用沸煮法检验必须合格。水泥中 SO_3 含量不得超过 4.0%。

（4）保水率：不低于 80%。

（5）强度：分为 12.5、22.5 两个强度等级。各龄期强度不得低于表 2-11 规定的数值。

表 2-11 砌筑水泥各龄期强度指标

强度等级	抗压强度/MPa		抗折强度/MPa	
	7d	28d	7d	28d
12.5	7	12.5	1.5	3
22.5	10	22.5	2	4

符合各项技术要求的砌筑水泥为合格品。

如细度、终凝时间、安定性中任何一项不符合要求，或 22.5 级强度低于规定值时，产品作为不合格品，如水泥包装标志中强度等级、生产者名称和出厂编号不全也属不合格品。

如 SO_3、初凝时间、安定性中任何一项不符合标准要求，或 12.5 级强度低于规定指标时，产品属于废品。不得用于工程中。

砌筑水泥利用大量的工业废渣作为混合材料，降低了水泥成本。而且砌筑水泥强度等级较低，配制砌筑砂浆节约水泥，避免浪费。砌筑水泥适用于工业与民用建筑的砌筑砂浆和内墙抹面砂浆和垫层混凝土，不得用于结构混凝土。

三、特性水泥

特性水泥是指某种性能比较突出的一类水泥，如快硬硅酸盐水泥、白色和彩色硅酸盐水泥、抗硫酸盐硅酸盐水泥、膨胀硫铝硅酸盐水泥、自应力铝酸盐水泥等。

1．快硬硅酸盐水泥

凡以硅酸盐水泥熟料和适量石膏磨细制成，以 3d 抗压强度表示标号的水硬性胶凝材料，称为快硬硅酸盐水泥，简称快硬水泥。快硬水泥分为 325、375 和 425 三个标号。

国标《快硬硅酸盐水泥》（GB 199—1990）中快硬水泥的技术要求如下：

（1）氧化镁含量：熟料中氧化镁含量不得超过 5.0%，如水泥压蒸安定性试验合格，则熟料中氧化镁的含量允许放宽到 6.0%。

（2）三氧化硫含量：水泥中三氧化硫含量不得超过 4.0%。

（3）细度：0.080mm 方孔筛筛余量不得超过 10%。

（4）安定性：沸煮法检验必须合格。

（5）强度。

快硬水泥具有早期强度增进率高的特点，其 3d 抗压强度可达到强度等级值，后期强度仍有一定增长，因此，适用于紧急抢修工程、军事工程、冬季施工工程，也适用于制造预应力混凝土或混凝土预制构件。但快硬水泥易受潮变质，故在储运中须特别注意防潮。还应及时使用，不宜久储。从出厂日起超过 1 个月就应重新检验，合格后方可使用。

2．白色、彩色硅酸盐水泥

（1）白色硅酸盐水泥：白色硅酸盐水泥是以适当成分的生料烧至部分熔融，所得以硅酸钙为主要成分，氧化铁含量少的白色硅酸盐水泥熟料加入适量石膏磨细制成的水硬性胶凝材料称为白色硅酸盐水泥，简称白水泥。

白水泥技术性能应符合国标《白色硅酸盐水泥》（GB/T 2015—2005）规定：

1）细度：0.080mm 方孔筛筛余量不得超过 10%。

2）凝结时间：初凝时间不早于 45min，终凝时间不迟于 12h。

3）安定性：用沸煮法检验必须合格。

4）强度：白水泥分为 32.5、42.5、52.5、62.5 四个强度等级，各龄期强度不得低于表 2-12 规定的数值。

表 2-12 白色硅酸盐水泥各龄期强度指标

强度等级	抗压强度/MPa			抗折强度/MPa		
	3d	7d	28d	3d	7d	28d
32.5	14	20.5	32.5	2.5	3.5	5.5
42.5	18	26	42.5	3.5	4.5	6.5
52.5	23	33.5	52.5	4	5.5	7
62.5	28	42	62.5	5	6	8

5）白度：白水泥的白度是将白水泥样品装入标准压样器，压成表面平整的白板，置于白度仪中测其对红、绿、蓝三色光的反射率，以此与氧化镁白板的标准反射率相比的

百分数表示。白水泥按白度分为特级、一级、二级、三级 4 个等级。各等级白度不得低于表 2-13 中的规定。

表 2-13　白色硅酸盐水泥白度规定

等级	特级	一级	二级	三级
白度/%	86	84	80	75

表 2-14　白色硅酸盐水泥产品等级指标

项目	优等品		一等品		合格品		
强度等级	62.5	52.5	52.5	42.5	42.5	32.5	32.5
白度	特级		一级	二级	三级		四级

白水泥按其白度和强度等级不同，可分为优等品、一等品、合格品。各等级应符合表 2-14 中的规定。

（2）彩色硅酸盐水泥：彩色硅酸盐水泥简称彩色水泥，是在白水泥（或普通水泥）生产过程中，掺入适量着色剂（颜料）制成的。生产彩色水泥的颜料应是不溶于水，分散性好，耐碱性强，抗大气稳定性好，且掺入水泥后对水泥主要技术性质无显著影响。彩色硅酸盐水泥技术性质，根据标准 JC/T 870—2000 规定，应符合下列要求：

1）细度：0.080mm 方孔筛上的筛余量不得超过 6.0%。

2）凝结时间：初凝时间不早于 1h，终凝时间不迟于 10h。

3）安定性用沸煮法检验必须合格，SO_3 含量不得超过 4.0%。

4）强度彩色水泥分为 27.5、32.5、42.5 三个等级，各龄期强度不得低于表 2-15 规定的数值。

表 2-15　彩色硅酸盐水泥各龄期强度指标

强度等级	抗压强度/MPa		抗折强度/MPa	
	3d	28d	3d	28d
27.5	7.5	27.5	2	5
32.5	10	32.5	2.5	5.5
42.5	15	42.5	3.5	6.5

彩色硅酸盐水泥凡初凝时间、安定性中任何一项不符合规定的指标要求；强度低于最低强度等级规定的指标时，均为废品。凡细度、终凝时间、色差和颜色耐久性中任何一项不符合标准规定时，为不合格品；包装标志中水泥品种、强度等级、颜色、工厂名称、出厂编号不全时也为不合格品。

（3）其他彩色水泥品种：目前建筑上用的彩色水泥，大多是硅酸盐系列的，但硅酸盐系列的彩色水泥不足之处在于色彩欠鲜艳，一定程度影响了装饰效果。为满足建筑装饰、制品、雕塑等工艺的需要，现已研制出铝酸盐系列和硫铝酸盐系列的彩色水泥生产方法与彩角硅酸盐水泥基本相同。

1）彩色铝酸盐水泥特点：色彩品种多，颜色鲜艳，硬化快，表面光泽好（硬化后表面形成氢氧化铝凝胶层，不仅表面光滑且有较好的光泽），碱性低，无白霜，但价格较高。

2）彩色硫铝酸盐水泥特点：色彩品种多，颜色鲜艳，硬化快，早期强度高，无收缩，无白霜，可在低温下施工（负温下可硬化），价格高。

白色和彩色水泥在装饰工程中主要用于配制各类彩色水泥浆，各种彩色砂浆用于装饰抹灰、陶瓷铺砌的勾缝；配制装饰混凝土、彩色水磨石、人造大理石或硅酸盐装饰制品，并以其特有的色彩装饰性，用于雕塑艺术和各种装饰部件。

第四节　混凝土

混凝土是由胶凝材料、水、粗、细骨料按一定的比例配合、拌制为混合料，经硬化而成的人造石材。

一、混凝土的分类

混凝土品种很多，常用的有以下几种分类方法：

（1）按胶凝材料分：水泥混凝土、沥青混凝土、聚合物混凝土等。

（2）按表观密度分：重混凝土（ρ_0＞2 500kg/m^3）、普通混凝土（ρ_0=1 950～2 500kg/m^3）、轻混凝土（ρ_0＜1 950kg/m^3）及特轻混凝土（ρ_0=600～1 950kg/m^3）等。

（3）按用途分：结构混凝土、防水混凝土、耐热混凝土、装饰混凝土等。

（4）按生产和施工方法分：泵送混凝土、压力灌浆混凝土、喷射混凝土与预拌混凝土（商品混凝土）等。

（5）按抗压强度分：普通混凝土（f＜60MPa）、高强混凝土（f≥60MPa）、超高强混凝土（f≥100MPa）等。

二、普通混凝土

目前，使用量最大的混凝土品种是以水泥为胶结材料，普通砂、石为骨料，加入适量水和外加剂、掺合料拌制而成的普通水泥混凝土（简称普通混凝土）。

（一）普通混凝土的特点

混凝土之所以在工程中得到广泛的应用，是因为它与其他材料相比具有以下优点：

（1）混凝土中占 80%以上的砂、石原材料资源丰富，价格低廉，符合就地取材和经济的原则。

（2）在凝结前具有良好的可塑性，便于浇筑成各种形状和尺寸的构件或构筑物。

（3）调整原材料品种及配比，可获得不同性能的混凝土以满足工程上的不同要求。

（4）硬化后具有较高的力学强度和良好的耐久性；与钢筋有较高的握裹强度，能取长补短，使其扩展了应用范围。

（5）可充分利用工业废料作为骨料或外掺料，有利于环境保护。

混凝土也存在一定的缺点，主要是：自重大、比强度小；脆性大、易开裂；抗拉强度低，仅为其抗压强度的1/10～1/20；施工周期较长，质量波动较大等。

但随着现代科学的发展，混凝土的不足正在不断被克服。如采用轻质骨料可显著降低混凝土的自重，提高比强度；掺入纤维或聚合物，可提高抗拉强度，大大降低混凝土的脆性；掺入减水剂、早强剂等外加剂，可显著缩短硬化周期，改善力学。

（二）普通混凝土的组成材料

普通混凝土的基本组成材料是水泥、水、天然砂和石子，另外还常掺入适量的掺合料和外加剂。砂、石在混凝土中起骨架作用，故也称为骨料（或称集料）。水泥和水形成水泥浆，包裹在砂粒表面并填充砂粒间的空隙而形成水泥砂浆，水泥砂浆又包裹石子并填充石子间的空隙而形成混凝土。在混凝土硬化前，水泥浆起润滑作用，赋予混凝土拌合物一定的流动性，便于施工。水泥浆硬化后，起胶结作用，把砂石骨料胶结在一起，成为坚硬的人造石材，并产生力学强度。

混凝土的质量和技术在很大程度上是由原材料的性质及其相对含量所决定的，同时也与施工工艺（配料、搅拌、捣实成型、养护等）有关。因此，首先必须了解混凝土原材料的性质、作用及质量要求，合理选择原材料，以保证混凝土的质量。

1. 水泥

水泥在混凝土中起胶结作用，是最重要的材料，正确、合理地选择水泥的品种和强度等级，是影响混凝土强度、耐久性及经济性的重要因素。

（1）水泥品种的选择配制混凝土用的水泥品种，应当根据工程性质与特点、工程所处环境及施工条件，依据各种水泥的特性，合理选择。通用水泥品种的选用可参见表2-16。

（2）水泥强度的选择水泥强度应当与混凝土的设计强度等级相适应。通常水泥强度等级为混凝土强度等级的1.5～2倍为宜。水泥强度过高或过低，会因水泥用量过多或过少而影响混凝土和易性、耐久性及经济效果。

2. 细骨料

粒径在0.15～4.75mm之间的骨料为细骨料（砂）。混凝土的细骨料主要采用天然砂，按其产源不同可分为河砂、湖砂、海砂和山砂。建筑工程多采用河砂作细骨料。砂按技术要求分为Ⅰ类、Ⅱ类、Ⅲ类。Ⅰ类宜用于强度等级大于C60的混凝土；Ⅱ类宜用于强度等级C30～C60及有抗冻、抗渗或其他要求的混凝土；Ⅲ类宜用于强度等级小于C30的混凝土和建筑砂浆。配制混凝土时，混凝土对细骨料的质量要求主要有以下几个方面：

（1）洁净程度：配制混凝土用砂要求洁净，不含杂质，且砂中云母、硫化物、硫酸盐、氯盐和有机杂质等的含量应符合表2-16的规定。

云母为表面光滑的层、片状物质，与水泥黏结性差，影响混凝土的强度和耐久性；一些有机物、硫化物及硫酸盐，对水泥有腐蚀作用。

表 2-16 砂中有害杂质含量的规定

项目	指标		
	Ⅰ类	Ⅱ类	Ⅲ类
含泥量（＜75μm 的尘屑、淤泥和黏土总含量）按质量计）/%	＜1.0	＜3.0	＜5.0
泥块含量（按质量计）/%	0	＜1.0	＜2.0
云母含量（按质量计）/%	＜1.0	＜2.0	＜2.0
轻物质（表观密度＜2.0kg/m³）含量（按质量计）/%		＜1.0	
硫化物和硫酸盐含量（按 SO_3 含量计）/%		＜0.5	
有机物含量（用比色法试验）		合格	
氯化物（以氯离子质量计）/%	＜0.01	＜0.02	＜0.06

（2）砂的粗细程度和颗粒级配：砂的粗细程度是指不同颗粒大小的砂混合后总体的粗细程度，通常有粗砂、中砂与细砂之分。在相同砂用量的条件下，细砂的总表面积则较大。在混凝土中砂子的表面需要水泥浆包裹，砂子的表面积越大，需要包裹砂粒表面的水泥浆就越多。一般用粗砂拌制的混凝土比用细砂所需的水泥浆省。

砂的颗粒级配，即表示粒径不同的砂混合后的搭配情况。在混凝土中砂粒之间的空隙由水泥浆所填充，为达到节约水泥和提高混凝土强度的目的，就应尽量减少砂粒之间的空隙。较好的颗粒级配是在粗颗粒砂的空隙中由中颗粒砂填充，中颗粒砂的空隙再由细颗粒砂填充，这样逐级地填充，使砂形成最密集的堆积，空隙率达到最小程度。

在拌制混凝土时，砂的颗粒级配和粗细程度应同时考虑。当砂中含有较多的粗颗粒，可以适量的中颗粒及少量的细颗粒填充其空隙；则可达到空隙率及总表面积均较小，这是比较理想的，不仅水泥用量少，而且还可以提高混凝土的密度性与强度。

砂的粗细程度和颗粒级配常用筛分析法进行测定。用细度模数表示砂的粗细程度，用级配区表示砂的颗粒级配。筛分析法是用一套孔径为 4.75mm、2.36mm、1.18mm、0.16mm、0.3mm、0.15mm 的标准筛（方孔筛）。将 500g 的干砂试样由粗到细依次过筛，然后称出留在各筛上的砂量，并计算出各筛上的分计筛余百分率以 a_1、a_2、a_3、a_4、a_5 和 a_6（各筛上的筛余量占砂样总质量的百分率）及累计筛余百分率 A_1、A_2、A_3、A_4、A_5 和 A_6（各筛和比该筛粗的所有分计筛余百分率之和）。累计筛余百分率与分计筛余百分率的关系如表 2-17 所示。

表 2-17 累计筛余百分率与分计筛余百分率的关系

筛孔尺寸/mm	分计筛余/%	累计筛余/%	筛孔尺寸/mm	分计筛余/%	累计筛余/%
4.75	a_1	$A_1=a_1$	0.6	a_4	$A_4=a_1+a_2+a_3+a_4$
2.36	a_2	$A_2=a_1+a_2$	0.3	a_5	$A_5=a_1+a_2+a_3+a_4+a_5$
1.18	a_3	$A_3=a_1+a_2+a_3$	0.15	a_6	$A_6=a_1+a_2+a_3+a_4+a_5+a_6$

砂的粗细程度用细度模数（μ_f）表示，即：

$$\mu_f = \frac{(A_2 + A_3 + A_4 + A_5 + A_6) - 5A_1}{100 - A_1}$$

μ_f数值越大，表示砂越粗，混凝土用砂的细度模数范围一般在 3.7～0.7 之间，其中：μ_f=3.7～3.1 为粗砂；μ_f=3.0～2.3 为中砂；μ_f=2.2～1.6 为细砂。在配制混凝土时，应优先选用中砂。还应注意，砂的细度模数并不能反映其级配的优劣，细度模数相同时，级配可能差别很大。所以配制混凝土时，砂的粗细程度和颗粒级配必须同时考虑。

砂的颗粒级配用级配区表示，以级配区或筛分曲线判定砂级配的合格性。对细度模数为 3.7～1.6 的普通混凝土用砂，根据 0.60mm 孔径筛（控制粒级）的累计筛余百分率，划分成为Ⅰ区、Ⅱ区、Ⅲ区三个级配区，如表 2-18 所示。普通混凝土用砂的颗粒级配，应处于表 2-20 中的任何一个级配区中，才符合级配要求。除 4.75mm 及 0.60mm 筛外，允许有部分超出分区界限，但其总量不应大于 5%。

表 2-18　砂的级配区范围

孔径/mm	累计筛余/%		
	Ⅰ区	Ⅱ区	Ⅲ区
9.5	0	0	0
4.75	10～0	10～0	10～0
2.36	35～5	25～0	15～0
1.18	65～35	50～10	25～0
0.6	85～71	70～41	40～16
0.3	95～80	92～70	85～55
0.15	100～90	100～90	100～90

砂的级配情况也可用筛分曲线图来表示，如图 2-3 所示。将表 2-19 中规定的数值，画出Ⅰ区、Ⅱ区、Ⅲ区相应的筛分曲线图，图中左上方表示砂较细，右下方砂较粗。砂样经筛分后，可在图中画下曲线对照，判断砂样是否符合级配要求。如砂的自然级配不好，可用人工级配法进行调整：如将粗、细两种砂按一定比例掺合、试配，直到符合要求为止。

（3）砂的坚固性：砂的坚固性是指砂在自然风化和其他外界物理化学因素作用下抵抗破裂的能力。按国家标准《建筑用砂》（GB/T 14684—2001）规定，用硫酸钠溶液检验，砂样经 5 次饱和烘干循环后其质量损失应符合表 2-19 的规定。

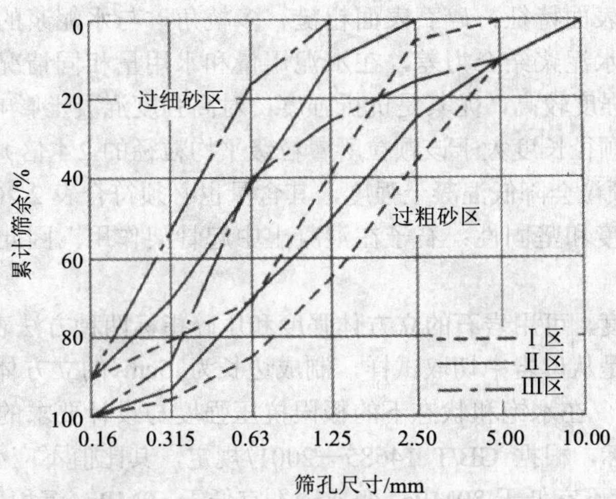

图 2-3　筛分曲线

表 2-19　砂的坚固性指标

项目	指标		
	I类	II类	III类
质量损失/%，＜	8	8	10

3. 粗骨料

普通混凝土的粗骨料是按粒径关于 4.75mm 的岩石颗粒。常用的有碎石和卵石（砾石）两类。碎石是由天然岩石或大卵石经破碎、筛分而得的颗粒。卵石是由天然岩石经自然风化、水流搬运和分选、堆积形成的岩石颗粒，按其产源可分为河卵石、海卵石、山卵石等几种。按卵石、碎石的技术要求分为 I 类、II类、III类。各类石子适用范围与细骨料相同。

对粗骨料的质量要求主要有以下几个方面：

（1）有害杂质：粗骨料中常含有一些有害杂质，如黏土、淤泥、细屑、硫酸盐、硫化物和有机杂质。它们的危害作用与在细骨料中相同。其含量应符合表 2-20 的规定。

表 2-20　碎石和卵石有害杂质含量、坚固性及强度要求

项　目		指　标		
		I类	II类	III类
针、片状颗粒含量（按质量计）/%，	＜	5	15	25
含泥量（按质量计）/%，	＜	0.5	1	1.5
泥块含量（按质量计）/%，	＜	0	0.5	0.7
硫化物和硫酸盐含量（按 SO_3 含量计）/%，	＜	0.5	1	1
有机物		合格	合格	合格
坚固性指标（按质量计）/%，	＜	5	8	12
碎石压碎指标/%，	＜	10	20	30
卵石压碎指标/%，	＜	12	16	16

（2）颗粒形状及表面特征：碎石表面粗糙、多棱角，与水泥浆的黏结较好，而卵石表面光滑、圆浑、与水泥浆结合力差，在水泥用量和水用量相同情况下，碎石拌制的混凝土流动性较差，但强度较高，尤其是抗折强度，对高强度混凝土影响显著。

石子中的针状（颗径长度大于该颗粒所属粒级平均粒径的 2.4 倍）和片状（厚度小于平均粒径的 0.4 倍）颗粒会降低混凝土强度，其含量也必须符合表 2-20 中的规定。

（3）粗骨料的强度和坚固性：石子在混凝土中起骨架作用，因此必须具有足够的强度和坚固性。

碎石或卵石的强度，可用岩石的立方体强度和压碎指标两种方法表示。

岩石立方体强度是从母岩中切取试样，制成边长为 5cm 的立方体（或直径与高均为 5cm 的圆柱体）试件，在水饱和状态下的极限抗压强度与设计要求的混凝土强度等级之比，作为岩石强度指标，根据 GB/T 14685—2001 规定，其比值不应小于 1.5。在一般情况下，岩浆岩试件强度不宜低于 80MPa，变质岩不宜低于 60MPa，沉积岩不宜低于 30MPa。

碎石或卵石压碎指标值是用一定规格的圆钢筒，装入一定量气干状态的 9.5～19mm 石子颗粒，在压力机上按规定速度均匀施加荷载达 200kN，卸荷后称取试样重（m_0），再用孔径 2.36mm 筛筛分，称其筛余量（m_1）计算石子压碎值 δ：

$$\delta = \frac{m_0 - m_1}{m_0} \times 100\%$$

压碎值越小，表示其抵抗裂碎能力越强，因而间接地反映其强度。碎石或卵石的压碎值应符合《普通混凝土用碎石或卵石质量标准及检验方法》中压碎指标的规定，如表 2-20 所示。

石子的坚固性指在气候、外力及其他物理力学因素（如冻融循环）作用下，骨料抵抗碎裂的能力。石子的坚固性是用硫酸钠溶液法检验，试样经 5 次饱和烘干循环后，其质量损失应不超过表 2-20 中的规定。

（4）最大粒径和颗粒级配：石子中公称粒级的上限称为该粒级的最大粒径。选择石子时，在条件许可的情况下，应选用较大值，使骨料总表面积和空隙率减小，可以降低水泥用量，减少混凝土的收缩。但粒径过大，混凝土浇灌不便，并易产生离析现象，影响强度。因此最大粒径的选择，应根据建筑物及构筑物的种类、尺寸，钢筋间距离及施工方式等因素决定。《混凝土结构工程施工质量验收规范》（GB 50204—2002）中规定：混凝土粗骨料的最大粒径不得超过结构截面最小边长尺寸的 1/4 同时不得大于钢筋间最小净距的 3/4；对混凝土实心板，骨料最大粒径不宜超过板厚的 1/3，且不得超过 40mm，对泵送混凝土，碎石的最大粒径与输送管内径之比，不宜大于 1/3，卵石不宜大于 1/2.5。一般在水利、海港等大型工程中最大粒径通常采用 120mm 或 150mm，在房屋建筑工程中通常采用 20mm、31.5mm 和 40mm。

为保证混凝土具有良好的和易性和密实性，石子选用时，也要做好颗粒级配。石子的级配也通过筛分法来确定，根据国标《建筑用卵石、碎石》（GB/T 14685—2001）的规定，石子标准筛孔径有 2.36mm、4.75mm、9.5mm、16.0mm、19.0mm、26.5mm、31.5mm、37.5mm、53.0mm、63.0mm、75.0mm 及 90.0mm12 个方孔筛。分计筛余百分率与累计筛余百分率的计算和砂相同。普通混凝土用碎石或卵石的颗粒级配，应符合表 2-21 的规定。

表 2-21　碎石或卵石颗粒级配范围

公称粒径		累计筛余/%											
		2.36	4.75	9.5	16	19	26.5	31.5	37.5	53	63	75	90
连续粒级	5～10	95～100	80～100	0～15	0	—	—	—	—	—	—	—	—
	5～16	95～100	85～100	30～60	0～10	0	—	—	—	—	—	—	—
	5～20	95～100	90～100	40～80	—	0～10	0	—	—	—	—	—	—
	5～25	95～100	90～100	——	30～70	—	0～5	0	—	—	—	—	—
	5～31.5	95～100	90～100	70～90	—	15～45	—	0～5	0	—	—	—	—
	5～40	—	95～100	70～90	—	—	30～65		0～5	0	—	—	—
单粒级	10～20	—	95～100	85～100	—	0～15	—	—	—	—	—	—	—
	16～31.5	—	95～100	—	85～100	—	—	0～10	—	—	—	—	—
	20～40	—	—	95～100	—	80～100	—	—	0～10	0	—	—	—
	31.5～63	—	—	—	95～100	—	—	75～100	45～75	—	0～10	0	—
	40～80	—	—	—	—	95～100	—	—	70～100	—	30～60	0～10	0

石子的级配有连续级配和间断级配两种。连续级配是颗粒尺寸由大到小连续分级，每级骨料都占适当比例。此法在混凝土工程中采用较广，其优点是混凝土拌合料和易性好，不易发生分层和离析，缺点是密实性较间断级配差。间断级配是大小颗粒之间有较大的“空当”，粒级不连续，即用小得多的颗粒填充较大颗粒间的空隙，使空隙填得较充分，密实性好、节约水泥。但由于粒径差大，混凝土拌合料易产生离析现象。

4．混凝土拌和用水及养护水

混凝土用水，按水源可分为饮用水、地表水、地下水、海水以及经适当处理或处置后的工业废水。符合国家标准的生活用水，可拌制各种混凝土。地表水和地下水常溶有较多的有机质和矿物盐类，首次使用前，应按《混凝土拌和用水标准》（JGJ 63—89）的规定进行检验，合格后方可使用。海水中含有较多的硫酸盐和氯盐，影响混凝土的耐久性并加速混凝土中钢筋的锈蚀，因此，海水可用于拌制素混凝土，但不得用于拌制钢筋混凝土和预应力混凝土，不宜采用海水拌制有饰面要求的素混凝土。生活污水的水质比较复杂，不能用于拌制混凝土。

对水质有怀疑时，应将待检验水与蒸馏水分别作水泥凝结时间和砂浆或混凝土强度对比试验。对比试验测得的水泥初凝时间差和终凝时间差均不得超过 30min，且其初凝和终凝时间应符合水泥标准的规定。用待检验水配制的砂浆或混凝土的 28d 抗压强度不得低于用蒸馏水配制的砂浆或混凝土强度的 90%。混凝土用水各种物质含量指标如表 2-22 所示。

表 2-22 混凝土用水各种物质含量指标

项　目	预应力混凝土	钢筋混凝土	素混凝土
pH 值	＞4	＞4	＞4
不溶物/（mg/L）	＜2 000	＜2 000	＜5 000
可溶物/（mg/L）	＜2 000	＜5 000	＜10 000
氯化物（以 Cl^- 计）/（mg/L）	＜500	＜1 200	＜3 500
硫酸盐（以 SO_4^{2-} 计）/（mg/L）	＜600	＜27 000	＜2 700
硫化物（以 S^{2-} 计）/（mg/L）	＜100		

（三）普通混凝土的基本性能

建筑工程对普通混凝土的质量要求主要是：混凝土在凝结硬化前，为便于施工，获得良好的浇灌质量，混凝土的拌合物必须具有施工需要的和易性；混凝土在凝结硬化后，为保证建筑物安全可靠，必须达到设计要求的强度；混凝土还应具有抵抗环境中多种自然侵蚀因素长期作用而不致破坏的能力，即必要的耐久性。

1. 混凝土拌合物的和易性

（1）和易性的概念：和易性是指混凝土拌合物易于施工操作（拌和、运输、浇灌、捣实）并能获得质量均匀、成型密实的混凝土的性能。和易性是一项综合的技术性质，甚至难以把它包括的方面描述完全。一般认为和易性包括流动性、黏聚性和保水性三方面的含义。流动性是指拌合物在自重或外力作用下具有的流动能力；黏聚性是指拌合物的组成材料不致产生分层和离析现象所表现出的黏聚力；保水性是指拌合物保全拌和水不泌出的能力。

（2）和易性的指标：目前，和易性的指标多以坍落度或维勃稠度表示。

坍落度方法是测定拌合物的流动性，并辅以直观经验评定黏聚性和保水性。将拌合物按规定的方法装入坍落度测定筒内，捣实抹平后把筒提起，量出试料坍落的尺寸（mm）就叫做坍落度，如图 2-4 所示。坍落度越大表示拌合物流动性越大。做坍落度试验的同时，应观察混凝土拌合物黏聚性、保水性及含砂情况，以便全面地评定混凝土拌合物的和易性。按坍落度的不同可将混凝土拌合物分为干硬性混凝土（坍落度为 0～10mm）、塑性混凝土（坍落度为 10～90mm）、流态混凝土（坍落度为 100～150mm）、大流动性混凝土（坍落度＞160mm）。坍落度试验适合于骨料最大粒径不大于 40mm，坍落度值不小于 10mm 的混凝土拌合物。

对于干硬性混凝土拌合物，通常采用维勃稠度仪测定其稠度。方法是把试料按规定装入稠度仪的坍落度筒内，提去筒器后，施以配重盘，在规定振幅和频率的振动下，试料顶面被振平的瞬间所用的秒数称为维勃稠度。秒数越多，混凝土流动性越小。该法适用于骨料最大粒径不超过 40mm，维勃稠度在 5～30s 之间的混凝土拌合物。按维勃稠度的大小可将混凝土分为超干硬性混凝土（维勃稠度＞31s）、特干硬性混凝土（维勃稠度 30～21s）、干硬性混凝土（维勃稠度 20～11s）、半干硬性混凝土（维勃稠度 10～5s）。在水泥用量相同时，干硬性混凝土比塑性混凝土强度高，但因流动性小会给施工带来不便。

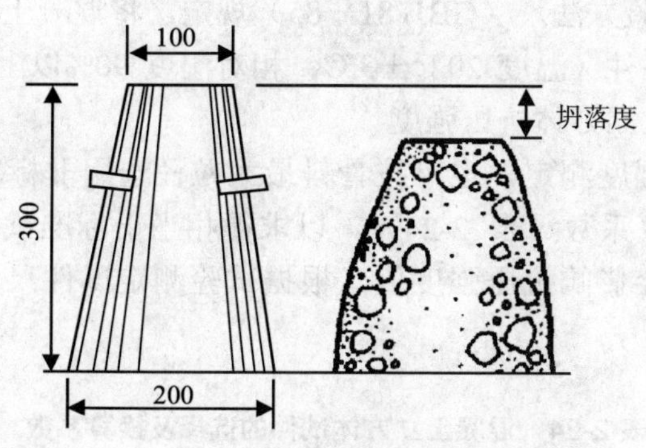

图 2-4　混凝土坍落度的测定

（3）坍落度的选择混凝土拌合物的坍落度要根据施工条件（搅拌、运输、振动能力和方式）、结构物的类型（截面尺寸、配筋疏密）等，选用最适宜的数值。按《混凝土结构工程施工质量验收规范》（GB 50524—2002）的规定，混凝土灌筑时的坍落度宜据表 2-23 选用。

表 2-23　混凝土灌注时坍落度选用表

项目	结构种类	坍落度/mm
1	基础或地面等的垫层、无筋的厚大结构或配筋稀疏的结构构件	10～30
2	板、梁和大型及中型截面的柱子等	30～50
3	配筋密列的结构（薄壁、筒仓、细柱等）	50～70
4	配筋特密的结构	70～90

表 2-23 是采用机械振动的坍落度，采用人工振动时可适当增大；需配大坍落度混凝土时，应适当掺入外加剂；泵送混凝土的坍落度宜为 80～180mm。

2．混凝土的强度

强度是混凝土最重要的力学性质，因为混凝土主要用于承受荷载或抵抗各种作用。混凝土强度与混凝土的其他性能关系密切，一般来说，混凝土的强度愈高，其刚性、不透水性、抵抗风化和某些侵蚀介质的能力也愈高，通常用混凝土强度来评定和控制混凝土的质量。

混凝土的强度包括抗压强度、抗拉强度、抗弯强度、抗剪强度和与钢筋的黏结强度等。其中混凝土的抗压强度值最大，抗拉强度值最小，因此，在结构工程中混凝土主要用于承受压力作用。

（1）混凝土的立方体抗压强度与强度等级：混凝土的抗压强度是指其标准试件在压力作用下直到破坏的单位面积所能承受的最大应力。混凝土结构物常以抗压强度为主要参数进行设计，而且抗压强度与其他强度及变形有良好的相关性。因此，抗压强度常作为评定混凝土质量的指标，并作为确定强度等级的依据，在实际工程中提到的混凝土强度一般是指抗压强度。

为使混凝土质量有对比性，混凝土强度测定必须采用标准试验方法，根据国家标准

《普通混凝土力学性能试验方法》（GBJ 81—85）规定，将混凝土制成边长 150mm 的标准立方体试件，在标准条件（温度 20℃±3℃；相对湿度 90%以上）下，养护 28d，所测得的抗压强度值为混凝土立方体抗压强度。

混凝土立方体抗压强度测定，也可按骨料最大粒径选用非标准尺寸试件，但计算抗压强度值时，应乘以换算系数（表 2-24），以求得相当于标准试件的试验结果。由于试件形状、尺寸不同时，会影响抗压强度值。根据试验测定试件尺寸较大的，测得的抗压强度值偏低。

表 2-24　混凝土立方体试件的选择及换算系数

骨料最大粒径/mm	试件尺寸/mm	换算系数
≤30	100×100×100	0.95
≤40	150×150×150	1
≤60	200×200×200	1.05

为了正确进行设计和控制工程质量，根据混凝土立方体抗压强度标准值，将混凝土划分为 15 个强度等级。混凝土强度等级采用符号 C 与立方体抗压强度标准值（以 N/mm^2 即 MPa 计）表示，即 C15、C20、C25、C30、C35、C40、C45、C50、C55、C60、C65、C70、C75 及 C80 14 个等级（≥C60 的混凝土为高强混凝土）。混凝土立方体抗压强度标准值，是用标准试验方法测得的抗压强度，按数据统计处理方法达到 95%保证率的某一个值，即强度低于该值的百分率不超过 5%。

（2）影响混凝土强度的主要因素：混凝土受力破坏一般出现在骨料和水泥石的分界面上，也就是常见的黏结面破坏形式。另外，当水泥石强度较低时，水泥石本身破坏也是常见的破坏形式。在普通混凝土中，骨料最先破坏的可能性小，因为骨料强度经常大大超过水泥石和黏结面的强度。所以混凝土的强度主要取决于水泥石强度及其与骨料表面的黏结强度。而水泥石强度及其与骨料的黏结强度又与水泥强度等级、水灰比及骨料的性质有密切关系。此外，混凝土的强度还受施工质量，养护条件及龄期的影响。

1）组成材料的影响：在配合比相同的条件下，采用的水泥强度越高，配制成的混凝土强度也越高。当采用同一种品种和强度等级的水泥时，混凝土的强度则取决于水灰比。为获得必要的混凝土流动性，拌和水量（占水泥质量的 40%～70%）比水泥水化时所需的结合水量（占水泥质量的 23%）多，混凝土硬化后，多余的水就在混凝土中形成了气孔，可以认为，在水泥强度等级相同情况下，水灰比越小，水泥石的强度及与骨料结合力就高，混凝土强度则越高。但水灰比过小，无法保证混凝土成型质量时，混凝土强度也将下降。

在混凝土中，水泥石与粗骨料的黏结力与骨料的表面状态有关，碎石表面粗糙，与水泥黏结力强，卵石表面光滑，黏结力较小。因此在水泥强度等级和水灰比相同条件下，碎石混凝土强度往往比卵石混凝土强度高。

大量试验结果表明，在材料条件相同的情况下，混凝土强度与水灰比、水泥强度及骨料特征等因素之间的关系，可用直线型经验公式表示：

$$f = A \cdot f_c \cdot \left(\frac{C}{W} - B\right)$$

式中，f——混凝土 28d 抗压强度值，MPa；

f_c——水泥 28d 抗压强度的实测值，如无法取得水泥强度实测值时，可用下式计算：

$$f_c = r \cdot f_b$$

其中 f_b 为水泥强度等级，r 为水泥强度等级的富余系数，应按各地区实际统计资料来确定。无统计资料时，可取 1.13，MPa；

C/W——灰水比（水泥与水质量比）；

A、B——回归系数，应根据所用水泥、粗细骨料通过实验建立的灰水比与混凝土强度关系式来确定。若无上述试验统计资料，对碎石混凝土可取 A=0.46、B=0.07；卵石混凝土可取 A=0.48、B=0.33。

用此强度公式，可根据所用水泥强度等级和水灰比估计配制的混凝土强度值，也可根据水泥强度等级和要求的混凝土强度，计算水灰比值。

2）外界因素的影响：养护条件混凝土在自然条件下养护（称自然养护）时，周围环境的温度和湿度，对混凝土强度也有直接影响。温度升高，水泥水化速度快，混凝土强度发展也加快。反之，混凝土强度发展相应迟缓。当温度降至冰点，混凝土中大部分水分结成冰，混凝土强度不但停止发展，而且还会由于水分结冰引起的膨胀作用使混凝土结构破坏，强度降低。温度适当，水泥水化能顺利进行，混凝土强度得到充分发展。湿度不够，不但由于水泥不能正常水化而降低强度，还会因水化未完成造成结构疏松而影响耐久性。

由此，为使混凝土更好地硬化，施工规范中规定，在混凝土浇筑完毕后的 12h 以内对混凝土加以覆盖和浇水，其浇水养护时间，对硅酸盐水泥、普通水泥或矿渣水泥拌制的混凝土不得少于 7d，对掺用缓凝型外加剂或有抗渗性要求的混凝土不得少于 14d。浇水次数应能保持混凝土处于润湿状态。

为加速混凝土强度的发展，提高混凝土的早期强度，还可以采用湿热处理的方法，即蒸汽养护和蒸压养护的方法来实现。

养护龄期混凝土在正常条件下，其强度将随着养护龄期的增加而增长。不同龄期混凝土强度的增长情况（标准养护条件下）可如表 2-25 所示。

表 2-25 标准养护下混凝土强度增长情况

混凝土龄期	7d	28d	3 个月	6 个月	1 年	2 年	4～5 年
混凝土强度	0.6～0.75	1	1.25	1.5	1.75	2	2.25

施工操作混凝土中物料拌和越均匀，结构越密实，混凝土强度则高。机械搅拌比人工拌和更均匀，特别是对低流动性混凝土效果更显著。当混凝土用水量较少，水灰比较小时，振动器捣实比人工捣实效果好。故采用较低的水灰比，机械搅拌、高频振动器振动可获得更高的混凝土强度。但随着水灰比增大，振动捣实的优越性逐渐降低，一般强

度提高不超过 10%。

外加剂、掺合料：混凝土中掺入早强剂可提高其早期强度；掺入减水剂可减少用水量，提高混凝土强度。随着材料技术的发展和建筑业的需求，近年来，国内外都研制出了高强度混凝土（指强度等级 C60 以上的混凝土）。如在混凝土中掺入高效减水剂、复合外加剂或磨细矿物掺合料（硅粉、粉煤灰、磨细矿渣等）使混凝土强度等级达 C60～C100。用树脂为胶结材料或将混凝土在树脂中浸渍等方法，也可获得强度达 C100 以上的超高强混凝土。

3. 混凝土的耐久性

要使混凝土结构或构件长期发挥其效能，正常工作，除要求能安全承受荷载外，还应根据其周围的自然环境及在使用条件下具有抵抗各种破坏因素以长期保持强度和外观完整的能力，这种性能称混凝土的耐久性。

混凝土的耐久性主要包括：抗渗性、抗冻性、抗侵蚀性、抗碳化性、碱-骨料作用等。

（1）抗渗性：混凝土的抗渗性用抗渗等级表示，即以标准养护 28d 的混凝土标准试件，一组 6 块中 4 个未出现渗水时能承受的最大水压表示的。混凝土抗渗等级有 P2、P4、P6、P8、P10、P12 5 个等级。

有抗渗要求的建筑或建构物，应增加混凝土的密实度，改善混凝土中的孔隙结构，减少连通孔隙。实践证明，混凝土的水灰比小时，抗渗性较强，水灰比大于 0.6，抗渗性显著变差。掺入适量加气剂，利用所产生的不连通的微孔截断渗水的孔道，可改善混凝土的抗渗性。

（2）抗冻性：混凝土的抗冻性以抗冻等级表示，是以标准养护 28d 的试块在吸水饱和后，承受反复冻融循环，在抗压强度下降不超过 25%，且质量损失不超过 5%时能承受最多的冻融循环次数表示的。混凝土抗冻等级分为：F10、F15、F25、F50、F100、F150、F200、F250、F300 9 个等级。

提高混凝土抗冻性的有效方法是增加密实程度，或掺入加气剂、减水剂等。

（3）抗侵蚀性：混凝土的抗侵蚀性与所用水泥品种、混凝土密实程度和孔隙特征有关。结构密实的或具有封闭孔隙的混凝土，侵蚀介质不易侵入，抗侵蚀性较强。

（4）抗碳化性：混凝土的碳化作用是指空气中的二氧化碳由表及里向混凝土内部扩散，与氢氧化钙反应使混凝土降低了碱度，减弱了混凝土对钢筋的防锈保护作用，且显著增加混凝土的收缩，使碳化层表面产生微裂纹，混凝土的抗拉、抗折强度降低。要提高混凝土的抗碳化性，应优先用普通水泥或硅酸盐水泥，选用较小的水灰比，制成密实的混凝土，其钢筋的保护层厚度也应相应加大。

（5）碱-骨料作用：当混凝土中所用水泥含有较多的碱，粗骨料中又夹杂着活性氧化硅（如蛋白石、玉髓和鳞石英等）时，两者发生反应，在骨料表面生成了复杂的碱-硅酸凝胶，凝胶是一种无限膨胀性的（不断吸水则体积不断膨胀）物质，会把水泥石胀裂。这种反应称碱-骨料作用。

（四）混凝土的外加剂

在混凝土拌合物中掺入不超过水泥质量 5%，且能使混凝土按要求改变性质的物质，称混凝土的外加剂。

随着科学技术的迅速发展，在工程中对混凝土的性能不断提出新的要求。实践证明，采用混凝土外加剂是改善其各种性能，满足这个要求的有力措施，而且对节约水泥和节省能源也有十分显著的效果。因此，外加剂已成为混凝土中必不可少的组成成分。不少国家使用掺外加剂的混凝土已占混凝土总量的60%～90%，有的甚至接近100%。

1．外加剂的分类

不同的外加剂功能各异，也有一种外加剂具有多种效果的。按外加剂的主要功能可归纳为6类：

（1）改善新拌混凝土和易性的外加剂。如减水剂、引气剂等。

（2）调节混凝土凝结硬化速度的外加剂。如早强剂、速凝剂、缓凝剂等。

（3）调节混凝土中空气含量的外加剂。如引气剂、加气剂、泡沫剂、消泡剂等。

（4）改善混凝土物理力学性能的外加剂。如引气剂、膨胀剂、抗冻剂、防水剂等。

（5）增加混凝土中钢筋抗腐蚀性的外加剂。如阻锈剂等。

（6）能为混凝土提供特殊性能的外加剂。如引气剂、着色剂、脱模剂等。

2．常用的混凝土外加剂

（1）减水剂：减水剂是指能保持混凝土和易性不变而显著减少其拌和水量的外加剂。

减水剂也是一种多功能型外加剂，如在用水量不变时，可增大坍落度10～20cm；保持混凝土和易性不变时，可减少用水量10%～15%，提高强度15%～20%，特别是早期强度提高显著；在保持混凝土强度不变时，可节约水泥用量10%～15%；还可以提高抗渗、抗冻、耐化学腐蚀等性能，可满足混凝土工程多方面要求。因此，它是目前国内外使用量最大、效果最好的混凝土外加剂。

国内现在生产的减少剂品种很多，按掺入混凝土后所产生的效果来分，有普通型、早强型、引气型、缓凝型和高效型等。按化学成分不同分为：木质素磺酸盐类、多环芳香族磺酸盐类、水溶性树脂磺酸盐类、腐植酸类及糖蜜类等。

常用减水剂的品种有：木质系和萘系减水剂，如木钙（木质素磺酸钙，又称M型减水剂）、NNO型减水剂和建Ⅰ型减水剂等。

（2）早强剂：早强剂是指能加速混凝土早期强度发展的外加剂。早强剂可促进水泥的水化和硬化进程，加快施工进度，提高模板周转率，特别适用于冬季施工和紧急抢修工程。

目前，广泛使用的混凝土早强剂有三类，即氯化物（如 $CaCl_2$、NaCl 等）、硫酸盐系（如 Na_2SO_4 等）和三乙醇胺系，但更多的是使用以它们为基材的复合早强剂。其中氯化物对钢筋有锈蚀作用，常与阻锈剂（NaNO）复合使用。

（3）引气剂：引气剂是指搅拌混凝土过程中能引入大量均匀分布、稳定而封闭的微小气泡的外加剂。引气剂属憎水性表面活性剂，由于能显著降低水的表面张力和界面能，使水溶液在搅拌过程中极易产生许多微小的封闭气泡，气泡直径多在50～250μm，同时因引气剂定向吸附在气泡表面，形成较为牢固的液膜，使气泡稳定而不破裂。按混凝土含气量3%～5%计（不加引气剂的混凝土含气量为1%），$1m^3$ 混凝土拌合物中含数百亿个气泡，由于大量微小、封闭并均匀分布的气泡的存在，使混凝土的性能在以下方面得到明显的改善或改变：如改善混凝土拌合物的和易性，封闭型气泡可起润滑作用；显著提高混凝土的抗渗性、抗冻性，小气泡可阻塞毛细管，切断进水通路；但也会降低混凝土强度，由于大量气泡的存在，减少了混凝土的有效受力面积，使混凝土强度有所降低。一般混凝土的含气量每增加1%时，其抗压强度将降低4%～5%，抗折强度降低2%～3%。

引气剂可用于抗渗混凝土、抗冻混凝土、抗硫酸侵蚀混凝土、泌水严重的混凝土、轻混凝土以及对饰面有要求的混凝土等，但引气剂不宜用于蒸养混凝土及预应力混凝土。

引气剂的掺用量通常为水泥质量的0.005%～0.015%（以引气剂的干物质计算）。

常用的引气剂有松香热聚物、松香酸钠、烷基磺酸钠、烷基苯磺酸钠、脂肪醇硫酸钠等。

（4）缓凝剂：缓凝剂是指能延缓混凝土凝结时间，并对混凝土后期强度发展无不利影响的外加剂。缓凝剂主要有4类：糖类，如糖蜜；木质素磺酸盐类，如木钙、木钠；羟基核酸及其盐类，如柠檬酸、酒石酸；无机盐类，如锌盐、硼酸盐等。常用的缓凝剂是木钙和糖蜜，其中糖蜜的缓凝效果最好。

缓凝剂具有缓凝、减水、降低水化热和增强作用，对钢筋也无锈蚀作用，主要适用于大体积混凝土、炎热气候下施工的混凝土，以及需长时间停放或长距离运输的混凝土。缓凝剂不宜用于在日最低气温5℃以下施工的混凝土，也不宜单独用于有早强要求的混凝土及蒸养混凝土。

（5）防冻剂：防冻剂是指在规定温度下，能显著降低混凝土的冰点，使混凝土液相不冻结或仅部分冻结，以保证水泥的水化作用，并在一定的时间内获得预期强度的外加剂。常用的防冻剂有氯盐类（氯化钙、氯化钠）；氯盐阻锈类（以氯盐与亚硝酸钠阻锈剂复合而成）；无氯盐类（以硝酸盐、亚硝酸盐、碳酸盐、乙酸钠或尿素复合而成）。

氯盐类防冻剂适用于无筋混凝土；氯盐阻锈类防冻剂适用于钢筋混凝土；无氯盐类防冻剂可用于钢筋混凝土工程和预应力钢筋混凝土工程。硝酸盐、亚硝酸盐、碳酸盐易引起钢筋的腐蚀，故不适用于预应力钢筋混凝土以及与镀锌钢材或与铝铁相接触部位的钢筋混凝土结构。另外，含有六价铬盐、亚硝酸盐等有毒成分的防冻剂，严禁用于饮水工程及与食品接触的部位。

防冻剂用于负温条件下施工的混凝土。目前国产防冻剂品种适用于0～－15℃的气温，当在更低气温下施工时，应增加混凝土冬期施工的措施，如暖棚法、原料（砂、石、水）预热法等。

（6）速凝剂：速凝剂是指能使混凝土迅速凝结硬化的外加剂。速凝剂主要有无机盐类和有机物类。我国常用的速凝剂是无机盐类，主要型号有红星Ⅰ型、711型、728型、8604型等。

红星Ⅰ型速凝剂适宜掺量为水泥质量的2.5%～4.0%。711型速凝剂适宜掺量为水泥质量的3%～5%。

速凝剂掺入混凝土后，能使混凝土在5min内初凝，10min内终凝，1h就可产生强度，1d强度提高2～3倍，但后期强度会下降，28d强度为不掺时的80%～90%。速凝剂的速凝早强作用机理是使水泥中的石膏变成Na_2SO_4，失去缓凝作用，从而促使C_3A迅速水化，并在溶液中析出其水化产物晶体，导致水泥浆迅速凝固。

速凝剂主要用于矿山井巷、铁路隧道、引水涵洞、地下工程。

3. 外加剂的选择和使用

在混凝土中掺入外加剂，可明显改善混凝土的技术性能，取得显著的技术经济效果。

若选择和使用不当，会造成事故。因此，在选择和使用外加剂时，应注意以下几点：

（1）外加剂品种的选择：外加剂品种、品牌很多，效果各异，特别是对于不同品种的水泥效果不同。在选择外加剂时，应根据工程需要、现场的材料条件，并参考有关资料，通过试验确定。

（2）外加剂掺量的确定：混凝土外加剂均有适宜掺量，掺量过小，往往达不到预期效果；掺量过大，则会影响混凝土质量，甚至造成质量事故。因此，应通过试验试配确定最佳掺量。

（3）外加剂的掺加方法：外加剂的掺量很少，必须保证其均匀分散，一般不能直接加入混凝土搅拌机内。对于可溶于水的外加剂，应先配成一定浓度的溶液，随水加入搅拌机。对不溶于水的外加剂；应与适量水泥或砂混合均匀后再加入搅拌机内。另外，外加剂的掺入时间对其效果的发挥也有很大影响，如为保证减水剂的减水效果，减水剂有同掺法、后掺法、分次掺入法。

三、其他品种混凝土

普通混凝土已广泛用于各种工程，但随着科技的发展和工程的需要，其他新品种混凝土正不断涌现，这些新品种混凝土都有其特殊的性能及施工方法，适用于某些特殊领域，它们的出现扩大了混凝土的使用范围，从长远来看，是很有发展有途的。

（一）轻骨料混凝土

按《轻混凝土技术规程》（JGJ 51—90）规定，用轻粗骨料、轻细骨料（或普通砂）、水泥和水配制而成，干表观密度不大于 1 950kg/m^3 的混凝土称为轻骨料混凝土。

1．轻骨料混凝土分类

（1）按用途和体积密度分类：保温轻骨料混凝土ρ_0＜800kg/m^3 主要用于保温的围护结构、热工构筑物等。

保温结构轻骨料混凝土ρ_0=800～1 400kg/m^3 主要用于既承重又保温的围护结构。

结构轻骨料混凝土ρ_0=1 400～1 900kg/m^3 主要用于承重构件或构筑物。

（2）按细骨料品种分类：

全轻混凝土　由轻砂作细骨料配制而成，如浮石全轻混凝土、陶粒陶砂全轻混凝土等。

砂轻混凝土　由普通砂，或部分普通砂和部分轻砂作细骨料配制而成，如粉煤灰陶粒砂轻混凝土、黏土陶粒砂轻混凝土等。

2．轻骨料混凝土的特点

（1）轻质且经济：轻骨料混凝土与普通混凝土相比的首要特性就是轻。在工程建设中，结构的自重减轻，必然会减少基础处理的费用；降低梁和柱的横截面积及配筋；降低运输、吊装、模板和脚手架等方面的成本。

（2）保温且承重：轻骨料混凝土的导热系数为 0.23～0.52W/（m·K），小于黏土砖的导热系数[0.745W/（m·K）]，和黏土空心砖的导热系数 0.522W/（m·K）相近。因此具有一定的隔热保温性能。轻骨料混凝土（尤其是结构保温型的）则能同时兼有承重、保温和耐久这三重性能。这能使得墙体工序简化而节省材料。

（3）力学性能好，抗震性能强：轻骨料混凝土的抗压强度与普通混凝土接近，因此在使用普通混凝土的部位或构件的工程，均可使用轻骨料混凝土。轻骨料混凝土弹性模量低于普通混凝土，因此在抗震结构中选用轻骨料混凝土优于普通混凝土，如在地震作用下，轻骨料混凝土受弯构件的承载力比普通混凝土提高 5%～8%，且具有较高的冲击韧性和极限变形。因此，高强度轻骨料混凝土更适合在软土地基、地震区建造大跨度的桥梁和高层建筑。

（4）耐火性好：因为轻骨料混凝土导热系数小，耐火性能好，在同一耐火等级的条件下，轻骨料混凝土板的厚度，可以比普通混凝土减薄 20%以上。

（5）变形较大：由于轻骨料混凝土弹性模量小，刚度低，徐变和收缩变形比普通混凝土大得多。由于配制轻骨料混凝土时混凝土中的用水量较大，因此收缩较大，可能产生裂缝。

3. 轻骨料混凝土的应用

（1）用于围护结构。一般表观密度在 800～1 400kg/m^3 以内的轻骨料混凝土可代替传统的墙体材料，广泛用于工业与民用建筑的承重与非承重墙体围护结构中，例如制作砌块及大型墙板等。

（2）用于承重结构。表观密度在 1 400～1 800 kg/m^3，强度等级达 CL20 以上的轻骨料混凝土，主要用于各种装配式或现浇的承重结构。如楼板、屋面板、梁柱等，特别适用于高层大跨度软土地基上的建筑物和构筑物。

（3）用于特殊建筑物。轻骨料混凝土除广泛用于工业与民用建筑的墙体及承重结构外，还可用于桥梁、电杆、烟囱、高温窑炉的耐火内衬，水泥筒仓等特殊结构物中。

总之，可以认为轻骨料混凝土适用于高层和多层建筑、大跨屋盖、中跨和大跨度桥梁、地基不良的结构、抗震结构和漂浮结构、高耐久性结构等，随着高性能轻骨料混凝土研究的起步，轻骨料混凝土在结构工程中的应用将更为广泛。

（二）聚合物混凝土

聚合物混凝土是由有机聚合物、无机胶凝材料和骨料结合而成的一种新型混凝土。聚合物混凝土体现了有机聚合物和无机胶凝材料的优点，克服了水泥混凝土的一些缺点。聚合物混凝土按其组合及制作工艺可分以下三种。

1. 聚合物水泥混凝土（PCC）

用聚合物乳液（和水分散体）拌合物，并掺入砂或其他骨料制成的混凝土，称聚合物水泥混凝土。聚合物的硬化和水泥的水化同时进行，聚合物能均匀分布于混凝土内，填充水泥水化物和骨料之间的空隙，与水泥水化物结合成一个整体，从而改善混凝土的抗渗性、耐蚀性、耐磨性及抗冲击性，并可提高抗拉及抗折强度。由于其制作简便，成本较低，故实际应用较多。目前主要用于现场浇筑无缝地面。耐腐蚀性地面及修补混凝土路面、机场跑道面层和做防水层等。

2. 聚合物浸渍混凝土（PIC）

聚合物浸渍混凝土是以混凝土为基材（被浸渍的材料），而将聚合物有机单体渗入混凝土中，然后再用加热或放射线照射的方法使其聚合，使混凝土与聚合物形成一个整体。

单体可用甲基丙烯酸甲酯、苯乙烯、丙烯酸甲酯等。此外，还要加入催化剂和交联剂等。

在聚合物浸渍混凝土中，聚合物填充了混凝土的内部空隙；除了全部填充水泥浆中的毛细孔外，很可能也大量进入了胶孔，形成连续的空间网络相互穿插，使聚合物混凝土形成了完整的结构。因此，这种混凝土具有高强度（抗压强度可达 200MPa 以上，抗拉强度可达 10MPa 以上），高防水性（几乎不吸水、不透水），且抗冻性、抗冲击性、耐蚀性和耐磨性都有显著提高。

这种混凝土适用于要求高强度、高耐久性的特殊构件，特别适用于储运液体的有筋管、无筋管、坑道等。在国外已用于耐高压的容器，如原子反应堆、液化天然气储罐等。

3．聚合物胶结混凝土（PC）

聚合物胶结混凝土（PC）又称树脂混凝土，是以合成树脂为胶结材料的一种聚合物混凝土。常用的合成树脂是环氧树脂、不饱和聚酯树脂等热固性树脂。这种混凝土具有较高的强度、良好的抗渗性、抗冻性、耐蚀性及耐磨性，并且有很强的黏结力，缺点是硬化时收缩大，耐火性差。这种混凝土适用于机场跑道面层、有耐腐蚀要求的结构、混凝土构件的修复、堵缝材料等，但由于目前树脂的成本较高，限制了在工程中的实际应用。

四、混凝土质量控制与强度评定

（一）混凝土的质量控制

加强质量控制是现代化科学管理生产的重要环节。混凝土质量控制的目标，是要生产出质量合格的混凝土，即所生产的混凝土应能按规定的保证率满足设计要求的技术性质。混凝土质量控制包括以下三个过程：

（1）混凝土生产前的初步控制：主要包括人员配备、设备调试、组成材料的检验及配合比的确定与调整等项内容。

（2）混凝土生产过程中的控制：包括控制称量、搅拌、运输、浇筑、振动及养护等项内容。

（3）混凝土生产后的合格性控制：包括批量划分，确定批取样数，确定检测方法和验收界限等项内容。

在以上过程的任一步骤中（如原材料质量、施工操作、试验条件等）都存在着质量的随机波动，故进行混凝土质量控制时，如要作出质量评定就必须用数理统计方法。在混凝土生产质量管理中，由于混凝土的抗压强度与其他性能有较好的相关性，能较好地反映混凝土整体的质量情况。因此，工程中通常以混凝土抗压强度作为评定和控制其质量的主要指标。

（二）混凝土强度评定

1．混凝土强度代表值

每组三个试件应在同一盘混凝土中取样制作。其强度代表值的确定，应符合下列规定：

（1）取三个试件强度的算术平均值作为每组试件的强度代表值；

（2）当一组试件中强度的最大值或最小值与中间值之差超过中间值的 15%时，取中间值作为该组试件的强度代表值；

（3）当一组试件中强度的最大值和最小值与中间值之差均超过中间值的 15%时，该组试件的强度不应作为评定的依据。

当采用非标准尺寸试件时，应将其抗压强度折算为标准试件抗压强度。

2．混凝土强度的检验评定

混凝土强度检验评定必须符合下列规定：

（1）混凝土强度应分批进行验收。同一验收批的混凝土应由强度等级相同、生产工艺和配合比基本相同的混凝土组成。对现浇混凝土结构构件，应按单位工程验收项目划分验收批。对同一验收批的混凝土强度，应以同批内标准试件的全部强度代表值来评定。

（2）当混凝土的生产条件在较长时间内能保持一致，且同一品种混凝土的强度变异性能保持稳定时，应由连续的三组试件组成一个验收批，其强度应同时符合下列要求：

$$mf_{cu} \geqslant f_{cu,k} + 0.7\sigma_0$$

$$f_{cu,min} \geqslant f_{cu,k} - 0.7\sigma_0$$

当混凝土强度等级不高于 C20 时，其强度的最小值还应符合下式要求：

$$f_{cu,min} \geqslant 0.85 f_{cu,k}$$

当混凝土强度等级高于 C20 时，其强度的最小值还应满足下式要求：

$$f_{cu,min} \geqslant 0.90 f_{cu,k}$$

式中，mf_{cu}——同一验收批混凝土立方体抗压强度的平均值，N/mm^2；

$f_{cu,k}$——混凝土立方体抗压强度标准值，N/mm^2；

σ_0——验收批混凝土立方体抗压强度的标准差，N/mm^2；

$f_{cu,min}$——同一验收批混凝土立方体抗压强度的最小值，N/mm^2。

验收批混凝土立方体抗压强度的标准差，应根据前一个检验期内同一品种混凝土试件的强度数据，按下列公式确定：

$$\sigma_0 = \frac{0.59}{m} \sum_{i=1}^{m} \Delta f_{cu,i}$$

式中，$\Delta f_{cu,i}$——第 i 批试件立方体抗压强度中最大值与最小值之差；

m——用以确定验收批混凝土立方体抗压强度标准差的数据总批数。

每个检验期不应超过 3 个月，且在该期间内强度数据的总批数不得少于 15 组。

（3）当混凝土的生产条件不能满足上述的规定时，或在前一个检验期内的同一品种混凝土没有足够的数据用以确定验收批混凝土立方体抗压强度的标准差时，应由不少于 10 组的试件组成一个验收批，其强度应同时符合下列公式的要求：

$$mf_{cu}-\lambda_1 S_{fcu}\geqslant 0.9f_{cu,k}$$

$$f_{cu,min}\geqslant \lambda_2 f_{cu,k}$$

式中，S_{fcu}——同一验收批混凝土立方体抗压强度的标准差，N/mm^2。当 S_{fcu} 的计算值小于 $0.06f_{cu,k}$ 时，取 $S_{fcu}=0.06f_{cu,k}$；

λ_1，λ_2——合格判定系数，按表 2-26 取用。

混凝土立方体抗压强度的标准差 S_{fcu} 按下列公式计算：

$$S_{fcu}=\sqrt{\frac{\sum_{i=1}^{n}f_{cu,i}^2-nm_{fcu}^2}{n-1}}$$

式中，$f_{cu,i}$——第 i 组混凝土试件的立方体抗压强度值，N/mm^2；

n——一个验收批混凝土试件的组数。

按非统计方法评定混凝土强度时，其所保留强度应同时满足下列要求：

$$mf_{cu}\geqslant 1.15f_{cu,k}$$

$$f_{cu,min}\geqslant 0.95f_{cu,k}$$

表 2-26　混凝土强度的合格判定系数

试件组数	10～14	14～24	≥25
λ_1	1.7	1.65	1.6
λ_2	0.9	0.85	

第五节　建筑砂浆与墙体材料

一、建筑砂浆

建筑砂浆按胶凝材料不同分为：水泥砂浆、石灰砂浆、混合砂浆、沥青砂浆和聚合物砂浆等。按用途不同分为：砌筑砂浆、抹面砂浆、防水砂浆、装饰砂浆、耐热砂浆和耐酸砂浆等。按体积密度不同分为：轻质砂浆和重质砂浆等。

（一）砌筑砂浆

将砖、石、砌块等砌筑材料黏结成为砌体结构的砂浆称为砌筑砂浆。它起着黏结砌体、传递荷载的作用，是砌筑结构的重要组成部分。

1．砌筑砂浆的组成材料

为保证建筑砂浆的质量，砂浆中的各组成材料均应满足一定的技术要求。

（1）水泥：通用水泥和砌筑水泥等都可以用来配制砌筑砂浆。水泥砂浆采用的水泥，其强度等级不宜大于 32.5 级，水泥用量不应小于 $200kg/m^3$，水泥混合砂浆采用的水泥，其强度等级不宜大于 42.5 级，水泥和掺加料总量宜为 $300～350kg/m^3$。对于一些特殊用途的砂浆，如修补裂缝、预制构件嵌缝、结构加固等应采用膨胀水泥。

（2）掺合料：为了改善砂浆的和易性和节约水泥用量，可在水泥砂浆中加入适量掺合料，配制成混合砂浆。为保证砂浆的质量，掺合料应符合以下要求：

1）生石灰需熟化制成石灰膏，然后再掺入砂浆中搅拌均匀。消（熟）石灰粉不能直接用于砌筑砂浆中。

2）生石灰熟化成石灰膏时，应用孔径不大于 3mm×3mm 的网过滤，熟化时间不得少于 7d；磨细生石灰粉的熟化时间不得小于 2d。沉淀池中储存的石灰膏，应采取防止干燥、冻结和污染的措施。严禁使用脱水硬化的石灰膏。

3）采用黏土或粉质黏土制备黏土膏时，宜用搅拌机加水搅拌，通过孔径不大于 3mm×3mm 的网过筛。

4）制作电石膏的电石渣应用孔径不大于 3mm×3mm 的网过滤，检验时应加热至 70℃并保持 20min，没有乙炔气味后，方可使用。

5）石灰膏、黏土膏和电石膏试配时，沉入度应控制在 120mm±5mm 之间。

（3）砂：砌筑砂浆宜选用中砂且应符合建筑用砂的技术要求。由于砌筑砂浆层较薄，对砂子的最大粒径应有所限制。对于毛石砌体所用的砂，最大粒径应小于砂浆层厚度的 1/4～1/5。对于砖砌体，砂粒径不得大于 2.5mm。对于光滑抹面及勾缝用的砂浆则应使用细砂。

砂的含泥量对砂浆的强度、变形、稠度及耐久性影响较大。根据建工行业标准 JGJ 98—2000 中规定：砂中含泥量不应大于 5%；对于强度等级为 M2.5 的水泥混合砂浆，砂中含泥量不得超过 10%。砂中硫化物（折合 SO_3 计）含量应小于 2%。

（4）水：砂浆拌和用水的技术要求与混凝土拌和用水相同。应选用符合现行行业标准《混凝土拌和用水标准》的洁净水来拌制砂浆。

（5）外加剂：砌筑砂浆中掺入的砂浆外加剂，应具有法定检测机构出具的该产品砌体强度型式检验报告，并经砂浆性能试验合格后，方可使用。

2．砌筑砂浆的技术性质

为保证工程质量，新拌砂浆应具有良好的和易性，硬化后的砂浆应具有需要的强度和与底面的黏结力及较小的变形性和规定的耐久性。

（1）新拌砂浆的和易性：新拌砂浆的和易性是指新拌砂浆便于施工并保证质量的综合性质。通常可从流动性和保水性两方面综合评定。

1）流动性。指砂浆在自重或外力作用下是否易于流动的性能。砂浆的流动性实质上反映了砂浆的稀稠程度。其大小以砂浆稠度测定仪的圆锥体沉入砂浆深度的毫米数作为流动性的指标，称为沉入度。砂浆稠度测定仪如图 2-5 所示。砂浆流动性的选择与砌体种类（砖、石、砌块、板及其他材料种类等）、施工方法（铺砌、灌浆、抹面、振动、砖块喷水、浸水、机械搅拌与手工拌和等）以及天气情况（气温、湿度、风力）有关，可参考表 2-27 选用。

砂浆的流动性随用水量、胶凝材料的品种、砂子的粗细以及砂浆配合比而变化。实际上常通过改变胶凝材料的数量和品种来控制砂浆的沉入度。

2）保水性。新拌砂浆能够保持水分的能力称为保水性。保水性也指砂浆中各项组成材料不易离析的性质。砂浆保水性常用分层度表示。将拌好的砂浆装入内径为 150mm、高为 300mm 的有底圆筒内测其沉入度，静置 30min 后取圆筒底部 1/3 砂浆再测沉入度。

两次沉入度的差值即为分层度（图 2-6）。分层度大，表明砂浆的分层离析现象严重，保水性不好。保水性不好的砂浆，在砌筑过程中因多孔的砌块吸水，使砂浆在短时间内变得干稠，难以摊成均匀的薄砂浆层，使砌块之间的砂浆不饱满形成穴洞，降低了砌体强度。

表 2-27　砂浆流动性选用表

砌体种类	砂浆沉入度/mm	砌体种类	砂浆沉入度/mm
烧结普通砖砌体	70～100	烧结普通砖平拱式过梁、空斗墙、筒拱、普通混凝土小型空心砌块砌体、加气混凝土砌体	50～70
轻骨料混凝土小型空心砌块砌体	60～90		
烧结多空砖、空心砖砌体	60～90	石砌体	30～50

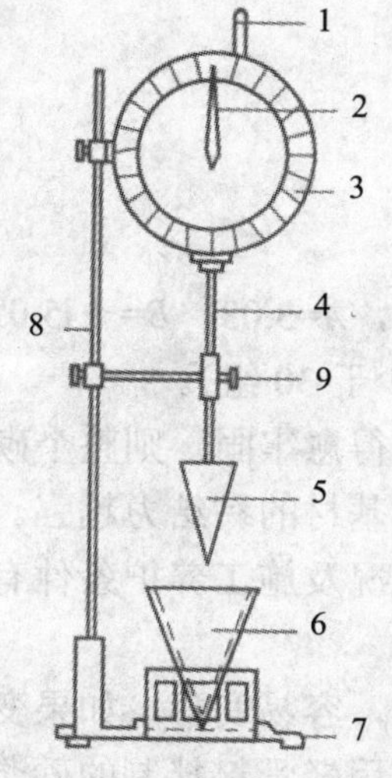

图 2-5　砂浆稠度测定仪

1—齿条测杆；2—指针；3—刻度盘；4—滑杆；5—圆锥体；6—圆锥筒；7—底座；8—支架；9—制动螺丝

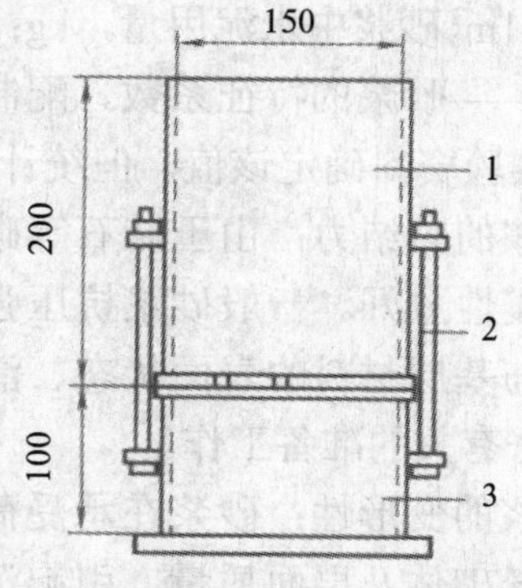

图 2-6　砂浆分层度筒

1—无底圆筒；2—连接螺栓；3—有底圆筒

保水性好的砂浆，其分层度应为 10～20mm。分层度过小，例如分层度为“0”的砂浆，虽然保水性很强，上下无分层现象，但这种砂浆干缩较大，影响黏结力，不宜作抹面砂浆。为了改善砂浆的保水性，常掺入石灰膏、粉煤灰或微沫剂等。

（2）抗压强度与砂浆强度等级：按《建筑砂浆基本性能试验方法》（JGJ 70—90）的规定，砂浆的强度等级是以边长为 70.7mm 的 6 个立方体试块，按规定方法成型并标准养护至 28d 后测定的抗压强度平均值来表示。砂浆强度等级分为 M15、M10、M7.5、M5、M2.5 等级别。

砌筑砂浆的实际强度主要取决于所砌筑的基层材料的吸水性，可分为下述两种情况：

当基层为不吸水材料（如致密的石材）时，影响强度的因素主要取决于水泥强度和水灰比。砂浆强度公式用下式表达：

$$f = A \cdot f_c \cdot \left(\frac{C}{W} - B\right)$$

式中，f——砂浆 28d 的抗压强度，MPa；

f_c——水泥 28d 的实测强度，MPa；

（注：如无法取得水泥强度实测值时，可用下式计算：$f_c = \gamma \cdot f_b$，其中，f_b 为水泥强度等级，γ 为水泥强度等级的富余系数，应按地区实际统计资料来确定。无统计资料时，可取 1.0。）

C/W——砂浆的灰水比；

A、B——基层为不吸水材料的经验系数，用普通水泥时，A=0.29，B=0.4。

当基层为吸水材料（如砖或砌块）时，由于基层吸水性强，即使砂浆用水量不同，但因砂浆具有一定的保水性，虽经基层吸水后，保留在砂浆中的水分几乎是相同的，因此砂浆的强度主要取决于水泥强度和水泥用量，而与用水量无关。故强度公式用下式表达：

$$f = A \cdot f_c \cdot C/1\,000 + B$$

式中，f——砂浆 28d 的抗压强度，MPa；

f_c——水泥 28d 的实测强度，MPa；

C——$1m^3$ 砂浆中水泥用量，kg；

A、B——砂浆的特征系数，配制水泥混合砂浆时，A=3.03，B=－15.09（各地也可使用本地区实验资料确定该值，但统计用实验组数不得少于 30 组）。

（3）砂浆的黏结力：由于砖石等砌体是靠砂浆黏结得愈牢固，则整个砌体的强度、耐久性及抗震性愈好。一般砂浆抗压强度越大。则其与基材的黏结力越强。此外，砂浆的黏结力也与基层材料的表面状态、清洁程度、润湿状况及施工养护条件有关。因此在砌筑前应做好有关的准备工作。

（4）砂浆的变形性：砂浆在承受荷载或温度变化时，容易变形，如果变形过大或不均匀则会降低砌体及层面质量，引起沉陷或开裂。在使用轻骨料拌制的砂浆时，其收缩变形比普通砂浆大。为防止抹面砂浆收缩受形不均而开裂，可在砂浆中掺入麻刀、纸筋等纤维材料。

（5）硬化砂浆的耐久性：砂浆的耐久性是指砂浆在各种环境条件作用下，具有经久耐用的性能。经常与水接触的水工砌体有抗渗及抗冻要求，故水工砂浆应考虑抗渗、抗冻性。

1）抗冻性。砂浆的抗冻性是指砂浆抵抗冻融循环作用的能力。砂浆受冻遭损是由于其内部孔隙中水的冻结膨胀引起孔隙破坏而致。因此，密实的砂浆和具有封闭孔隙的砂浆都具有较好的抗冻性能。此外，影响砂浆抗冻性的因素还有水泥品种及强度等级、水灰比等。

2）抗渗性。砂浆的抗渗性是指砂浆抵抗压力水渗透的能力。它主要与密实度及内部孔隙的大小和构造有关。砂浆内部互相连通的孔以及成型时产生的蜂窝、孔洞都会造成砂浆渗水。

3．砌筑砂浆的选用

根据砂浆的使用环境和强度等级指标要求，砌筑砂浆可以选用水泥砂浆、石灰砂浆、水泥混合砂浆。

（1）水泥砂浆：适用于潮湿环境、水中以及要求砂浆强度等级大于 M5 级的工程。

（2）石灰砂浆：适用于地上、强度要求不高的低层或临时建筑工程中。

（3）水泥混合砂浆：适用于砂浆强度等级小于 M5 级的工程。这种砂浆的强度和耐久性介于水泥砂浆和石灰砂浆之间。

（二）普通抹面砂浆

抹面砂浆是涂抹于建筑物或构筑物表面的砂浆的总称。砂浆在建筑物表面起着平整、保护、美观的作用。

与砌筑砂浆相比，抹面砂浆与底面和空气的接触面更大，所以失去水分的速度更快，这对水泥的硬化是不利的，然而有利于石灰的硬化。石灰砂浆的和易性好，易操作，所以广泛应用于民用建筑内部及部分外墙抹面。对于勒脚、女儿墙或栏杆等暴露部分及湿度大的内墙面需用水泥砂浆，以增强耐水性。

与砌筑砂浆不同，对普通抹面砂浆的主要技术要求不是抗压强度，而是和易性以及与基底材料的黏结力，故需要多用一些胶凝材料。为了保证抹灰层表面平整，避免开裂脱落，抹面砂浆常分为底层、中层和面层，分层涂抹，各层的成分和稠度要求各不相同，底层砂浆主要起黏结作用与基层牢固联结，要求稠度较稀，其组成材料常随基底而异，如：一般砖墙常用石灰砂浆。有防水、防潮要求时用水泥砂浆。对混凝土基底，宜采用混合砂浆或水泥砂浆。若为木板条、苇箔，则应在砂浆中适量掺入麻刀或玻璃纤维等纤维材料。中层砂浆主要起找平作用，较底层砂浆稍稠。面层砂浆主要起保护装饰作用，一般要求用较细（＜1.18mm）的砂子，且需涂抹平整，色泽均匀。若不用砂子时，可掺麻刀或纸筋。各层砂浆沉入度选用，见表 2-28。

表 2-28 普通抹面砂浆的流动性及骨料最大粒径

抹面层名称	（人工抹面）沉入度/cm	砂最大粒径/mm
底层	10～12	2.6
中层	7～9	2.6
面层	7～8	1.2

（三）其他特种砂浆

1．防水砂浆

防水砂浆是一种用作防水层的抗渗性高的砂浆。砂浆防水层又称刚性防水层，适用于不受振动和具有一定刚度的混凝土或砖石砌体工程。用于水塔、水池、地下工程等的防水。

防水砂浆可用普通水泥砂浆制作，也可以在水泥砂浆中掺入防水剂制得。水泥砂浆的配合比一般为水泥：砂=1：（1.5～3），水灰比控制在 0.50～0.55，应选用 32.5 级以上的普通硅酸盐水泥和级配良好的中砂。

在水泥砂浆中掺入防水剂，可促使砂浆结构密实，堵塞毛细孔，提高砂浆的抗渗能力。常用的防水剂有氯化物金属盐类防水剂、金属皂类防水剂和水玻璃防水剂。

防水砂浆应分 4～5 层分层涂抹在基面上，每层厚度约 5mm，总厚度 20～30mm。每层在初凝前压实一遍，最后一遍要压光，并精心养护。

2．绝热砂浆

采用水泥、石灰、石膏等胶凝材料与膨胀珍珠岩、膨胀蛭石或陶粒砂等轻质多孔骨料，按一定比例配制的砂浆称为绝热砂浆。绝热砂浆具有轻质和良好的绝热性能，其热导率为 0.07～0.1W/（m·K）。绝热砂浆可用于屋面、墙壁或供热管道的绝热保护。

3．吸声砂浆

一般绝热砂浆是由轻质多孔骨料制成的，都具有一定的吸声性能。还可以用水泥、石膏、砂、锯末（体积比为 6∶1∶3∶5）拌成具有更多细小开放孔的吸声砂浆，或在石灰、石膏砂浆中掺入玻璃纤维、矿物棉等松软纤维材料，也有同样效果。吸声砂浆可用室内墙壁和吊顶的吸声处理。

4．耐酸砂浆

耐酸砂浆是用水玻璃（硅酸钠）与氟硅酸钠配制而成的，有时可掺入一些石英岩、花岗岩、铸石等粉状细骨料。水玻璃硬化后具有良好的耐酸性能。这种砂浆多用作衬砌材料、耐酸地面和耐酸容器的内壁防护层。

5．聚合物砂浆

在水泥砂浆中加入有机聚合物乳液配制而成的砂浆称为聚合物砂浆。常用的聚合物乳液有丁苯橡胶乳液、氯丁橡胶乳液、丙烯酸树脂乳液等。聚合物砂浆一般具有黏结力强、干缩率小、脆性低、耐蚀性好等特点，用于修补和防护工程。

二、墙体材料

墙体材料品种很多，总体可分为砌墙砖、砌块和板材三大类。

（一）砌墙砖

砖是砌筑用的小型块材，按生产工艺可分为烧结砖和非烧结砖；按砖的孔洞率、孔的尺寸大小和数量可分为普通砖、多孔砖和空心砖；按主要原料命名又分为黏土砖（N）、页岩砖（Y）、粉煤灰砖（F）、煤矸石砖（M）等。

1．烧结砖

凡经焙烧而成的砖统称烧结砖。根据其孔洞率大小分别有烧结普通砖、烧结多孔砖和烧结空心砖 3 种。

（1）烧结普通砖：规格为 240mm×115mm×53mm 的无孔或孔洞率小于 15%的烧结砖称为烧结普通砖。按现行国标《烧结普通砖》（GB 5101—2003）规定，烧结普通砖的质量可划分为优等品（A）、一等品（B）和合格品（C）三个产品等级，各项技术指标应满足下列要求：

1）外观质量和尺寸偏差。烧结普通砖的外形为长方体，标准尺寸是：长 240mm，宽 115mm，厚 53mm。其中 240mm×115mm 的面称为大面，240mm×53mm 的面称为条面，115mm×53mm 的面称为顶面。若加砌筑灰缝（以 10mm 计），每立方米砌体的理论需用砖数为512块。

烧结普通砖的优等品必须颜色基本一致。烧结普通砖的外观质量和尺寸偏差应符合表2-29的要求。

表2-29 烧结普通砖外观质量要求 单位：mm

项目	优等品		一等品		合格品	
	样本平均偏差	样本极差≤	样本平均偏差	样本极差≤	样本平均偏差	样本极差≤
1. 公称尺寸						
长度240	±2.0	6	±2.5	7	±3.0	8
宽度115	±1.5	5	±2.0	6	±2.5	7
高度53	±1.5	4	±1.6	5	±2.0	6
2. 两条面高度差≤	2		3		4	
3. 弯曲≤	2		3		4	
4. 杂质凸出高度≤	2		3		4	
5. 缺棱掉角的三个破坏尺寸不得同时大于	5		20		30	
6. 裂纹长度≤						
（1）大面上宽度方向及其延伸至条面的长度	30		60		80	
（2）大面上长度方向及其延伸至顶面的长度或条面上水平裂纹的长度	50		80		100	
7. 完整面不得少于	二条面和二顶面		一条面和一顶面		—	
8. 颜色	基本一致		—		—	

注：1. 为装饰面施加的色差、凹凸纹、拉毛、压花等不算作缺陷；

2. 凡有下列缺陷之一者，不得称为完整面：

（1）缺损在条面或顶面上造成的破坏面尺寸同时大于10mm×10mm；

（2）条面或顶面上裂纹宽度大于1mm，其长度超过30mm；

（3）压陷、粘底、焦花在条面或顶面上的凹陷或凸出超过2mm，区域尺寸同时大于10mm×10mm。

2）强度等级。烧结普通砖根据标准试验方法按抗压强度分为：MU30、MU25、MU20、MU15、MU10五个等级。各等级强度指标应符合表2-30的要求。

表2-30 烧结普通砖（烧结多孔砖）各强度等级指标 单位：MPa

强度等级	抗压强度平均值 $\overline{f}$ ≥	变异系数 $\delta \leq 0.21$	变异系数 $\delta > 0.21$
		抗压强度标准值 f_k ≥	抗压强度单块最小值 f_{min} ≥
MU30	30.0	22.0	25.0
MU25	25.0	18.0	22.0
MU20	20.0	14.0	16.0
MU15	15.0	10.0	12.0
MU10	10.0	6.5	7.5

3）抗风化性。抗风化性能是指在干湿变化、温度变化、冻融变化等物理因素作用下，材料不破坏并长期保持原有性质的能力。我国按照风化指数分为严重风化区（风化指数＞12 700）和非严重风化区（风化指数＜12 700）。

对严重风化区中黑龙江、吉林、辽宁、内蒙古和新疆地区的砖必须进行抗冻性试验；其他风化区砖的吸水率和饱和系数指标若能达到表 2-31 的要求，可不再进行冻融试验。否则，必须进行冻融试验。冻融试验后，每块砖不允许出现裂缝、分层、掉皮、缺棱、掉角等现象，质量损失不得大于 2%。

表 2-31 烧结普通砖的吸水率、饱水系数

<table>
<tr><th rowspan="3">砖种类</th><th colspan="4">严重风化区</th><th colspan="4">非严重风化区</th></tr>
<tr><th colspan="2">5h 煮沸吸水率/%≤</th><th colspan="2">饱和系数≤</th><th colspan="2">5h 煮沸吸水率/%≤</th><th colspan="2">饱和系数≤</th></tr>
<tr><th>平均值</th><th>单块最大值</th><th>平均值</th><th>单块最大值</th><th>平均值</th><th>单块最大值</th><th>平均值</th><th>单块最大值</th></tr>
<tr><td>黏土砖</td><td>18</td><td>20</td><td rowspan="2">0.85</td><td rowspan="2">0.87</td><td>19</td><td>20</td><td rowspan="2">0.88</td><td rowspan="2">0.90</td></tr>
<tr><td>粉煤灰砖</td><td>21</td><td>23</td><td>23</td><td>25</td></tr>
<tr><td>页岩砖
煤矸石砖</td><td>16</td><td>18</td><td>0.74</td><td>0.77</td><td>18</td><td>20</td><td>0.78</td><td>0.80</td></tr>
</table>

注：粉煤灰掺入量（体积比）小于 30%时，按黏土砖规定判定。

此外，烧结普通砖的泛霜和石灰爆裂程度须符合 GB 5101—2003 规定，且成品砖中不允许有欠火砖、酥砖和螺旋纹砖。

由于普通烧结砖有毁田制砖、耗能高、自重大、尺寸小、工效低、抗震性差等缺点，目前我国已大量推广新型墙体材料，如以粉煤灰、煤矸石、工业废渣等为原料，生产空心砖、空心砌块、轻质复合墙板等。

（2）烧结多孔砖：烧结多孔砖通常指大面上有空洞的砖，内孔径不大于 22mm；非圆孔内切圆直径不大于 15mm，孔洞率不小于 15%；手抓孔（30～40）mm×（75～80）mm，孔洞率等于或大于 15%。多孔砖的外形为直角六面体，其长度、宽度、高度尺寸应符合下列要求：290mm，240mm，190mm，180mm；175mm，140mm，115mm；90mm。最常用的尺寸有 190mm×190mm×90mm（M 型）和 240mm×115mm×90mm（P 型）两种规格，如图 2-7 所示。其他规格尺寸由供需双方协商确定。

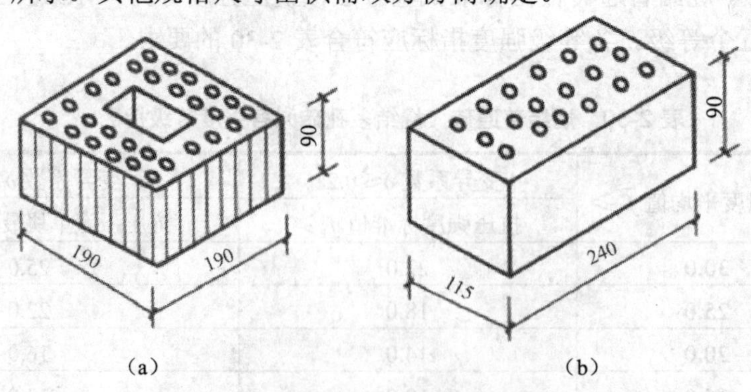

图 2-7 烧结多孔砖

（a）M 型；（b）P 型

强度和抗风化性合格的烧结多孔砖，根据外观质量、尺寸偏差、强度等级和物理性分为优等品（A）、一等品（B）、合格品（C）三个质量等级。

按现行国标《烧结多孔砖》（GB 13544—2000）规定，烧结多孔砖的尺寸偏差用样本的平均偏差和样本极差判定，应符合表 2-32 的规定。外观质量应符合表 2-33 的要求。

表 2-32 烧结多孔砖尺寸允许偏差不大于 单位：mm

砖的尺寸	优等品		一等品		合格品	
	样本平均偏差	样本极差≤	样本平均偏差	样本极差≤	样本平均偏差	样本极差≤
290、240	±2.0	6.0	±2.5	7.0	±3.0	8.0
190、180、175、140、115	±1.5	5.0	±2.0	6.0	±2.5	7.0
90	±1.5	4.0	±1.7	5.0	±2.0	6.0

表 2-33 烧结多孔砖外观质量的规定

项目		优等品	一等品	合格品
外观质量	1. 颜色（一条面和一顶面）	一致	基本一致	
	2. 完整面≥	一条面和一顶面	一条面和一顶面	—
	3. 缺棱掉角 3 个破坏尺寸不得同时＞/mm	15	20	30
	4. 裂纹长度≤/mm			
	（1）大面深入孔壁 15mm 以上宽度方向及其延伸到条面的裂纹长度	60	80	100
	（2）大面深入孔壁 15mm 以上宽度方向及其延伸到条面的裂纹长度	60	100	120
	（3）条面、顶面上的水平裂纹	80	100	120
	5. 杂质在砖面上造成的凸出高度≤/mm	3	4	5

注：1. 为装饰面施加的色差、凹凸纹、拉毛、压花等不算缺陷。
2. 凡有下列缺陷之一者，不能称为完整面：
（1）缺损在条面或顶面上造成的破坏面尺寸同时大于 20mm×30mm；
（2）条面或顶面上裂纹宽度大于 1mm，其长度超过 70mm；
（3）压陷、焦花、粘底在条面或顶面上的凹陷或凸出超过 2mm，区域尺寸同时大于 20mm×30mm。

烧结多孔砖的强度等级确定方法与烧结普通砖相同，根据抗压强度分为 MU30、MU25、MU20、MU15、MU10 五个强度等级。各等级强度值不得低于表 2-30 中规定的指标。

此外，烧结多孔砖的抗风化性、泛霜、石灰爆裂程度也必须符合 GB 13544—2000 的规定。

烧结多孔砖使用时孔洞垂直于受压面，受力均匀，强度较高，可用于建筑物的承重部位。与普通砖相比，多孔砖和空心砖都具有一系列优点：可使墙体自重减轻 30%～35%；提高工效可达 40%；节省砂浆，降低造价约 20%；并可改善墙体的绝热和吸声性能。此外，在生产上能节约黏土原料、燃料，提高质量和产量，降低成本等。

（3）烧结空心砖和空心砌块：烧结空心砖是指顶面有孔洞的砖或砌块，孔的尺寸大而数量少，其孔隙率一般可达 30%以上。外形为直角六面体，如图 2-8 所示。

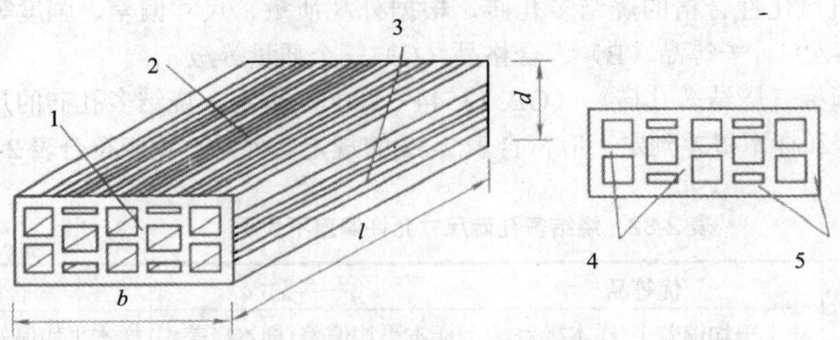

图 2-8 烧结空心砖和空心砌块示意图

1—顶面；2—大面；3—条面；4—肋；5—外壁；l—长度；b—宽度；d—高度

1）尺寸允许偏差：应符合表 2-34 的要求。

空心砖和空心砌块根据 GB 13545—2003 规定，按体积密度不同分为 800kg/m³、900kg/m³、1 000kg/m³、1 100kg/m³ 四个体积密度等级，如表 2-35 所示。

2）强度：烧结空心砖和空心砌块的强度以大面抗压强度结果表示，强度试验按 GB/W2542 规定进行，分为 MU10.0、MU7.5、MU5.0、MU3.5、MU2.5 五个强度等级。各等级应符合表 2-34 中强度值的规定。

表 2-34 烧结空心砖和空心砌块尺寸允许偏差 单位：mm

尺寸	优等品		一等品		合格品	
	样本平均偏差	样本极差≤	样本平均偏差	样本极差≤	样本平均偏差	样本极差≤
＞300	±2.5	6.0	±3.0	7.0	±3.5	8.0
＞200～300	±2.0	5.0	±2.5	6.0	±3.0	7.0
100～200	±1.5	4.0	±2.0	5.0	±2.5	6.0
＜100	±1.5	3.0	±1.7	4.0	±2.0	5.0

表 2-35 空心砖体积密度等级

体积密度等级	5 块砖体积密度平均值/（kg/m³）	体积密度等级	5 块砖体积密度平均值/（kg/m³）
800	≤800	1 000	901～1 000
900	801～900	1 100	1 001～1 100

表 2-36 烧结空心砖和空心砌块的强度等级指标

强度等级	抗压强度/MPa			密度等级范围/（kg/m³）
	平均值 $\overline{f}$ ≥	变异系数 $\delta \leqslant 0.21$ 标准值 f_k ≥	变异系数 $\delta > 0.21$ 单块最小值 f_{min} ≥	
MU10.0	10.0	7.0	8.0	≤1 100
MU7.5	7.5	5.0	5.8	
MU5.0	5.0	3.5	4.0	
MU3.5	3.5	2.5	2.8	
MU2.5	2.5	1.6	1.8	≤800

3）抗风化性：根据 GB 13545—2003 的规定，对严重风化区中黑龙江、吉林、辽宁、内蒙古和新疆地区的砖和砌块，必须进行冻融试验，其他地区砖和砌块如五块试样饱和系数平均值符合表 2-37 的规定，可不做冻融试验，不符合表中要求时，必须进行冻融试验。冻融试验后每块砖和砌块不允许出现分层、掉皮、缺棱掉角等冻坏现象；冻后裂纹长度不大于外观质量中合格品的要求。

表 2-37　烧结空心砖和空心砌块的抗风化性要求

分　类	严重风化区		非严重风化区	
	平均值	单块最大值	平均值	单块最大值
黏土砖和砌块 粉煤灰砖和砌块	0.85	0.87	0.88	0.90
页岩砖和砌块 煤矸石砖和砌块	0.74	0.77	0.78	0.80

4）吸水率：每组（5 块试样）沸煮 3h 后吸水率的算术平均值应符合表 2-38 的要求。

表 2-38　烧结空心砖和空心砌块吸水率的规定

质量等级	吸水率/%≤	
	黏土砖和砌砖、页岩砖和砌砖、煤矸石砖和砌块	粉煤灰砖和砌块
优等品	16.0	20.0
一等品	18.0	22.0
合格品	20.0	24.0

注：粉煤灰掺入量（体积比）小于 30%时，按黏土砖和砌块规定判定。

烧结空心砖和空心砌块的外观质量、泛霜、石灰爆裂等性能，应符合 GB 13545—2003 的规定，且要求产品中不允许有欠火砖和酥砖。原料中掺入煤矸石和粉煤灰及其他工业废渣时，应进行放射性物质检验，放射性物质含量应符合《建筑材料放射性核素限量》（GB 6566—2010）的规定。对强度、体积密度、抗风化性和放射性物质合格的砖和砌块，根据尺寸偏差、外观质量、孔洞排列及其结构、泛霜、石灰爆裂、吸水率分为优等品（A）、一等品（B）、合格品（C）三个质量等级。

烧结空心砖和空心砌块因孔洞大、强度低，但自重轻，一般多用于框架结构的填充墙或多层建筑的非承重内墙。

2．非烧结砖

非烧结砖是指以黏土、粉煤灰、页岩、煤矸石或炉渣等为原料，掺入少量胶凝材料，经粉碎、搅拌、压制成型、高压或常压蒸汽养护而成的实心砖，称为非烧结砖，又称免烧砖。目前常用品种有：蒸压灰砂砖、蒸压（养）粉煤灰砖、炉渣砖等。

（1）蒸压灰砂砖（LSB）：蒸压灰砂砖（简称灰砂砖）是以生石灰和砂子为主要原料，经原料加工、配料、成型、蒸压养护等工序而制成的实心砖或空心砖。常用品种有：实心灰砂砖、空心灰砂砖和彩色灰砂砖等。

下面以实心灰砂砖为例，简要介绍灰砂砖的基本物理性能。

规格：公称尺寸为 240mm×115mm×53mm。其他规格尺寸由用户与生产厂家协商确定。

灰砂砖的密度和导热性：灰砂砖的密度 1 400～2 000kg/m³；导热系数为 0.7～1.10W/（m·K）。

强度：灰砂砖的强度等级和质量等级，应符合《蒸压灰砂砖》（GB 11945—1999）中的各项规定。灰砂砖分为 4 个强度等级，各级别灰砂砖的力学性能指标见表 2-39。

表 2-39　灰砂砖各强度等级指标

强度等级	抗压强度/MPa		抗折强度/MPa	
	平均值不小于	单块值不小于	平均值不小于	单块值不小于
MU25	25.0	20.0	5.0	4.0
MU20	20.0	16.0	4.0	3.2
MU15	15.0	12.0	3.3	2.6
MU10	10.0	8.0	2.5	2.0

注：优等品的强度级别不得小于 MU15。

灰砂砖的抗冻性：采用冻融循环试验后，应满足抗压强度降低不大于 20%；单块砖的干质量损失不大于 2%。

灰砂砖按外观质量和尺寸偏差的要求分为优等品、一等品、合格品三个等级。各等级灰砂砖应符合表 2-40 中的指标要求。

表 2-40　灰砂砖品质等级指标

项目		指标		
		优等品	一等品	合格品
尺寸：允许偏差≤/mm				
长度　L		±2		
宽度　B		±2	±2	±3
高度　H		±1		
对应高度差/mm	不得大于	1	2	3
缺棱掉角：个数/个	不多于	1	1	2
最小尺寸/mm	不得大于	5	10	10
最大尺寸/mm	不得大于	10	15	20
裂缝：条数/条	不多于	1	1	2
大面上宽度方向及其延伸到条面的长度/mm	不得大于	20	50	70
大面上长度方向及其延伸到顶面上的长度或条、顶面水平裂纹的长度/mm	不得大于	30	70	100

灰砂砖的强度高、抗冻性不低于烧结普通砖，表面质量好，蓄热能力强，隔声性能好，可代替烧结普通砖用于各种砌筑工程。

（2）粉煤灰砖（FAB）：粉煤灰具有一定活性，在水热环境中，在石灰的碱性激发和石膏的硫酸盐激发共同作用下，形成水化硅酸钙、水化硫铝酸钙等多种水化产物，而获得一定的强度。

按标准《粉煤灰砖》（JC 239—96）规定，根据砖的抗压强度和抗折强度分为MU20、MU15、MU10、MU7.5 四个强度等级，见表 2-41。根据砖的外观质量、强度、抗冻性和干燥收缩值分为优等品（A）、一等品（B）、合格品（C）。

表 2-41 粉煤灰砖强度指标和抗冻性要求

强度等级	抗压强度/MPa		抗折强度/MPa		抗冻性指标	
	10 块平均值≥	单块值≥	10 块平均值≥	单块值≥	抗压强度平均值/MPa≥	砖的干质量损失/%≤
MU20	30.0	22.0	30.0	22.0	30.0	22.0
MU15	25.0	18.0	25.0	18.0	25.0	18.0
MU10	20.0	14.0	20.0	14.0	20.0	14.0
MU7.5	15.0	10.0	15.0	10.0	15.0	10.0

优等品（A）强度等级应不低于 MU15、干燥收缩值应不大于 0.60mm/m；一等品（B）强度等级应不低于 MU10，干燥收缩值应不大于 0.75mm/m；合格品（C）干燥收缩值应不大于 0.85mm/m。

粉煤灰砖不用黏土、不经焙烧是综合利用且节能的材料，适用于工业与民用建筑的墙体和基础，但用于基础或易于受冻融和干湿交替作用的部位必须使用一等砖和优等砖。而且粉煤灰不得用于长期受热（200℃以上）、受急冷急热和有酸性介质侵蚀的建筑部位。

（二）砌块

砌块是用于砌筑的人造块状材料，外形多为直角六面体，也有各种异型的。砌块系列中主规格的长度、宽度、高度有一项或一项以上分别大于 365mm、240mm、115mm，但高度不大于长度或宽度的 6 倍，长度不超过高度的 3 倍。

常用建筑砌块有普通混凝土小型空心砌块、轻骨料小型空心砌块、加气混凝土砌块。

1. 普通混凝土小型空心砌块（NHB）

普通混凝土小型空心砌块（简称混凝土小型空心砌块）主要是以普通混凝土拌合物为原料，经成型、养护而成的空心块状墙体材料。有承重砌块和非承重砌块两类。为减轻自重，非承重砌块可用炉渣或其他轻质骨料配制（如陶粒、煤渣、煤矸石和膨胀珍珠岩等）。常用混凝土砌块外形如图 2-9 所示。

混凝土小型空心砌块的主规格为 390mm×190mm×190mm，最小外壁厚度不得小于30mm，最小肋厚不得小于 25mm。其他规格尺寸可由供需双方协商。

其主要技术性能应符合《普通混凝土小型空心砌块》（GB/T 8239—1997）中规定的指标。

（1）质量等级：混凝土小型空心按尺寸允许偏差、外观质量分为优等品（A）、一等品（B）、合格品（C）三个等级，各等级指标见表 2-42。

（2）强度等级：混凝土小型空心砌块按抗压强度的平均值和单块最小值分为 MU3.5、MU5.0、MU7.5、MU10.0、MU15.0、MU20.0 六个等级，各强度等级指标见表 2-43。

为保证小砌块抗压强度的稳定性，生产厂应该严格控制变异系数在 10%～15%范围内。

（3）相对含水率：为防止砌块因失水收缩时使墙体产生开裂，在国标 GB 8239—1997 中规定了不同地区的砌块相对含水率，见表 2-44。

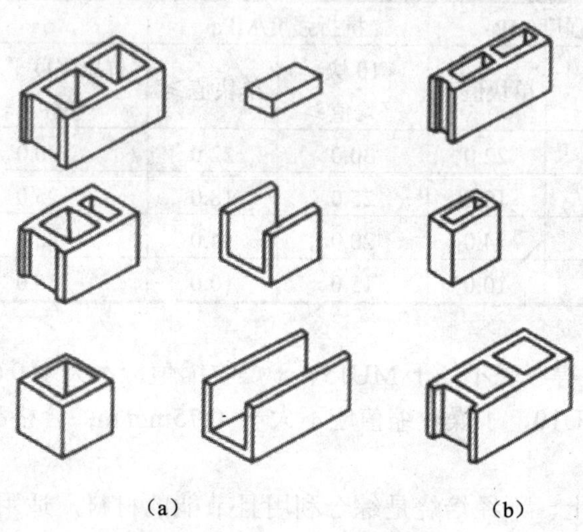

图 2-9 混凝土小型空心砌块

（a）主砌块；（b）辅助砌块

表 2-42 混凝土小型空心砌块质量等级指标

项目			优等品	一等品	合格品
尺寸允许偏差/mm					
长度		≤	±2	±3	±3
宽度			±2	±3	±3
高度			±2	±3	+3 −4
弯曲/mm			2	2	3
缺棱掉角	个数/个	不多于	0	2	2
	各方向投影尺寸的最小值/mm	≤	0	20	30
裂纹延伸的投影尺寸累计/mm		≤	0	20	30

表 2-43 混凝土小型空心砌块强度等级指标

强度等级	抗压强度/MPa ≥		强度等级	抗折强度/MPa ≥	
	5 块平均值	单块值		5 块平均值	单块值
MU3.5	3.5	2.8	MU10.0	10.0	8.0
MU5.0	5.0	4.0	MU15.0	15.0	12.0
MU7.5	7.5	6.0	MU20.0	20.0	16.0

表 2-44　砌块相对含水率

使用地区	潮湿	中等	干燥
相对含水率/%　　≤	45	40	35

注：潮湿——指年平均相对湿度大于 75%的地区。
中等——指年平均相对湿度在 50%～75%的地区。
干燥——指年平均相对湿度小于 50%的地区。

（4）抗冻性：混凝土小型空心砌块的抗冻性应符合表 2-45 的规定。

表 2-45　混凝土小型空心砌块抗冻性指标

使用环境条件		抗冻等级	指标
非采暖地区		抗冻等级	—
采暖地区	一般环境	D15	强度损失≤25%
	干湿交替环境	D25	质量损失≤5%

（5）体积密度、吸水率和软化系数：一般砌块体积密度为 1 300～1 400kg/m³。采用卵石为骨料时，吸水率为 5%～7%；采用碎石为骨料时，吸水率为 6%～8%；软化系数 0.9 左右时，为耐水材料。

目前建筑上常选用的强度等级为 MU3.5、MU5.0、MU7.5、MU10 四种。等级在 MU7.5 以上的砌块可用于 5 层砌块建筑的底层和 6 层砌块建筑的 1～2 层；5 层砌块建筑的 2～5 层和 6 层砌块建筑的 3～6 层都用 MU5.0 小砌块建筑，也用于 4 层砌块建筑；MU3.5 砌块，只限用于单层建筑；MUl5.0、MU20.0 多用于中高层承重砌块墙体。

2．轻骨料混凝土小型空心砌块（LHB）

目前，国内外使用轻骨料混凝土小型空心砌块非常广泛。这是因为轻骨料混凝土小型空心砌块与普通混凝土小型空心砌块相比具有更多优越性，如质轻（表观密度小），保温性好（孔隙率大），强度较高（可作为 5～7 层建筑的承重材料），有利于综合治理与应用（可用工业废料，有利净化环境）等。

轻骨料混凝土小型空心砌块根据 GB/T 15229—2002 规定，应满足如下技术要求：

（1）规格：该产品主规格尺寸为 390mm×190mm×190mm，其他尺寸可由供需双方商定。按外观质量，砌块分为一等品（B）和合格品（C）两个等级。其外观质量要求见表 2-46。

表 2-46　轻骨料混凝土小型空心砌块外观质量要求

项目	一等品	合格品
缺棱掉角（个数）　　不多于	0	2
三个方向投影的最小尺寸/mm　　≤	0	30
裂缝延伸投影的累计尺寸/mm　　≤	0	30

表 2-47　轻骨料混凝土小型空心砌块的体积密度等级

体积密度等级	干体积密度范围	体积密度等级	干体积密度范围
500	≤500	900	810～900
600	510～600	1 000	910～1 000
700	610～700	1 200	1 010～1 200
800	710～800	1 400	1 210～1 400

（2）强度等级：砌块按抗压强度分为 6 个等级，各级应符合表 2-48 的规定。

表 2-48　轻骨料混凝土小型空心砌块的强度等级指标

<table>
<tr><th rowspan="2">强度等级</th><th colspan="2">抗压强度/MPa</th><th rowspan="2">体积密度≥/（kg/m³）</th></tr>
<tr><th>平均值≥</th><th>单块最小值≥</th></tr>
<tr><td>MU1.5</td><td>1.5</td><td>1.2</td><td>600</td></tr>
<tr><td>MU2.5</td><td>2.5</td><td>2.0</td><td>800</td></tr>
<tr><td>MU3.5</td><td>3.5</td><td>2.8</td><td rowspan="2">1 200</td></tr>
<tr><td>MU5.0</td><td>5.0</td><td>4.0</td></tr>
<tr><td>MU7.5</td><td>7.5</td><td>6.0</td><td rowspan="2">1 400</td></tr>
<tr><td>MU10.0</td><td>10.0</td><td>8.0</td></tr>
</table>

（3）抗冻性：对非采暖地区，一般不作规定；采暖地区的一般环境，抗冻强度等级应达到冻融循环 15 次（冻融循环后质量损失不大于 5%；抗压强度损失不超过 25%）。对干湿交替环境，抗冻强度等级应达到 25 次。

（4）吸水率：砌块吸水率不应大于 20%。

此外，对加入粉爆灰等火山灰质混合材料的小砌块，碳化系数不应小于 0.8；软化系数不应小于 0.75；其干缩率和相对含水率等应符合 GB/T 15229—2002 规定的指标。

轻骨料混凝土小型空心砌块的应用范围，强度等级小于 MU5.0 的，主要用于框架结构中的非承重墙和隔墙。强度等级 MU7.5、MU10.0 的主要用于多层建筑的承重墙体。

3. 加气混凝土砌块

加气混凝土砌块是以钙质材料（石灰、水泥、石膏）和硅质材料（粉煤灰、水淬矿渣、石英砂等）、加气剂、气泡稳定剂等为原材料，经磨细、配料、搅拌制浆、浇筑成型、切割和蒸压养护而成的轻质多孔材料。

加气混凝土砌块的主要技术性质，在《蒸压加气混凝土砌块》（GB 11968—2006）中对其尺寸偏差、外观质量及物理力学性能都作了具体规定。

（1）规格：一般分 A、B 两个系列。

（2）强度等级：加气混凝土砌块按抗压强度的平均值和单块最小值，分有 A1.0、A2.0、A2.5、A3.5、A5.0、A7.5、A10.0 七个等级。

（3）其他性质：

1）抗冻性。

2）导热系数λ（W/m·K）。

（三）墙用板材

我国目前可用于墙体的板材品种很多，有承重用的预制混凝土大板；质量较轻的石膏板和加气硅酸盐板；各种植物纤维板及轻质多功能复合板材等。

1．轻钢龙骨石膏板隔墙

轻钢龙骨石膏板隔墙具有施工简便，轻、薄、坚固、阻燃、保温、隔声等特点。龙骨分竖向的主龙骨和横向的副龙骨，常用厚度有 65mm、75mm 等，两边用自攻钉（即是木螺钉）固定石膏板在主龙骨上。龙骨间可以填充岩棉等保温隔音材料。一般这种墙多用在公共场所的隔墙。唯一的缺点是不能在墙上钉钉子。一般吊顶主要用 9.5mm 厚以内的石膏板，12mm、15mm 厚或者更厚的石膏板用于建筑内部非承重隔墙。

2．纤维水泥平板

建筑用纤维水泥平板系由纤维和水泥为主要原料，经制浆、成坯、养护等工序制成的板材。产品有多种类型。按所用的纤维品种分：有石棉水泥板、混合纤维水泥板与无石棉纤维水泥板三类；按产品所用水泥的品种分：有普通水泥板与低碱度水泥板两类；按产品的密度分：有高密度板（加压板）、中密度板（非加压板）与轻板（板中含有轻质集料）三类。纤维水泥平板的品种与规格见表 2-49。

表 2-49　纤维水泥平板的品种与规格

<table>
<tr><th colspan="2" rowspan="2">品种</th><th rowspan="2">主要材料</th><th colspan="3">规格/mm</th></tr>
<tr><th>长</th><th>宽</th><th>厚</th></tr>
<tr><td rowspan="2">石棉水泥平板</td><td>加压板</td><td rowspan="2">温石棉、普通水泥</td><td rowspan="3">1 000～3 000</td><td rowspan="3">800、900、1 000、1 200</td><td rowspan="3">4～25</td></tr>
<tr><td>非加压板</td></tr>
<tr><td colspan="2">石棉水泥轻板</td><td>温石棉、普通水泥、膨胀珍珠岩</td></tr>
<tr><td rowspan="2">维纶纤维增强水泥平板</td><td>A 型板</td><td>高弹模维纶纤维、普通水泥</td><td rowspan="2">1 800、2 400、3 000</td><td rowspan="2">900、1 200</td><td rowspan="2">4～25</td></tr>
<tr><td>B 型板</td><td>高弹模维纶纤维、普通水泥、膨胀珍珠岩</td></tr>
<tr><td rowspan="2">纤维增强低碱度水泥平板</td><td>TK 板</td><td>中碱玻璃纤维、温石棉、低碱度硫铝酸盐水泥</td><td rowspan="2">1 200、1 800、2 400、2 800</td><td rowspan="2">800、900、1 200</td><td rowspan="2">4、5、6</td></tr>
<tr><td>NTK 板</td><td>抗碱玻璃纤维、低碱度硫铝酸盐水泥</td></tr>
<tr><td>玻璃纤维增强水泥轻质板</td><td>GRC 轻板</td><td>低碱度水泥、抗碱玻璃纤维、轻质无机填料</td><td>1 200～3 000</td><td>800～1 200</td><td>4、5、6、8</td></tr>
</table>

各类纤维水泥板均具有防水、防潮、防蛀、防霉与可加工性好等特性，其中表观密度不小于 1.7g/cm³，吸水率不大于 20%的加压板，因强度高、抗渗性和抗冻性好、干缩率低，故经表面涂覆处理后可用作外墙面板。非加压板与轻板则主要用于隔墙和吊顶。

3. 钢丝网架水泥夹芯板

钢丝网架水泥夹芯板是由三维空间焊接钢丝网架，内填泡沫塑料板或半硬质岩棉板构成的网架芯板，表面经施工现场喷抹水泥砂浆后形成的复合墙板。

（1）品种、规格：钢丝网架水泥夹芯板按芯材分有两类：一类是轻质泡沫塑料（脲醛、聚氨酯、聚苯乙烯泡沫塑料）；另一类是玻璃棉和岩棉。按结构形式分有两种：一种集合式，先将两层钢丝网用“W”钢丝焊接起来，在空隙中插入芯材；另一种整体式，先将芯板置于两层钢丝网之间，再用连接钢丝穿透芯材将两层钢丝网焊接起来，形成稳定的三维桁架结构。

钢丝网架水泥夹芯板规格见表 2-50。

表 2-50 钢丝网架水泥夹芯板的规格

品种		规格尺寸/mm		
		长度	宽度	厚度（芯材）
钢丝网架泡沫塑料夹芯板		2 140、2 400、2 740、2 950	1 220	76（50）
钢丝网架岩棉夹芯板	GY2.5—40	3 000 以内	1 200、900	65（40）
	GY2.5—50			75（50）
	GY2.5—60			85（60）
	GY2.8—60			85（60）

（2）技术性质：目前还没有关于钢丝网架水泥夹芯板性能的国家标准，现基本参照 ASTM 有关标准执行。国内常用的钢丝网架聚苯乙烯泡沫夹芯板（泰柏板）性能可见表 2-51。

表 2-51 泰柏板主要技术性能

项目		指标
质量/（kg/m^2）	抹灰前	39
	抹灰后	85
热绝缘系数/（$m^2·K/W$）		0.744
隔声指标/dB		44
抗冻性（冻融循环次数）		50
轴向允许荷载/（N/m）：高 2.44m（3.66m）		87 500（73 500）
横向允许荷载/（N/m）：高 2.44m（3.05m）		1 950（1 220）
防火/h：两面涂 20mm（31.5mm）厚水泥砂浆		1.3（2）

常用泰柏板（图 2-10）标准厚度约 100mm，总质量约 90kg/m^2，热绝缘系数平均为 0.64$m^2·K/W$。与半砖墙和一砖墙相比，可使建筑物框架承受的墙体荷载减少 64%～72%，能耗减少约一半。

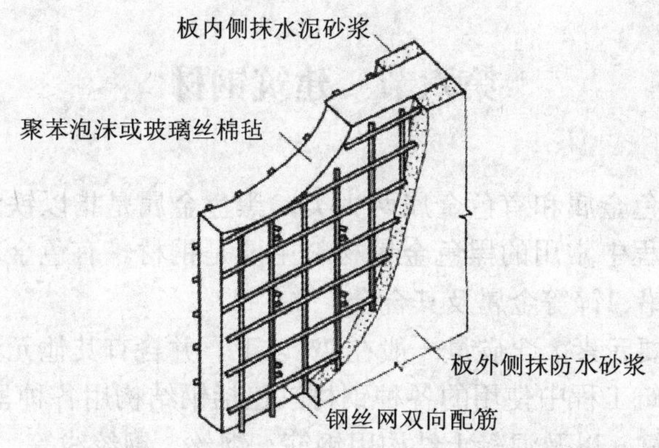

图 2-10　泰柏墙板示意图

此种墙板具有质量轻、保温隔热性好、布置灵活、安全方便等优点，主要用于各种内隔墙、围护外墙、保温复合外墙、楼面、屋面及建筑夹层等。

4．双层钢网细陶粒混凝土空心隔墙板

双层钢网细陶粒混凝土空心隔墙板以细陶粒为轻质硬骨料，以快硬水泥为胶凝材料，内配置双层镀锌低碳冷拔钢丝网片，采用成组立模成型，大功率振动平台集中振动，单元式蒸养窑低温蒸汽养护而成。标准板规格尺寸有 3 种：（2 000～3 500）mm×595mm×60mm、（2 000～3 500）mm×595mm×90mm、（2 000～3 500）mm×595mm×120mm。也可根据需求另外加工。60mm 厚标准板圆孔为单排 9 孔，90mm 厚标准板圆孔为单排 7 孔，120mm 厚标准板圆孔为双排 9 孔，共 18 孔。双层钢网细陶粒混凝土空心隔墙板具有表面光洁平整、密实度高、抗弯强度高、质轻、不燃、耐水、吸水率低、收缩小、不变形、安装穿线方便等特点。现已广泛应用于住宅和公共建筑的内隔墙和分隔墙。

5．增强水泥空心板条隔墙板

增强水泥空心板条隔墙板有标准板、门框板、窗框板、门上板、窗上板、窗下板及异形板。标准板用于一般隔墙，其他的板按工程设计规定的规格进行加工。普通住宅用的板规格有：长（L）：2 400～3 000mm，宽（B）：590～595mm，厚（H）：60mm、90mm。公用建筑用的板规格为：长（L）：2 400～3 900mm，宽（B）590～595mm，厚（H）：90mm。

技术要求：面密度≥60kg/m^2，抗弯荷载≥2.0G（G 为板材的重量，单位为 N），单点吊挂力≥800N，料浆抗压强度≥10MPa，软化系数≥0.8，收缩率≤0.08%。

6．石膏砌块

石膏砌块，条板质轻，密度 600～900 kg/m^3；高强，不龟裂，不变形；耐火极限最高可达 4h；隔热能力比混凝土高 5 倍；单层隔声可达 46dB；具有呼吸功能，对室内湿度有良好的调节作用；无气味，无污染，不产生任何放射性和有害物质，是绿色环保产品；易施工。

第六节 建筑钢材

金属材料包括黑色金属和有色金属两大类，黑色金属是指以铁元素为主要成分的金属及其合金，建筑工程中常用的黑色金属材料主要是钢材。有色金属是指黑色金属以外的金属，如铝、铜、铅、锌等金属及其合金。

钢材是以铁为主要元素，含碳量一般在2%以下，并含有其他元素的材料。

建筑钢材是指建筑工程中使用的各种钢材，包括钢结构用各种型材（如圆钢、角钢、工字钢、钢管）、板材，以及混凝土结构用钢筋、钢丝、钢绞线等。

钢材是在严格的技术条件下生产的材料，它有如下优点：材质均匀，性能可靠，强度高，具有一定的塑性和韧性，具有承受冲击和振动荷载的能力，可焊接、铆接和螺栓连接，便于装配；其缺点是：易锈蚀，维修费用大。

一、钢的分类

钢的品种繁多，为了便于掌握和选用，常对钢从不同角度进行分类：

1. 按化学成分分类

按化学成分分为碳素钢（又称非合金钢）和合金钢。

（1）碳素钢：碳素钢中除铁和碳外，还含有在冶炼中难以除净的少量硅、锰、磷、硫、氧、氮等。

碳素钢根据含碳量可分为：低碳钢（含碳小于 0.25%）；中碳钢（含碳量 0.25%～0.60%）；高碳钢（含碳量大于0.60%）。

（2）合金钢：合金钢中含有一种或多种特意加入或超过碳素钢限量的合金元素（如锰、硅、钒、钛等）。这些合金元素用于改善钢的性能或使其获得某些特殊性能。

合金钢根据合金元素含量可分为：低合金钢（合金元素总量＜5%）；中合金钢（合金元素总量 5%～10%）；高合金钢（合金元素总量＞10%）。

2. 按主要质量等级分类

按主要质量等级分类，即按钢中有害杂质的多少分为：

（1）普通钢（含硫量＜0.055%～0.065%，含磷量＜0.045%～0.085%）。

（2）优质钢（含硫量＜0.03%～0.045%，含磷量＜0.035%～0.04%）。

（3）高级优质钢（A）（含硫量＜0.02%～0.03%，含磷量＜0.027%～0.035%）。

（4）特级优质钢（E）。

3. 按用途分类

（1）结构钢：钢结构用钢、混凝土结构用钢。

（2）工具钢：用于制作刀具、量具、模具等用钢。

（3）特殊钢：不锈钢、耐酸钢、耐热钢、耐磨钢、磁钢等。

4. 按压力加工方式分类

按压力加工方式分为热加工钢材、冷加工钢材。

二、建筑钢材的主要技术性能

钢材的技术性能主要包括：力学性能、工艺性能和化学性能等。

（一）力学性能

主要指拉伸性能、冲击韧性、疲劳强度和硬度等。

1．拉伸性能

钢的拉伸性能是通过拉伸试验测定的。将按规定的形状和尺寸制成的试件，装在拉力试验机上，对试件施加逐渐增大的拉力，使它不断产生变形（变长、变细），直至拉断为止。

低碳钢的拉伸过程可分为 4 个阶段，如图 2-11 所示。

（1）弹性阶段：即图上 *OA* 段。该阶段的特点是应力与应变，呈直线（线性）变化关系。在该阶段的任意一点卸荷，变形消失，试件能完全恢复到初始形状。该阶段的应力最高点称作弹性极限。

（2）屈服阶段：即图中 *AB* 段。该阶段的特点是应力变化不大，但应变却持续增长。在此阶段的应力最低点（$B_{下}$），称作屈服点（或屈服极限）σ_s，其值是低碳钢的设计强度取值。中碳钢与高碳钢（硬钢）的拉伸曲线与低碳钢不同，屈服现象不明显，难以测定屈服点，规定产生残余变形为原标距长度的 0.2%时所对应的应力值，作为硬钢的屈服强度，也称条件屈服点，用$\sigma_{0.2}$表示，如图 2-12 所示。

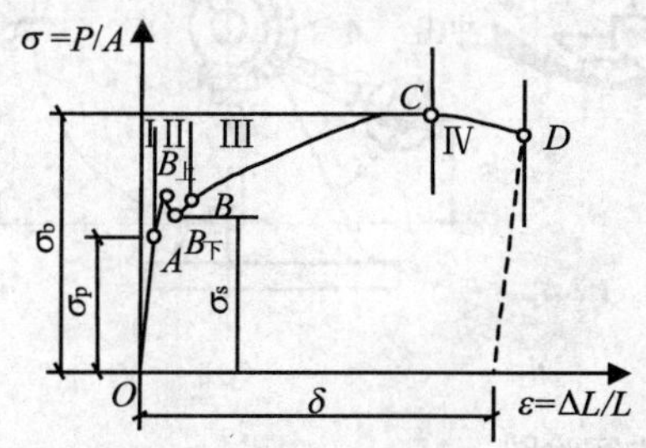

图 2-11　低碳钢受拉的应力-应变图

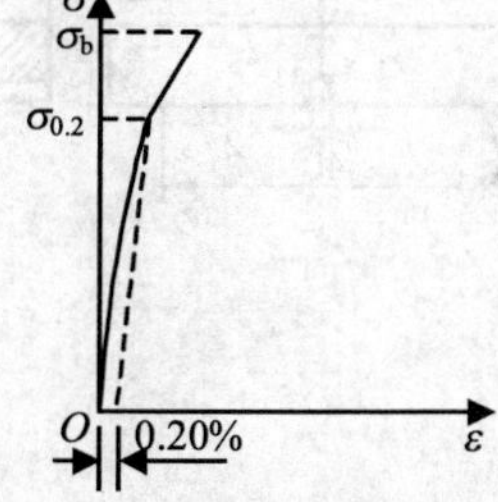

图 2-12　中碳钢、高碳钢的σ-ε图

（3）强化阶段：为图中的 *BC* 段。该阶段表示经过屈服阶段后，钢的承荷能力又开始上升，但应力-应变曲线变为弯曲，这表明已产生不可恢复的塑性变形，在该阶段任一点卸荷，试件都不能恢复到初始形状而保留一部分残余变形。该阶段的应力最高点称为抗拉强度σ_b。

抗拉强度虽在设计中不能直接被利用，但屈服强度与抗拉强度的比值（即屈强比），却有一定的意义。它能反映钢材的利用率和安全可靠程度。屈强比越小，表示钢材受力超过屈服点时，仍有较大的储备潜力，安全可靠性大。但在同样抗拉强度下，钢材可利用应力较小，钢材利用率较低。钢材选用时，要求二者兼顾，取合理值。通常情况下，屈强比在 0.60～0.75 范围内较好。

（4）颈缩阶段：即图上的 *CD* 段。试件在该阶段，钢材抵抗变形的能力显著降低，并在试件的某一部位产生急剧的断面收缩，称为“颈缩”。应变迅速增大，应力随之下降，当达到 *D* 点时，发生断裂。钢材进行拉伸试验后，根据屈服点、抗拉强度和伸长率值，可判断钢材拉伸性能的优劣。

2. 冲击韧性

冲击韧性指钢材抵抗冲击荷载作用而不破坏的能力，其指标为冲击功。冲击功表示具有 V 形缺口的试件在冲击试验横锤的冲击下断裂时，断口处单位面积上所消耗的功，单位为 J/cm²。使用在室外的钢构架及经常受到可变风荷载和其他偶然冲击荷载作用的钢材，必须满足一定的冲击韧性要求。特别是在低温下，钢材的冲击功发生明显下降，呈脆性断裂，这种现象称为冷脆性，在北方严寒地区（低于－20℃）使用的钢材要考虑对钢材冷脆性的评定。低温和时效后钢材冲击韧性的变化见表 2-52。冲击韧性实验如图 2-13 所示。

表 2-52 普通低合金钢冲击韧性指标

常温	－40℃	时效
	冲击值αk/（J/cm²）	
58.8～69.6	29.4～34.3	29.4～34.3

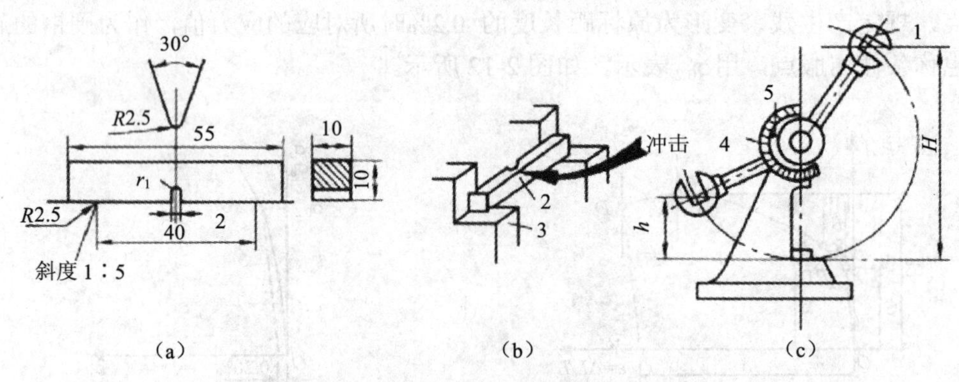

图 2-13 冲击韧性实验图

（a）试件尺寸；（b）实验装置；（c）试验机

1—摆锤；2—试件；3—试验台；4—刻度盘；5—指针

3. 疲劳强度

钢材在交变荷载反复多次作用下，可在最大应力远低于屈服强度的情况下突然破坏，这种破坏称为疲劳破坏。钢材的疲劳破坏指标用疲劳强度（或称疲劳极限）来表示，它是指试件在交变应力的作用下，不发生疲劳破坏的最大应力值。对钢材而言，一般将承受交变荷载 106～107 周次时不发生破坏的最大应力，定义为疲劳强度。疲劳破坏经常是突然发生的，因而具有很大的危险性，在设计承受反复荷载且须进行疲劳验算的结构时，应当了解所用钢材的疲劳强度。

4. 硬度

硬度是指金属材料抵抗硬物压入表面的能力。亦即材料表面抵抗塑性变形的能力。

测定钢材硬度采用压入法。即以斗定的静荷载（压力），把一定的压头压在金属表面，然后测定压痕的面积或深度来确定硬度。较常用的方法是布氏法，其硬度指标是布氏硬度值。

各类钢材的 HB 值与抗拉强度之间有较好的相关关系。材料的强度越高，塑性变形抵抗力越强，硬度值也就越大。

（二）工艺性能

良好的工艺性能，可以保证钢材顺利通过各种加工，而使钢材制品的质量不受影响。冷弯、冷拉、冷拔及焊接性能均是建筑钢材的重要工艺性能。

1．冷弯性能

冷弯性能是指钢材在常温下承受弯曲变形的能力。其指标是以试件弯曲的角度和弯心直径对试件厚度的比值来表示，如图 2-14 和图 2-15 所示。冷弯性能是通过检验试件经规定的弯曲变形后，弯曲处是否有裂纹、起层、鳞落和断裂等情况来评定的。

钢材的冷弯性能越好，通常也表示钢材的塑性好，同时冷弯试验也是对钢材焊接质量的一种检验，可揭示焊缝处是否存在缺陷和是否焊接牢固。

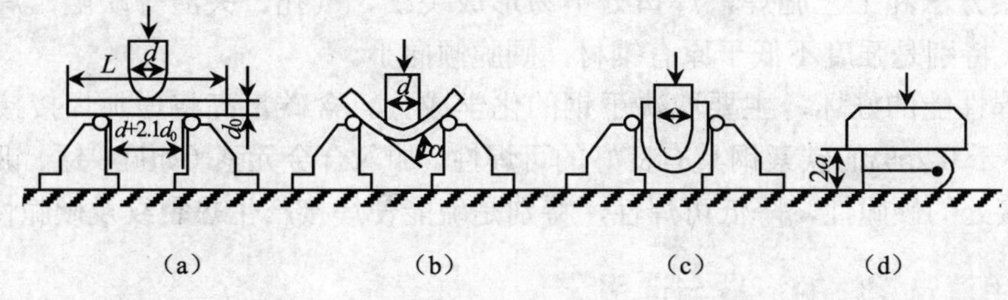

图 2-14　钢材冷弯

（a）试件安装；（b）弯曲 90°；（c）弯曲 180°；（d）弯曲至两面重合

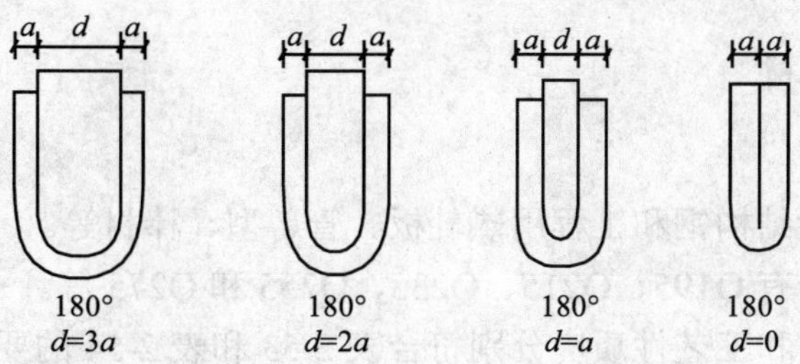

图 2-15　钢材冷弯规定弯心

2．冷加工强化及时效处理

（1）冷加工强化：将钢材在常温下进行冷加工（如冷拉、冷拔或冷轧），使之产生塑性变形，从而提高屈服强度，但钢材的塑性和韧性会降低，这个过程称为冷加工强化处理。

建筑工地或预制构件厂常用的方法是冷拉和冷拔。

（2）冷拉：是将热轧钢筋用冷拉设备加力进行张拉，使之伸长。钢材经冷拉后，屈服强度可提高 20%～30%，可节约钢材 10%～20%，钢材经冷拉后屈服阶段缩短，伸长率降低，材质变硬。

(3)冷拔：将光面圆钢筋通过硬质合金拔丝模孔强行拉拔。每次拉拔断面缩小应在10%以下。钢筋在冷拔过程中，不仅受拉，同时还受到挤压作用，因而冷拔的作用比纯冷拉作用强烈。经过一次或多次冷拔后的钢筋，表面光洁度高，屈服强度提高 40%～60%，但塑性大大降低，具有硬钢的性质。

钢材经冷加工后，在常温下存放15～20d或加热至100～200℃，保温2h左右，其屈服强度、抗拉强度及硬度进一步提高，而塑性及韧性继续降低，这种现象称为时效。前者称为自然时效，后者称为人工时效。

钢材的时效是普遍而长期的过程，有些未经冷加工的钢材长期存放后也会出现时效，冷加工只是加速了时效的发展。通常强度较低的钢筋宜采用自然时效处理；强度较高的钢筋宜采用人工时效处理。

3．焊接性能

焊接是各种型钢、钢板、钢筋的重要连接方式。建筑工程的钢结构有 90%以上是焊接结构。焊接的质量取决于焊接工艺、焊接材料及钢的焊接性能。

钢材的可焊性是指钢材是否适应通常的焊接方法与工艺的性能。可焊性好的钢材易于用一般焊接方法和工艺施焊，焊口处不易形成裂纹、气孔、夹渣等缺陷，焊接后钢材的力学性能，特别是强度不低于原有钢材，硬脆倾向小。

钢材可焊性能的好坏，主要取决于钢的化学成分。含碳量高将增加焊接接头的硬脆性，含碳量小于0.25%的碳素钢具有良好的可焊性。加入合金元素（如硅、锰、钒、钛等），也将增大焊接处的硬脆性，降低可焊性，特别是硫能使焊接产生热裂纹及硬脆性。

三、常用建筑钢材的标准与选用

建筑工程中，按用途不同有建筑结构用钢和建筑装饰用钢两类。建筑结构用钢可分为钢结构用钢和混凝土结构用钢。建筑装饰用钢主要是钢板、型材及其制品。

（一）钢结构用钢材

1．碳素结构钢

碳素结构钢指一般结构钢和工程用热轧板、管、型、棒材等。

碳素结构钢的牌号有Q195、Q215、Q235、Q255和Q275等。

各牌号的力学性质和工艺性质应分别符合表2-53和表2-54的要求。

钢材随钢号的增大，含碳量增加，强度和硬度相应提高，而塑性和韧性则降低。建筑工程中应用最广泛的是 Q235 号钢。其含碳量为 0.14%～0.22%，属低碳钢，具有较高的强度，良好的塑性、韧性及可焊性，综合性能好。

Q195、Q215 号钢，强度低，塑性和韧性较好，易于冷加工，常用作钢钉、铆钉、螺栓及钢丝等。Q215号钢经冷加工后可代替Q235号钢使用。

Q255、Q275 号钢，强度较高，但塑性、韧性较差，可焊性也差，不易焊接和冷弯加工，可用于轧制钢筋、作螺栓配件等，但更多用于机械零件和工具等。

表 2-53 碳素结构钢的力学性质指标

牌号	等级	拉伸试验														纵向冲击功/J
		屈服点/MPa						抗拉强度/MPa	伸长率 δ_5/%						温度	
		钢材厚度（直径）/mm							钢材厚度（直径）/mm							
		≤16	＞16～40	＞40～60	＞60～100	＞100～140	＞150		≤16	＞16～40	＞40～60	＞60～100	＞100～140	＞150		
		≥							≥							≥
Q195	—	195	185	—	—	—	—	315～430	33	32	—	—	—	—	—	—
Q215	A	215	205	195	185	175	165	335～450	31	30	29	28	27	26	—	27
	B														20	
Q235	A	235	225	215	205	195	185	375～500	26	25	24	23	22	21	—	—
	B														20	
	C														0	
	D														—20	27
Q255	A	255	245	235	225	215	205	410～550	24	23	22	21	20	19	—	—
	B														20	27
Q275	—	275	265	255	245	235	225	490～630	20	19	18	17	16	15	—	—

表 2-54 碳素结构钢的工艺性质指标

牌号	试样方向	180°冷弯试验（$B=2a$）钢材厚度（直径）/mm		
		≤60	＞60～100	＞100～200
		弯心直径 d		
Q195 焊管	纵	0	—	—
	横	0.5a		
Q215	纵	0.5a	0.5a	2a
	横	a	2a	2.5a
Q235	纵	a	2a	2.2a
	横	1.5a	2.5a	3a
Q255		2a	3a	3.5a
Q275		3a	4a	4.5a

注：B 为试样宽度；a 为钢材厚度或直径。

2．低合金高强度结构钢

低合金高强度结构钢是在碳素结构钢的基础上，添加少量的一种或几种合金元素（总含量小于 5%）的一种结构钢。其目的是提高钢的屈服强度、抗拉强度、耐磨性、耐蚀性及耐低温性能等。因此，它是综合性能较为理想的建筑钢材，尤其在大跨度、承受动荷载和冲击荷载的结构中更适用。另外，与使用碳素钢相比，可节约钢材 20%～30%，而成本并不很高。钢结构用牌号为 Q345、Q390、Q420 的钢。

各牌号低合金高强度结构钢的技术性质应符合表 2-55 要求。

表 2-55 低合金高强度结构钢的技术性能指标

牌号	质量等级	屈服点/MPa				抗拉强度/MPa	伸长率/%≥	冲击功（纵向）/J				180°弯曲试验（d=弯心直径 a=试样厚度）	
		厚度（直径、边长）/mm						20℃	0℃	−20℃	−40℃	试样厚度（直径）/mm	
		≤16	>16~35	>35~50	>50~100								
		≥						≥				≤16	>16~100
Q345	A	345	325	295	275	470~630	21	34				d=2a	d=3a
	B	345	325	295	275	470~630	21		34			d=2a	d=3a
	C	345	325	295	275	470~630	21			34		d=2a	d=3a
	D	345	325	295	275	470~630	21				27	d=2a	d=3a
	E	345	325	295	275	470~630	21					d=2a	d=3a
Q390	A	390	370	350	330	490~650	19					d=2a	d=3a
	B	390	370	350	330	490~650	19	34				d=2a	d=3a
	C	390	370	350	330	490~650	20		34			d=2a	d=3a
	D	390	370	350	330	490~650	20			34		d=2a	d=3a
	E	390	370	350	330	490~650	20				27	d=2a	d=3a
Q420	A	420	400	380	360	520~680	18					d=2a	d=3a
	B	420	400	380	360	520~680	18	34				d=2a	d=3a
	C	420	400	380	360	520~680	19		34			d=2a	d=3a
	D	420	400	380	360	520~680	19			34		d=2a	d=3a
	E	420	400	380	360	520~680	19				27	d=2a	d=3a

低合金高强度结构钢具有轻质高强，耐蚀性、耐低温性好，抗冲击性强，使用寿命长等良好的综合性能，具有良好的可焊性及冷加工性，易于加工与施工。因此，低合金高强度结构钢可以用做高层及大跨度建筑（如大跨度桥梁、大型厅馆、电视塔等）的主体结构材料与普通碳素钢相比可节约钢材，具有显著的经济效益。

3．型钢、钢板、钢管

碳素结构钢和低合金结构钢还可以加工成各种型钢、钢板、钢管等构件直接供工程选用，构件之间可采用铆接、螺栓连接、焊接等方式进行连接。

（1）型钢：型钢有热轧和冷轧两种成型方式。热轧型钢主要有角钢、工字钢、槽钢、T 型钢、H 型钢、Z 型钢等。以碳素结构钢为原料热轧加工的型钢，可用于大跨度、承受动荷载的钢结构。冷轧型钢主要有角钢、槽钢等开口薄壁型钢及方形、矩形等空心薄壁型钢。主要用于轻型钢结构。

型钢在装饰工程中常用作钢构架、玻璃幕墙的钢骨架、包门包柱的骨架等。常用型钢有角钢、扁钢、槽钢和工字钢。其中工字钢用得最为广泛，其较易加工成型、截面惯性矩较大、刚度适中，焊接方便，施工便利。

与各种饰面板相配合构成吊顶或隔墙的轻钢龙骨，是以冷轧钢板（钢带）、彩色喷塑钢板（钢带）为原料，用冷弯工艺生产的薄壁型钢（按断面形状分有 C 型、U 型、T 型、L 型）。它具有自重轻、刚度大、抗震性好、防火，制作和安装方便，以钢代木，节约木材。制成的吊顶、隔墙有优异的热学、声学、力学、工艺等性能，还具有多变的装饰风格，在装饰工程中得到广泛的应用。

（2）钢板：钢板亦有热轧和冷轧两种形式。热轧钢板有厚板（厚度大于 4mm）和薄板（厚度小于 4mm）两种，冷轧钢板只有薄板（厚度为 0.2～4mm）一种。一般厚板用于焊接结构；薄板可用于屋面及墙体围护结构等，亦可进一步加工成各种具有特殊用途的钢板使用。

（3）钢管：钢管分为焊接钢管与无缝钢管两大类。

焊接钢管采用优质带材焊接而成，表面镀锌或不镀锌。按其焊缝形式分为直纹焊管和螺纹焊管。焊管成本低，易加工，但一般抗压性能较差。

无缝钢管多采用热轧—冷拔联合工艺生产，也可采用冷轧方式生产，但成本昂贵。热轧无缝钢管具有良好的力学性能与工艺性能。无缝钢管主要用于压力管道，在特定的钢结构中，往往也设计使用无缝钢管。

（二）混凝土结构用钢筋

目前混凝土结构用钢筋主要有：热轧钢筋、预应力混凝土用消除应力钢丝、钢绞线及热处理钢筋。

1．热轧钢筋

按国标《钢筋混凝土用钢　第 1 部分：热轧光圆钢筋》（GB 1499.1—2008）和《钢筋混凝土用钢　第 2 部分：热轧带肋钢筋》（GB 1499.2—2007）规定，牌号中 HPB 代表热轧光圆钢筋，HRB 代表热轧带肋钢筋，牌号中的数字表示热轧钢筋的屈服强度。其中热轧光圆钢筋由碳素结构钢轧制而成，表面光圆；热轧带肋钢筋由低合金钢轧制而成，外表带肋。

2．预应力用热处理钢筋

热处理是将钢材按一定规则加热保温和冷却，以获得需要性能的一种工艺过程。热处理的方法有：退火、正火、淬火和回火。土木工程建筑所用钢材一般只在生产厂进行热处理，并以热处理状态供应。在施工现场，有时需对焊接钢材进行热处理。

热处理钢筋是用热轧螺纹钢筋经淬火和回火处理而成的，代号为 RB150。按螺纹外形可分为有纵肋和无纵肋两种。根据国标《预应力混凝土用热处理钢筋》（GB 4463—92）的规定，热处理钢筋（按化学成分）有 $40Si_2Mn$、$48Si_2Mn$ 和 $45Si_2Cr$ 3 个牌号。

热处理钢筋目前主要用于预应力混凝土轨枕，用以代替高强度钢丝，配筋根数减少，制作方便，锚固性能好，建立预应力稳定。也用于预应力混凝土板、梁和吊车梁，使用效果良好。热处理钢筋系成盘供应，开盘后能自然伸直，不需调直、焊接，故施工简单，并可节约钢材。

3．预应力混凝土用消除应力钢丝和钢绞线

预应力钢绞线，采用 3 根钢丝捻制的钢绞线（表示为 1×3）、采用 7 根钢丝捻制的钢绞线（表示为 1×7）。按应力松弛能力分为Ⅰ级松弛和Ⅱ级松弛两种。

钢丝和钢绞线均具有强度高、塑性好、安全可靠，节约钢材，使用时不需要接头、焊接、冷拉等加工的优点，尤其适用于需要曲线配筋的预应力混凝土结构、大跨度吊车梁或重荷载的屋架等工程。

四、钢材的锈蚀与防止

钢材的表面在一定条件下会与周围介质发生化学作用或电化学作用，而使钢材遭到侵蚀、破坏的过程称钢材的锈蚀。锈蚀不仅使钢结构有效断面减小，浪费大量钢材，而且会形成程度不等的锈坑、锈斑，造成应力集中，加速结构破坏。若受到冲击荷载、循环交变荷载作用，将产生锈蚀疲劳现象，使钢材疲劳强度大为降低，甚至出现脆性断裂。为保证钢材在使用过程中不发生锈蚀，必须采取防止措施。

（一）钢材锈蚀的原因

引起钢材锈蚀的主要因素有环境湿度、侵蚀性介质数量、钢材材质及表面状况等。根据锈蚀作用机理，可分为下述两类：

1. 化学锈蚀

化学锈蚀是指钢材直接与周围介质发生化学反应而产生的锈蚀，多数是由氧化作用在钢材表面形成疏松的氧化物。在干燥环境中反应缓慢，但在温度和湿度较高的环境条件下，锈蚀发展迅速。

2. 电化学锈蚀

钢材的表面锈蚀主要因电化学作用引起，由于钢材本身的原因和杂质的存在，在表面介质的作用下，各成分电极电位的不同，形成微电池，铁元素失去了电子成为 Fe^{2+}离子进入介质溶液，与溶液中的 OH^-离子结合生成 $Fe(OH)_2$，使钢材遭到锈蚀。锈蚀的结果是在钢材表面形成疏松的氧化物，使钢结构断面减小，降低钢材的性能，因而承载力降低。

（二）钢材锈蚀的防止

防止钢材锈蚀的主要措施：

1. 保护层法

钢结构防止锈蚀的方法通常是表面刷防锈漆；薄壁钢材可采用热浸镀锌后加涂塑料涂层。对于一些行业（如电气、冶金、石油、化工、医药等）的高温设备钢结构，可采用耐高温防腐涂料。

2. 电化学保护法

对于一些不易或不能覆盖保护层的地方（如轮船外壳、地下管道、道桥建筑等），可采用电化学保护法。即在钢铁结构上接一块比钢铁更为活泼的金属（如锌、镁）作为阳极来保护钢结构。

3. 合金化法

在钢中加入合金元素铬、镍、钛、铜，制成不锈钢，以提高其耐锈蚀能力。

另外，埋于混凝土中的钢筋经常有一层碱性保护膜（新浇混凝土的 pH 值约为 12.5 或更高），故在碱性介质中不致锈蚀。但是一些外加剂中含有的氯离子会破坏保护膜，促使钢材的锈蚀。因此，钢筋混凝土的防锈措施应考虑限制水灰比和水泥用量，限制氯盐外加剂的使用，并采取措施保证混凝土的密实性，还可以采用掺加防锈剂（如重铬酸盐等）的方法。

五、建筑钢材的验收和储运

（一）建筑钢材验收的四项基本要求

建筑钢材从钢厂到施工现场经过了商品流通的多道环节，建筑钢材的检验验收是质量管理中必不可少的环节。建筑钢材必须按批进行验收，并达到下述四项基本要求。

1．订货和发货资料应与实物一致

检查发货码单和质量证明书内容是否与建筑钢材标牌标志上的内容相符。对于钢筋混凝土用热轧带肋钢筋、冷轧带肋钢筋和预应力混凝土用钢材（钢丝、钢棒和钢绞线）必须检查其是否有《全国工业产品生产许可证》，该证由国家质量监督检验检疫总局颁发，证书上带有国徽，一般有效期不超过5年。

热轧带肋钢筋生产许可证编号为：XK05-205-×××××。

其中 XK-代表许可；05-冶金行业编号；205-热轧带肋钢筋产品编号；×××××为某一特定企业生产许可证编号。

冷轧带肋钢筋生产许可证编号为：XK05-322-×××××。其中322-冷轧带肋钢筋产品编号。

预应力混凝土用钢材（钢丝、钢棒和钢绞线）生产许可证编号为：XK05-114×××××。其中114-预应力混凝土用钢材（钢丝、钢棒和钢绞线）产品编号。

2．检查包装

除大中型型钢外，不论是钢筋还是型钢，都必须成捆交货，每捆必须用钢带、盘条或铁丝均匀捆扎结实，端面要求平齐，不得有异类钢材混装现象。

每一捆扎件上一般都拴有两个标牌，上面注明生产企业名称或厂标、牌号、规格、炉罐号、生产日期、带肋钢筋生产许可证标志和编号等内容。按照《钢筋混凝土用热轧带肋钢筋》国家标准规定，带肋钢筋生产企业都应在自己生产的热轧带肋钢筋表面轧上明显的牌号标志，并依次轧上厂名（或商标）和直径（mm）数字。钢筋牌号以阿拉伯数字表示，HRB335、HRB400、HRB500对应的阿拉伯数字分别为2、3、4。厂名以汉语拼音字头表示。直径（mm）数以阿拉伯数字表示。

3．对建筑钢材质量证明书内容进行审核

质量证明书必须字迹清楚、证明书中应注明：供方名称或厂标，需方名称，发货日期，合同号，标准号及水平等级，牌号，炉罐（批）号、交货状态、加工用途、质量、支数或件数，品种名称、规格尺寸（型号）和级别，标准中所规定的各项试验结果（包括参考性指标），技术监督部门印记等。

若建筑钢材是通过中间供应商购买的，则质量证明书复印件上应注明购买时间、供应数量、买受人名称、质量证明书原件存放单位，在建筑钢材质量证明书复印件上必须加盖中间供应商的红色印章，并有送交人的签名。

4．建立材料台账

建筑钢材进场后，施工单位应及时建立“建设工程材料采购验收检验使用综合台账”。内容包括：材料名称、规格品种、生产单位、供应单位、进货日期、送货单编号、实收数量、生产许可证编号、质量证明书编号、产品标识（标志）、外观质量情况、材料检验日期、检验报告编号、材料检测结果、工程材料报审表签认日期、使用部位：审核人员签名等。

（二）实物质量的验收

建筑钢材的实物质量主要是看所送检的钢材是否满足规范及相关标准要求；现场所检测的建筑钢材尺寸偏差是否符合产品标准规定；外观缺陷是否在标准规定的范围内；对于建筑钢材的锈蚀现象各方也应引起足够的重视。

1. 常用钢材必试项目、组批原则及取样数量（见表 2-56）

表 2-56 常用钢材试验规定

序号	材料名称及相关标准规范代号	试验项目	组批原则及取样规定
1	碳素结构钢（GB 1499.2—2007）	必试：拉伸试验（屈服点、抗拉强度、伸长率）、弯曲试验	同一长别、同一炉罐号、同一规格、同一交货状态每 60t 也按一批计。每一验收批取一组试件（拉伸、弯曲各 1 个）
2	钢筋混凝土用热轧带肋钢筋（GB 1499.2—2007）	必试：拉伸试验（屈服点、抗拉强度、伸长率）、弯曲试验。其他：反向弯曲、化学成分	同一长别、同一炉罐号、同一规格、同一交货状态每 60t 也按一批计。每一验收批，在任选的两根钢筋上切取试件（拉伸、弯曲各 2 个）
3	钢筋混凝土用热轧光圆钢筋（GB 1499.1—2008）		
4	钢筋混凝土用余热处理钢筋（GB13014—91）		
5	低碳钢热轧圆盘条（GB/T 701—2008）	必试：拉伸试验（屈服点、抗拉强度、伸长率）、弯曲试验。其他：化学成分	同一厂别、同一炉罐号、同一规格、同一交货状态每 60t 也按一批计。每一验收批，取试件其中拉伸 1 个、弯曲 2 个（取自不同盘）
6	冷轧带肋钢筋（GB 13788—2008）	必试：拉伸试验（屈服点、抗拉强度、伸长率）、弯曲试验。其他：松弛率、化学成分	同一牌号、同一外形、同一生产工艺、同一交货状态每 60t 为一验收批，不足 60t 也按一批计。每一验收批取拉伸试件 1 个（逐盘），弯曲试件 2 个（每批），松弛试件 1 个（定期）。在每盘中的任意一端截去 500mm 后切取
7	冷轧扭钢筋（JG 190—2006）	必试：拉伸试验（屈服点、抗拉强度、伸长率）、弯曲试验。重量、节距、厚度	同一牌号、同一规格尺寸、同一台轧机、同一台班每 20t 为一验收批；不足 20t 也按一批计。每批取弯曲试件 1 个，拉伸试件 2 个，质量、节距、厚度各 3 个
8	预应力混凝土用钢丝（GB/T5223—2002）	必试：抗拉强度、伸长率、弯曲试验 其他：屈服强度、松弛率（每季度抽验）	同一牌号，同一规格，同一生产捻制的钢丝组成，每批质量不大于 60t。钢丝的检验应按（GB/T 2103）的规定执行。在每盘钢丝的两端进行抗拉强度、弯曲和伸长率的试验。屈服强度和松弛率试验每季度抽验 1 次，每次至少 3 根

序号	材料名称及相关标准规范代号	试验项目	组批原则及取样规定
9	中强度预应力混凝土用钢丝（YB/T 156—1999）	必试：抗拉强度、伸长率、反复弯曲。 其他：非比例极限（δ0.2）、松弛率（每季度）	钢丝应成批验收，每批由同一牌号、同一规格、同一强度等级、同一生产工艺制度的钢丝组成。每批质量不大于 60t。每盘钢丝的两端取样进行抗拉强度、伸长率、反复弯曲的检验。规定非比例伸长应力（δ0.2）和松弛率试验，每季度抽验 1 次，每次不少于 3 根
10	预应力混凝土用钢棒（GB/T 5223.3—2005）	必试：抗拉强度、伸长率、平直度。 其他：规定非比例伸长应力、松弛率	钢棒应成批验收，每批由同一牌号、同一外形、同一公称截面尺寸、同一热处理制度加工的钢棒组成。不论交货状态时盘卷或直条，检件均在端部取样，各试验项目取样均为一根。必试项目的批量划分按交货状态和公称直径而定（盘卷：≤13mm，批量为≤5 盘）；（直条：≤13mm，批量为≤1 000 条；13～26mm，批量为≤200 条；≥26mm，批量为≤100 条）
11	预应力混凝土用钢绞线（GB/T 5224—2003）	必试：整根钢绞线的最大力、规定非比例延伸力、规定总延伸力、最大伸长率、尺寸测量。 其他：弹性模量	预应力钢绞线应成批验收，每批由同一牌号、同一规格、同一生产工艺制度的钢绞线组成，每批质量不大于 60t，从每批钢绞线中任取 3 盘，每盘所选的钢绞线端部正常部位截取一根进行表面质量、直径偏差、捻距和力学性能试验。如每批少于 3 盘，则应逐盘进行上述检验。屈服和松弛试验每季度抽验一次，每次不少于一根
12	预应力混凝土用低合金钢丝（YB/T 038—1993）	必试：（1）拔丝用盘条：抗拉强度、伸长率、冷弯；（2）钢丝：抗拉强度、伸长率、反复弯曲、应力松弛	拔丝用盘条见低碳热轧圆盘条钢丝：每批钢丝应由同一牌号、同一形状、同一尺寸、同一交货状态的钢丝组成。从每批中抽查 5%。但不少于 5 盘进行形状、尺寸和表面检查。从上述检查合格的钢丝中抽取 5%，优质钢抽取 10%，不少于 3 盘，拉伸试验每盘一个（任意端）；不少于 5 盘，反复弯曲试验每盘一个（任意端去掉 500mm 后取样）
13	一般用途低碳钢丝（GB/T 343—1994）	必试：抗拉强度、180°弯曲试验次数、伸长率（标距 100mm）	每批钢丝应由同一尺寸、同一锌层级别、同一交货状态的钢丝组成。从每批中抽查 5%，但不少于 5 盘进行形状、尺寸和表面检查。从上述检查合格的钢丝中抽取 5%，优质钢抽取 10%，不少于 3 盘，拉伸、反复弯曲试验每盘各一个（任意端）

2．取样方法

拉伸和弯曲试样，可在每批材料或每盘中任选两根钢筋距端部500mm处截取。

试样长度应根据钢筋种类、规格及试验项目而定。采用习惯样式长度见表2-57。

表2-57　钢材试样长度

试样直径	拉伸试样长度/mm	弯曲试样长度/mm	反复试样长度/mm
6.5～20	300～400	250	150～250
25～32	350～450	300	

3．检验要求

（1）外观质量检查：

1）尺寸测量：包括直径、不圆度、肋高等应符合标准规定；

2）表面质量：不得有裂纹、结疤、折叠、凸块或凹陷；

3）质量偏差：试样不少于10支，总长度不小于60m，长度逐根测量精确到10mm，试样总质量不大于100kg时，精确到0.5kg，试样总质量大于100kg时，精确到1kg。质量偏差应符合规定。

（2）检验要求：热轧光圆钢筋、热轧带肋钢筋、余热处理钢筋的力学性能、工艺性能检验应符合标准规定。

4．检验结果及质量判定

试验用试样数量，取样规则及试验方法必须按标准规定。如果有某一项试验结果不符合标准要求，则在同一批中再取双倍数量的试样进行该不合格项目的复验。复验结果（包括该项试验所要求的任一指标），即使有一个指标不合格，则该批钢筋判定不合格。

（三）建筑钢材的运输、储存

建筑钢材由于质量大、长度长，运输前必须了解所运建筑钢材的长度和单捆质量，以便安排运输车辆和吊车。

建筑钢材应按不同的品种、规格分别堆放。在条件允许的情况下，建筑钢材应尽可能存放在库房或料棚内（特别是有精度要求的冷拉、冷拔等钢材），若采用露天存放，则料场应选择地势较高而又平坦的地面，经平整、夯实、预设排水沟道、安排好垛底后方能使用。为避免因潮湿环境而引起的钢材表面锈蚀现象，雨雪季节建筑钢材要用防雨材料覆盖。

施工现场堆放的建筑钢材应注明“合格”、“不合格”、“在检”、“待检”等产品质量状态，注明钢材生产企业名称、品种规格、进场日期及数量等内容，并以醒目标识标明，工地应由专人负责建筑钢材收货和发料。

第七节　防水材料

防水材料有三大类：柔性防水材料、刚性防水材料和瓦片类防水材料。

一、沥青材料

沥青是一种憎水性的有机胶结材料，不仅本身构造致密，且能与石料、砖、混凝土、砂、木料、金属等材料牢固地黏结在一起。以沥青或以沥青为主要组成的材料和制品，都具有良好的隔潮、防水、抗渗及耐化学腐蚀、电绝缘等性能，主要用于屋面、地下，以及其他防水工程、防腐工程和道路工程。

沥青是多种碳氢化合物与氧、硫等非金属衍生物的混合物，在常温下为黑褐色或黑色固体、半固体或黏性液体：沥青不溶于水，可溶于多种有机溶剂，具有一定的黏性、塑性、防水性和防腐性。

沥青材料有天然沥青、石油沥青、煤沥青等品种。天然沥青是由沥青湖或含有沥青的砂岩、砂等提炼而得；石油沥青是由石油原油蒸馏后的残留物经加工而得；煤沥青是由煤焦油分馏后残留物经加工制得的产品。目前，工程中常用的主要是石油沥青和少量的煤沥青。

（一）石油沥青的组分

由于石油沥青的化学组成复杂，因此从使用角度，将沥青中化学特性及物理、力学性质相近的化合物划分为若干组，这些组即称为“组分”。石油沥青的状态和性质随各组分含量的变化而改变。

1. 油分

油分是沥青中最轻组分（密度小于 1）的淡黄色液体，能溶于大多数有机溶剂，但不溶于酒精，在石油沥青中油分含量为 40%～60%。它赋予沥青以流动性，其含量越大，沥青的黏度越小，越便于施工。

2. 树脂（沥青脂胶）

树脂为密度略大于 1 的黄色至黑褐色的半固体。能溶于汽油，在石油沥青中含量为 15%～30%，它赋予沥青塑性与黏性，其含量增加，沥青的塑性增大。

3. 地沥青质

地沥青质为相对密度大于 1 的深褐色至黑色固体粉末，是石油沥青中最重的组分，能溶于二硫化碳和三氯甲烷，但不溶于汽油，在石油沥青中含量为 10%～30%。它决定石油沥青温度敏感性并影响黏性的大小，其含量越多，则温度敏感性越小，黏性越大，也越硬脆。

此外石油沥青中还存在石蜡，它会降低石油沥青的黏性、塑性和温度敏感性，是有害成分。

石油沥青中的各组分是不稳定的，在阳光、空气、水等外界因素作用下，各组分之间会不断演变，油分、树脂会逐渐减少，地沥青质逐渐增多，这一演变过程称为沥青的老化。沥青老化后其流动性、塑性变差，脆性增大，从而变硬，易发生脆裂乃至松散，使沥青失去防水、防腐效能。

（二）石油沥青主要技术性质

石油沥青的技术性质主要包括黏性、塑性、温度敏感性、大气稳定性，以及耐蚀性等。

1．黏性（黏滞性）

黏性是指石油沥青在外力作用下，抵抗变形的能力。黏性大小与组分含量及温度有关。地沥青质含量多，同时有适量树脂，而油分含量较少时，黏性大。在一定温度范围内，温度升高，黏度降低，反之，黏度提高。

对于液态沥青，或在一定温度下具有流动性的沥青，用标准黏度计测定黏滞度。黏滞度是液体沥青在一定温度（25℃或 60℃）条件下，经规定直径，（3mm、5mm 或 10mm）的孔漏下 50mL 所需的秒数。黏滞度越大，表示沥青的稠度越大。对于半固态或固态的黏稠石油沥青的黏度是用针入度仪测定其针入度值来表示的。针入度是在温度为 25℃时，质量 100g 的标准针，经 5s 沉入沥青试样的深度，以 1/10mm 为 1 度。针入度值越小，表明黏度越大。

2．塑性

塑性是指石油沥青受到外力作用时，产生不可恢复的变形而不破坏的性质。当石油沥青中油分和地沥青质适量时，树脂含量越多，沥青膜层越厚，塑性越大，温度升高，塑性增大，反之则塑性越差。

延度可用延伸仪测定，将沥青制成“8”字形试件，在 25℃温度下，以 5cm/min 的速度拉至断裂时的伸长值即为延度，以 cm 为单位，延度越大，表明沥青的塑性越大，柔性和抗裂性越好。

3．温度敏感性

温度敏感性是指石油沥青的黏性和塑性随温度的升降而变化的性能。变化程度小，即温度敏感性小；反之，温度敏感性大。用于防水工程的沥青，要求具有较小的温度敏感性，以免高温下流淌，低温下脆裂。

沥青的温度敏感性用软化点表示，采用“环与球”法测定。将沥青试样熔融后装入直径约 16mm 的铜环内，冷却后在上面放置一标准钢球（直径 9.5mm，重 3.5g），浸入水或甘油中，以规定升温速度（5℃/min）加热，使沥青软化下垂，当下垂距离为 25.4mm 时的温度即为软化点，以℃为单位表示。软化点越高，沥青耐热性越好，温度敏感性越小，则沥青温度稳定性越好。

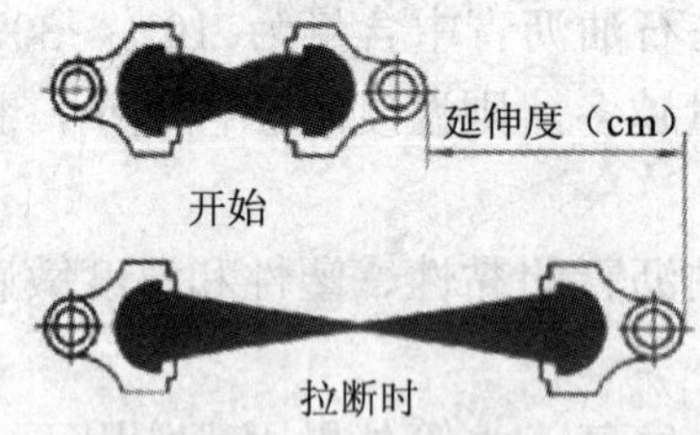

图 2-16 延伸度测定示意图

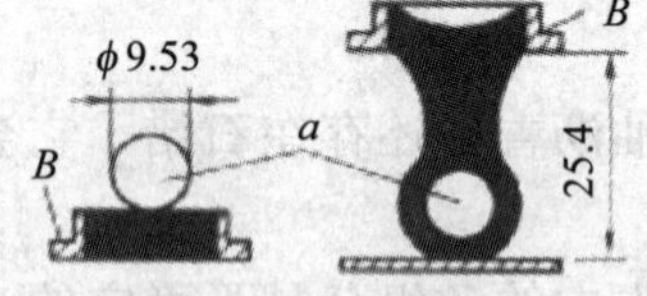

图 2-17 软化点测定示意图

4．大气稳定性

大气稳定性是石油沥青在大气综合因素作用下抵抗老化的性能，也称沥青材料的耐久性。

沥青的大气稳定性可用“加热损失的百分率”表示。通常用沥青材料在 160℃保温 5h

损失的质量百分率表示。如损失少，则表示性质变化小，耐久性高。也可用沥青材料加热前后针入度的比值表示。

以上四种性质是石油沥青材料的主要性质，针入度、延度、软化点是评价沥青质量的重要指标，是决定沥青牌号的主要依据。此外，石油沥青施工中安全操作的温度用闪点、燃点表示。

（三）石油沥青的分类及选用

石油沥青按用途不同可分为道路石油沥青、建筑石油沥青、防水防潮石油沥青和普通石油沥青 4 类（常用品种是道路石油沥青、建筑石油沥青和防水防潮石油沥青）。

道路沥青的针入度和延度较大，但软化点较低，此类沥青较软，在常温下的弹性较好，可用来拌制沥青砂浆和沥青混凝土，用于道路路面或车间地面等工程，部分牌号也可用于建筑工程。

建筑石油沥青主要用于屋面及地下防水、沟槽防水和防腐工程。对高温地区及受日晒部位，为了防止沥青受热软化，应选用牌号较低的沥青；如作为屋面的沥青，其软化点应比本地区屋面可能达到的最高温度高 20～25℃，以免夏季流淌。对寒冷地区，不仅要考虑冬季低温时沥青易脆裂，而且要考虑受热软化，故宜选用中等牌号的沥青；对不受大气影响的部位，可选用牌号较高的沥青；如用于地下防水工程的沥青，其软化点可不低于 40℃。当缺乏所需牌号的沥青时，可用不同牌号的沥青进行掺配。

防水防潮石油沥青具有温度敏感性较小的特点，特别适合用作防水卷材的涂料及屋面与地下防水的黏结材料。

总之，在选用沥青材料时应根据工程性质、当地气候条件、使用部位及施工方法来选择不同品种和不同牌号的沥青。在满足工程要求和技术性质的前提下，尽量选取牌号高的石油沥青，以保证有较长的使用年限（因牌号高的沥青含油分多，挥发变质所需时间较长）。

二、合成高分子材料

高分子材料是指由高分子化合物（分子量高达几千至几百万的化合物，又称高聚物或聚合物）为主要组分的材料。有机高分子材料可分为天然的（如植物纤维、天然橡胶、天然树脂、沥青等）及合成的（如合成塑料、合成纤维、合成橡胶）两类。由于有机合成高分子材料的原料（煤、石油、天然气等）来源广泛，化学合成效率高，产品具有多种建筑功能且质轻、强韧、耐化学腐蚀、多功能、易加工成型等优点，已成为一类最年轻的新型建筑材料，被广泛地应用于建筑领域。

常用的高分子化合物品种主要有：

1. 聚乙烯（PE）

聚乙烯是由乙烯单体聚合而成，聚乙烯具有良好的化学稳定性及耐低温性，强度较高，吸水性和透水性很低，无毒，密度小，易加工，但耐热性较差，且易燃烧。聚乙烯主要用于生产防水材料（薄膜、卷材等），也可用于制造给排水管材（冷水）、电绝缘材料、水箱和卫生洁具等。

2．聚氯乙烯（PVC）

聚氯乙烯是建筑材料中应用最为普遍的聚合物之一。在室温条件下，聚氯乙烯树脂是无色、半透明、坚硬而性脆的聚合物。但通过加入适当的增塑剂和添加剂，便可制得软硬和透明程度不同，色调各异的聚氯乙烯制品。聚氯乙烯的机械强度较高，化学稳定性好，具有优异的抗风化性能及良好的抗腐蚀性，但耐热性较差，使用温度范围一般为－15～55℃。

硬质聚氯乙烯主要用作制造天沟、落水管、外墙覆面板、天窗及给排水管的材料。软质聚氯乙烯常加工为片材、板材、型材等，如卷材地板、块状地板、壁纸、防水卷材和止水带等。

3．聚丙烯（PP）

聚丙烯为白色蜡状体，密度较小，为 0.90～0.91 g/cm^3；其耐热性好（使用温度可达110～120℃），抗拉强度较高，刚度较好，硬度高，耐磨性好。但耐低温性差，易燃烧，离火后不能自熄。聚丙烯制品较聚乙烯制品坚硬，因此，聚丙烯常用于制作管材、装饰板材、卫生洁具及各种建筑小五金件等。

4．丙烯腈-丁二烯-苯乙烯共聚物（ABS）

丙烯腈-丁二烯-苯乙烯共聚物是丙烯腈（A）、丁二烯（B）及苯乙烯（S）的共聚物，简称 ABS 共聚物或 ABS 树脂。它具有聚苯乙烯的良好加工性，聚丁二烯的高韧性和弹性，聚丙烯腈的高化学稳定性和表面硬度等。ABS 树脂为不透明树脂，具有较高的冲击韧性，且在低温下其韧性也不明显降低，耐热性高于聚苯乙烯。ABS 树脂主要用于生产压有花纹图案的塑料装饰板和管材等。

5．苯乙烯-丁二烯-苯乙烯嵌段共聚物（SBS）

苯乙烯-丁二烯-苯乙烯嵌段共聚物是苯乙烯（S）和丁二烯（B）的三嵌段共聚物（由化学结构不同的较短的聚合链段交替结合而成的线形共聚物称为嵌段共聚物）。SBS 树脂为线形分子，是具有高弹性、高抗拉强度、高伸长率和高耐磨性的透明体，属于热塑性弹性体。SBS 树脂在建筑上主要用于沥青的改性。

6．酚醛树脂（PF）

酚醛树脂具有良好的耐热、耐湿、耐化学侵蚀性能，并具有优异的电绝缘性能。在机械性能上，表现为硬而脆，故一般很少单独作为塑料使用。此外，酚醛树脂的颜色深暗，装饰性差。

酚醛树脂除广泛用于制作各种电器制品外，在建筑上，主要用于制造各种层压板和玻璃纤维增强塑料，以及防水涂料、木结构用胶等。

7．环氧树脂（EP）

环氧树脂实际上是线形聚合物，但由于环氧树脂固化后交联为网状结构，故将其归入热固性树脂之中，环氧树脂化学稳定性好（尤其是耐碱性突出），对极性表面或金属表面具有非常好的黏结性，且涂膜柔韧。此外，环氧树脂还具有良好的电绝缘性、耐磨性和较小的固化收缩量。环氧树脂被广泛地应用于涂料、胶黏剂、玻璃纤维增强塑料及各种层压和浇铸制品中。在建筑上，环氧树脂还用于制备聚合物混凝土，以及用于修补和维护混凝土结构。

8. 丁基橡胶

丁基橡胶是由异丁烯和异戊二烯共聚而得，为无色弹性体。丁基橡胶的耐化学腐蚀性、耐老化性、不透气性、抗撕裂性能、耐热性和耐低温性好（使用温度范围：－58～204℃）。但丁基橡胶的弹性较差，工艺性能较差，而且硫化速度慢，黏性和耐油性等也较差。丁基橡胶在建筑上主要用作防水卷材和防水密封材料。

9. 氯丁橡胶

氯丁橡胶是由氯丁二烯单体聚合而成的弹性体，为浅黄色或棕褐色。这种橡胶的原料来源广泛，其抗拉强度较高，透气性、耐磨性较好，硫化后不易老化，耐油、耐热、耐臭氧。耐酸碱腐蚀性好，黏结力较强，难燃，脆化温度为－55～35℃，密度为1.23g/cm³。但是，这种橡胶对浓硫酸及浓硝酸的抵抗力较差，且电绝缘性也较差。在建筑上氯丁橡胶被广泛地用于胶黏剂、门窗密封条、胶带等。

10. 三元乙丙橡胶

三元乙丙橡胶是由乙烯、丙烯、二烯炔（如双环戊二烯）共聚而得的弹性体。三元乙丙橡胶具有优良的耐候性、耐热性、耐低温性、抗撕裂性、耐化学腐蚀性、电绝缘性、弹性和着色性。此外，该橡胶密度小，仅为 0.86～0.87g/cm³。三元乙丙橡胶价格便宜，在建筑上主要用作防水材料。

11. 丁腈橡胶

丁腈橡胶是由丁二烯与丙烯腈共聚而得的弹性体。在常用橡胶中，丁腈橡胶是耐油性最强的一种，因此常被用于制作耐油橡胶制品。该类橡胶具有良好的耐热性、耐老化性、耐磨性、耐腐蚀性和不透水性。但其耐寒性和耐酸性较差，抗拉强度和抗撕裂强度较低，且电绝缘性很差。

12. 再生橡胶

再生橡胶，或称为再生胶，是将废旧橡胶制品或橡胶制品生产中的下脚料经机械加工、化学及高温处理后所制得的，具有生橡胶某些特性的橡胶材料。这种再生橡胶由于再生处理的氧化解聚作用而获得了一定的塑性和黏性，它作为生胶的代用品用于橡胶制品生产中，可以节约生胶，降低成本，而且对改善工艺条件，提高产品质量也有益处。

三、建筑防水制品

建筑防水制品有多种类型，常用的有防水卷材、防水涂料和建筑密封材料等。

（一）防水卷材

防水卷材是建筑防水制品的重要种类之一，它占整个建筑防水制品的 80%左右。目前主要使用的品种有沥青防水卷材、高聚物改性沥青防水卷材和合成高分子防水卷材三大类，后两类卷材的综合性能优越，是目前国内大力推广使用的新型防水卷材。

1. 改性沥青防水卷材

传统的纸胎石油沥青防水卷材是以原纸作胎体，以石油沥青作涂盖料构成的卷材。它无延伸率，低温易脆裂，高温易流淌，拉力低，易腐烂，寿命短且施工工艺复杂、落后。高聚物改性沥青防水卷材是它的换代产品，属中档防水材料，在我国已获得广泛应用，品种达 20 余种。

改性沥青防水卷材由涂盖料、胎体材料和覆面材料三部分构成。涂盖料是用不同高聚物改性后的沥青，主要品种如表2-58所示。胎体材料有聚酯毡（高拉力，较高延伸率）和玻纤毡（中等拉力、低延伸率且质地较脆）两类，覆面材料有不同颜色的矿物粒（片）料、细砂、铝箔、聚乙烯膜等。覆面材料除对卷材起保护作用外，尚可降低卷材表面温度。

表2-58 改性沥青防水卷材的涂盖料

涂盖料名称	改性高聚物		
	代号	化学名称	类别
SBS改性沥青	SBS	苯乙烯-丁二烯嵌段物	弹性体
APP改性沥青	APP	无规聚丙烯	塑性体
SBR改性沥青	SBR	丁苯橡胶	弹性体
EPDM改性沥青	EPDM	三元乙丙橡胶	弹性体
EVA改性沥青	EVA	乙烯-醋酸乙烯	塑性体
PVC改性沥青	PVC	聚氯乙烯	塑性体
再生橡胶改性沥青	—	—	塑性体

同一种涂盖料的卷材，改变胎体材料或覆面材料，可以制成不同品种、不同性能的改性沥青防水卷材。所以在设计选材时，除注明防水卷材名称外，尚应注明胎体类别及覆面材料种类。常用的有弹性体改性沥青防水卷材和塑性体改性沥青防水卷材等。所谓弹性体改性沥青防水卷材是以苯乙烯-丁二烯-苯乙烯（SBS）为改性剂的改性沥青为涂盖料，以聚酯毡或玻纤毡为胎体，以聚乙烯膜或细砂或矿物粒（片）料为覆面材料而制成的防水卷材。所谓塑性体改性沥青防水卷材是以无规聚丙烯（APP）或聚烯烃类聚合物（APAO・APO）为改性剂的改性沥青为涂盖料，以聚酯毡或玻纤毡为胎体，以聚乙烯膜或细纱或矿物粒（片）料为覆面材料而制成的防水卷材。

改性沥青防水卷材按其物理力学性能分为Ⅰ型和Ⅱ型。Ⅰ型产品质量水平为国际一般水平，Ⅱ型为国际先进水平。产品幅宽1.0m，聚酯毡胎体卷材厚度为3mm或4mm，玻纤毡胎体卷材厚度为2mm、3mm或4mm。

2. 合成高分子防水卷材

合成高分子防水卷材系以橡胶或高聚物为主要原料，掺入适量填料、增塑剂等改性剂经混炼造粒、压延等工序制成的防水卷材，属高档防水材料。合成高分子防水卷材具有抗拉强度高、延伸率大、自重轻（2kg/m^2）、使用温度范围宽（－40～80℃）、可冷施工等优点，主要缺点是耐穿刺性差（厚度1～2mm）、抗老化能力弱。所以其表面常施涂浅色涂料（少吸收紫外线）或以水泥砂浆、细石混凝土、块体材料作卷材的保护层。

高分子防水卷材品种很多，通常按构造分为均质卷材和复合卷材两类。

国家标准《高分子防水材料　第1部分：片材》（GB 18173.1—2006）中对高分子防水卷材的技术要求包括：

（1）规格卷材的厚度，橡胶类为1.0～2.0mm，树脂类为0.5mm以上；卷材的宽度，橡胶类为1.0～1.2m，树脂类为1.0～2.0mm；卷材的长度为20m以上。

（2）外观质量：

1）卷材表面应平整，边缝整齐，不能有裂纹、机械损伤、折痕、穿孔及异常黏着部分等影响使用的缺陷。

2）在不影响使用的条件下，表面缺陷应符合下列规定：

凹痕深度不得超过卷材厚度的 30%，树脂类卷材不得超过 5%；杂质不得超过 $9mm^2/m^2$。

气泡深度不得超过卷材厚度的 30%，含量不得超过 $7mm^2/m^2$，但树脂类卷材不允许。

（3）物理力学性能：应符合表 2-59、表 2-60 的要求。

表 2-59　均质高分子卷材的物理力学性能

项目		指标									
		硫化橡胶类				非硫化橡胶类			树脂类		
		JL_1	JL_2	JL_3	JL_4	JF_1	JF_2	JF_3	JS_1	JS_2	JS_3
断裂拉伸强度/MPa	常温≥	7.5	6.0	6.0	2.2	4.0	3.0	5.0	10	16	14
	60℃≥	2.3	2.1	1.8	0.7	0.8	0.4	1.0	4	6	5
扯断伸长率/%	常温≥	450	400	300	200	450	200	200	200	550	500
	−20℃≥	200	200	170	100	200	100	100	150	350	300
撕裂强度/（kN/m）≥		25	24	23	15	18	10	10	40	60	60
不透水性，30min 无渗漏/MPa		0.3	0.2	0.2	0.3	0.2	0.2	0.2	0.3	0.3	0.3
低温弯折/℃≤		−40	−30	−30	−20	−30	−20	−20	−20	−35	−35
加热伸缩量/mm	延伸≤	2	2	2	2	2	4	4	2	2	2
	收缩≤	4	4	4	4	4	6	10	6	6	6
热空气老化 80℃（68h）	断裂拉伸强度保持率≥/%	80	80	80	80	90	60	80	80	80	80
	扯断伸长率保持率≥/%	70	70	70	70	70	70	70	70	70	70
	100%伸长率外观	无裂痕									
耐碱性 10%$Ca(OH)_2$ 常温 168h	断裂拉伸强度保持率≥/%	80	80	80	80	80	70	70	80	80	80
	扯断伸长率保持率≥/%	80	80	80	80	90	80	70	80	90	90
臭氧老化 40℃，168h	伸长率，40%，500pphm	无裂纹	—	—	—	无裂纹	—	—	—	—	—
	伸长率，40%，500pphm	—	无裂纹	—	—	—	—	—	—	—	—
	伸长率，40%，500pphm	—	—	无裂纹	—	—	—	—	—	—	—
	伸长率，40%，500pphm	—	—	—	无裂纹	—	无裂纹	无裂纹	—	—	—
人工候化	断裂拉伸强度保持率≥/%	80	80	80	80	80	70	80	80	80	80
	扯断伸长率保持率≥/%	70	70	70	70	70	70	70	70	70	70
	100%伸长率外观	无裂纹									

注：1. 厚度小于 0.8mm 性能允许达到规定性能的 80%以上。

2. 卷材纵横向性能均应满足。

表 2-60 复合高分子卷材的物理力学性能

项目		指标			
		硫化橡胶类	非硫化橡胶类	树脂类	
		FL	FF	FS_1	FS_2
断裂拉伸强度/MPa	常温 ≥	80	60	100	60
	60℃ ≥	30	20	40	30
扯断伸长率/%	常温 ≥	300	250	150	400
	−20℃ ≥	150	150	10	10
撕裂强度≥/（kN/m）		40	20	20	20
不透水性，30min 无渗透/MPa		0.3	0.3	0.3	0.3
低温弯折/℃≤		−35	−20	−30	−20
加热伸缩量/mm	延伸≤	2	2	2	2
	收缩≤	4	4	2	4
热空气老化 80℃（68h）	断裂拉伸强度保持率≥/%	80	80	80	80
	扯断伸长率保持率≥/%	70	70	70	70
耐碱性 10%$Ca(OH)_2$常温 168h	断裂拉伸强度保持率≥/%	80	60	80	80
	扯断伸长率保持率≥/%	80	60	80	80
臭氧老化 40℃，168h		无裂纹			
人工候化	断裂拉伸强度保持率≥/%	80	70	80	80
	扯断伸长率保持率≥/%	70	70	70	70

注：1. 以胶断伸长率为其扯断伸长率。

2. 带织物加强层的复合卷材，其主体材料厚度小于 0.8mm 时，不考虑扯断伸长率。

3. 卷材纵横向性能均应满足。

4. 厚度小于 0.8mm 的性能允许达到规定性能的 80%以上。

（二）防水涂料

防水涂料是依靠成膜物质形成涂膜而防水的，其特点是：涂料呈液态施工，故能适应各种复杂的表面并可形成无接缝的完整防水涂膜；施工时不需加热，不污染环境，便于施工操作；涂膜与基层黏结良好，既保证了黏结质量，又节省了胶黏剂；但涂料多需现场配制，故成膜质量受现场条件、操作水平影响较大，且涂膜薄，耐穿刺性差。

防水涂料品种繁多，目前国内使用的效果较好的新型防水涂料是聚合物改性沥青防水涂料和合成高分子防水涂料。

1. 高聚物改性沥青防水涂料

高聚物改性沥青防水涂料的成膜物是高聚物改性沥青。常用高聚物为各类橡胶或胶乳，如氯丁橡胶沥青防水涂料（水乳型）、丁基橡胶沥青防水涂料（溶剂型）、丁苯胶乳沥青防水涂料（水乳型）、再生橡胶沥青防水涂料（溶剂型）等。由于高聚物的改性作用，所以在柔韧性、抗裂性、拉伸强度、耐高低温性、使用寿命等方面优于沥青基防水涂料（如乳化沥青类防水涂料等）。它具有成膜快、强度高、耐候性、抗裂性好、难燃、无毒等优点，适用于Ⅱ级或Ⅱ级以下防水等级的屋面、地面、地下室和卫生间等部位的防水工程。

国家标准《屋面工程质量验收规范》（GB 50207—2002）中，对改性沥青防水涂料的质量标准规定见表2-61。

目前，国内应用最多的高聚物改性沥青防水涂料是氯丁橡胶沥青防水涂料和再生橡胶沥青防水涂料，均为水乳型，一般稠度小，涂膜薄，在防水要求较高的工程中，不宜作为单独防水层，也不宜用于浸水环境的防水。

表2-61　改性沥青防水涂料的质量标准

项目		质量要求	说明
固体含量≥/%		43	指涂料中主要成膜物质的含量
耐热度（80℃，5h）		无流淌、起泡和滑动	在阳光辐射下不流淌的基本要求
柔性，−10℃，3mm厚，ϕ20mm		无裂纹、断裂	保证涂膜在低温下仍有好的防水效果
不透水性	压力/MPa	0.1	保证涂膜在一定压力和作用时间下不渗透，是防水涂料的基本要求
	保持时间	30，不渗透	
延伸，20℃±2℃≥/mm		4.5	保证涂膜有适应基层变形的能力

2. 合成高分子防水涂料

合成高分子防水涂料是以合成橡胶或合成树脂为主要成膜物质制成的单组分或多组分的防水涂料。其品种有聚氨酯防水涂料、石油沥青聚氨酯防水涂料、硅橡胶防水涂料和丙烯酸酯防水涂料等。这类涂料比沥青基及改性沥青基防水涂料具有更好的弹性和塑性、耐久性以及耐高低温性能。主要的物理性能应符合《合成高分子防水涂料》（GB 50207—2002）的规定，见表2-62。

表2-62　合成高分子防水涂料物理性能

项目		性能要求		
		反应固化型	挥发固化型	聚合物水泥涂料
固体含量/%		≥94	≥65	≥65
拉伸强度/MPa		≥1.65	≥1.5	≥1.2
断裂延伸率/%		≥350	≥300	≥200
柔性/℃		−30，弯折无裂纹	−20，弯折无裂纹	−10，弯折无裂纹
不透水性	压力	≥0.3		
	保持时间	≥30		

防水涂料种类很多，品质参差，性能各异，应正确合理选用。对屋面防水工程所使用的材料，应根据建筑物的性质、重要程度、使用功能要求、建筑结构的特点以及防水耐用年限等实际情况进行选用。

几种常用高分子防水涂料的性能和应用范围见表2-63。

表 2-63 常用合成高分子涂料的性能和应用范围

品种	性能	应用范围
聚氨酯防水涂料	涂料固化时几乎不产生体积收缩，易成厚膜，操作简便，弹性好、延伸率大，并具有优异的耐候、耐油、耐磨、耐臭氧、耐海水、不燃烧等性能。一般耐用年限在10年以上	广泛应用于中高级建筑的卫生间、厨厕、水池及地下室防水工程和有保护层的屋面防水工程中
石油沥青聚氨酯防水涂料	涂膜防水层具有足够的拉伸强度和延伸能力及弹性，对防水基层伸缩或开裂变形的适应性较强。施工中，容易形成连续、弹性、整体的涂膜防水层，涂膜防水属冷操作，施工简便、安全，产品的性能稳定、耐久性好	最适用于外防外刷的地下室工程防水，特别是对阴阳角、管道根、水落口、地漏以及防水层的收头部位，封闭严密。也可应用于有刚性保护层的屋面工程防水。缺点是涂膜厚度很难做到均匀一致，在施工时必须坚持“薄涂多遍，交叉涂刷”的工艺原则
硅橡胶防水涂料	具有一定渗透性，可形成抗渗性较高的防水膜：以水为分散介质，无毒、无味、不燃、安全性好；涂膜无色且透明，也可配成各种颜色	地下工程、输水和储水构筑物的防水、防潮；房屋建筑的厨房、厕所、卫生间以及楼地面的防水；防水等级为Ⅲ、Ⅳ级的屋面防水，也可用作Ⅰ、Ⅱ级屋面多道防水设防中的一道防水层
聚合物水泥防水涂料	无毒无害，可用于饮用水工程，施工安全、简单，工期短，涂层高弹性、高强度，还可按工程需要配制彩色涂层	产品分为Ⅰ型和Ⅱ型。以聚合物为主的防水涂料属Ⅰ型，适用于非长期浸水环境下的防水工程，以水泥为主的属Ⅱ型，适用于长期浸水环境的防水工程

（三）建筑密封材料

建筑密封材料主要用于混凝土等构配件的拼接缝，各种防水材料的接缝和接头的密封防水处理，常和防水卷材、防水涂料、刚性防水等配合使用，很少单独作防水层。

1. 密封材料的分类

建筑密封材料按状态分：定型和非定型两类。定型密封材料是指将密封材料按密封部位的不同要求制成带、条、垫片等形状的产品。非定型密封材料为黏稠膏状体，称为密封膏或密封胶。

按所用材料成分分：有高聚物改性密封材料和合成高分子密封材料；按性能不同可分为：弹性密封材料和塑性密封材料；按结构分为单组分密封材料和双组分密封材料。

2. 密封材料的性能

为保证防水密封的效果，建筑密封材料应具有水密性和气密性，良好的黏结性，良好的耐高低温性能和耐老化性能，一定的弹塑性和拉伸——压缩循环性能。

（1）定型密封材料：定型密封材料包括密封条、带和止水带，如铝合金门窗橡胶密封条、丁腈胶-PVC门窗密封条、自黏性橡胶、水膨胀橡胶、橡胶止水带、塑料止水带等。定形密封材料按密封机理的不同可分为遇水非膨胀型和遇水膨胀型两类。

止水带也称为封缝带，是处理建筑物或地下构筑物接缝（伸缩缝、施工缝、变形缝等）用的一种定形防水密封材料。橡胶止水带是以天然橡胶或合成橡胶为主要原料，掺入各种助剂及填料加工制成。它具有良好的弹性、耐磨性及抗撕裂性能，变形能力强，防水性能好。一般用于地下工程、小型水坝、储水池、地下通道等工程的变形接缝部位的隔离防水以及水库、输水洞等处的闸门密封止水，不宜用于温度过高、受强烈氧化作用或受油类等有机溶剂侵蚀的环境中。塑料止水带目前多为软质聚氯乙烯（PVC）塑料止水带，是由 PVC 树脂、增塑剂、稳定剂等原料加工制成。塑料止水带的优点是原料来源丰富、价格低廉、耐久性好，可用于地下室、隧道、涵洞、溢洪道、沟渠等水工构筑物的变形缝的防水。

（2）非定型密封材料：常用的非定型密封材料，改性沥青类的密封材料主要是沥青嵌缝油膏。沥青嵌缝油膏是以石油沥青为基料，加入废橡胶粉等改性材料、稀释剂及填充料混合制成的密封膏。其物理性能用符合《改性石油沥青密封材料》（GB 50207—2002）中的规定，见表 2-64。

表 2-64 改性石油沥青密封材料物理性能

项目		性能指标	
		I	II
耐热度	温度/℃	70	80
	下垂值/mm	≤4.0	
低温柔性	温度/℃	−20	−10
	黏结状态	无裂纹和剥离现象	
拉伸黏结性/%		≥125	
浸水后拉伸黏结性/%		≥125	
挥发性/%		≤2.8	
施工度/mm		≥22.0	≥20.0

注：改性石油沥青密封材料按耐热度和低温柔性分为Ⅰ类和Ⅱ类。

常用的高分子密封材料有如下几种：

1）丙烯酸酯密封膏：丙烯酸酯密封膏是在丙烯酸酯乳液中掺入表面活性剂、增塑剂、分散剂、填料等配制而成，通常为水乳型。它具有良好的黏结性能、弹性和低温柔性，无溶剂污染，无毒，具有优异的耐候性。适用于屋面、墙板、门、窗嵌缝。

2）聚氨酯密封膏：聚氨酯密封膏一般用双组分配制。使用时，将甲乙两组分按比例混合，经固化反应成弹性体。聚氨酯密封膏的弹性、黏结性及耐候性好，可做屋面、墙面的水平或垂直接缝，尤其适用于水池、公路及机场跑道的补缝、接缝，也可用于玻璃、金属材料的嵌缝。

3）硅酮密封膏：硅酮密封膏是以聚硅氧烷为主要成分的单组分或双组分室温固化型的建筑密封材料。目前，大多为单组分、以硅氧烷聚合物为主体，加入硫化剂、硫化促进剂以及增强填料组成。硅酮密封膏具有优异的耐热、耐寒性和良好的耐候性；与各种材料部有较好的黏结性能；耐拉伸—压缩循环性强，耐水性好。合成高分子密封材料的物理性能应符合表 2-65 的规定。

表 2-65 合成高分子密封材料的物理性能

项目		性能指标	
		弹性体密封材料	塑性体密封材料
拉伸黏结性	拉伸强度/MPa	≥0.2	≥0.02
	延伸率/%	≥200	≥250
柔性/℃		−30，无裂纹	−20，无裂纹
拉伸—压缩循环性能	拉伸—压缩率/%	≥±20	≥±10
	黏结和内聚破坏面积/%	≤25	

3．密封材料的选用

选用建筑密封材料，应首先考虑它的黏结性能和使用部位。密封材料与被黏基层的良好黏结是保证密封的必要条件。因此，应根据被黏基层的材质、表面状态和性质来选择黏结性良好的密封材料。建筑物中不同部位的接缝，对密封材料的要求不同，如室外的接缝要求较高的耐候性，而伸缩缝则要求较好的弹塑性和拉伸—压缩循环性能。

第八节 木材及人造板材

古今中外，木材一直被广泛用于建筑室内装修与装饰，它以其特殊的质感给人以自然美的享受，使室内空间产生温暖与亲切感。

一、木材分类

木材产自木本植物中的乔木，即针叶树和阔叶树。针叶树树干通直高大，枝杈较小，分布较密，易得大材，其纹理顺直，材质均匀。大多数针叶树材的木质较轻软而易于加工，故针叶树材又称软材。针叶树材强度较高，胀缩变形较小，耐腐蚀性强，建筑上广泛用做承重构件和装修材料。阔叶树树干通直部分一般较短，枝杈较大，数量较少。相当数量阔叶树材的材质重硬而较难加工，故阔叶树材又称硬材。阔叶树材强度高，胀缩变形大，易翘曲开裂。阔叶树材板面通常较美观，具有很好的装饰作用，适于做家具、室内装修及胶合板等。

二、木材的物理和力学性质

1．含水量

木材中的含水量以含水率表示，即木材中所含水的质量占干燥木材质量的百分数。新伐倒的树木称为生材，其含水率一般在 70%～140%。木材气干含水量因地而异，南方为 15%~20%，北方为 10%~15%。窑干木材的含水率在 4%～12%。

木材中所含水分可分为自由水和吸附水两种。

（1）自由水。存在于木材细胞腔和细胞间隙中的水分。自由水影响木材的表观密度、保存性、抗腐蚀性和燃烧性。

（2）吸附水。被吸附在细胞壁基体相中的水分。由于细胞壁基体相具有较强的亲水性，且能吸附和渗透水分，所以水分进入木材后首先被吸入细胞壁。吸附水是影响木材强度和涨缩的主要因素。

2．纤维饱和点

湿木材在空气中干燥时，当自由水蒸发完毕而吸附水尚处于饱和时的状态，称为纤维饱和点。此时的木材含水率称为纤维饱和点含水率，其大小随树种而异，通常介于23%～33%。纤维饱和点含水率的重要意义不在于其数值的大小，而在于它是木材许多性质在含水率影响下开始发生变化的起点。在纤维饱和点之上，含水量变化是自由水含量的变化，它对木材强度和体积影响甚微；在纤维饱和点之下，含水量变化即吸附水含量的变化将对木材强度和体积等产生较大的影响。

3．平衡含水率

潮湿的木材会向较干燥的空气中蒸发水分，干燥的木材也会从湿空气中吸收水分。木材长时间处于一定温度和湿度的空气中，当水分的蒸发和吸收达到动态平衡时，其含水率相对稳定，这时木材的含水率称为平衡含水率。木材平衡含水率随周围空气的温度、湿度而变化，所以各地区、各季节木材的平衡含水率常不相同。事实上，各树种木材的平衡含水率也有差异。

4．湿胀与干缩

木材具有显著的湿胀干缩性。当木材从潮湿状态干燥至纤维饱和点时，自由水蒸发不改变其尺寸；继续干燥，细胞壁中吸附水蒸发，细胞壁基体相收缩，从而引起木材体积收缩。反之，干燥木材吸湿时将发生体积膨胀，直到含水量达到纤维饱和点时为止。细胞壁越厚，则胀缩越大。因而，表观密度大、夏材含量多的木材胀缩变形较大。

由于木材构造不均匀，各方向、各部位胀缩也不同，其中弦向最大，径向次之，纵向最小，边材大于心材。一般新伐木材完全干燥时，弦向收缩 6%～12%；径向收缩3%～6%，纵向收缩 0.1%～0.3%，体积收缩 9%～14%。细胞壁基体相失水收缩时，纤维素束沿细胞轴向排列限制了在该方向收缩，且细胞多数沿树干纵向排列，所以木材主要表现为横向收缩。由于复杂的构造原因，木材弦向收缩总是大于径向，弦向收缩与径向收缩比率通常为 2∶1。不均匀干缩会使板材发生翘曲（包括顺弯、横弯、翘弯）和扭弯。

木材湿胀干缩性将影响到其实际使用。为了避免发生这种情况，在木材加工制作前必须预先进行干燥处理，使木材的含水率比使用地区平衡含水率低 2%～3%。

5．木材的强度

由于木材构造各向不同，其强度呈现出明显的各向异性，因此木材强度应有顺纹和横纹之分。木材的顺纹抗压、抗拉强度均比相应的横纹强度大得多，这与木材细胞结构及细胞在木材中的排列有关。木材的受剪方式有顺纹剪切、横纹剪切和横纹切断 3 种。

木材强度等级按无疵标准试件的弦向静曲强度来评定（表 2-66）。木材强度等级代号中的数值为木结构设计的强度设计值，这要比试件实际强度低数倍，这是因为木材实际强度会受到各种因素的影响。

表 2-66　木材强度等级评定标准

木材种类	针叶树材				阔叶树材				
强度等级	TC11	TC13	TC15	TC17	TB11	TB13	TB15	TB17	TB20
静曲强度最低值/MPa	48	54	60	74	58	68	81	92	104

三、木材的防护

（一）干燥

木材在加工和使用之前进行干燥处理，可以提高强度，防止收缩、开裂和变形，减小质量以及防腐防虫，从而改善木材的使用性能和寿命。大批量木材干燥以气体介质对流干燥法（如大气干燥法、循环窑干法）为主。家具、门窗及室内建筑用木料干燥至含水率 6%～10%，室外建筑用木料干燥至含水率 8%～15%。

（二）防腐防虫

1．腐朽

木材的腐朽是由真菌在木材中寄生而引起的。侵蚀木材的真菌有三种，即霉菌、变色菌和木腐菌。霉菌一般只寄生在木材表面，并不破坏细胞壁，对木材强度几乎无影响。变色菌多寄生于边材，对木材力学性质影响不大。但变色菌侵入木材较深，难以除去，损害木材外观质量。

木腐菌侵入木材，分泌酶把木材细胞壁物质分解成可以吸收的简单养料，供自身生长发育。腐朽初期，木材仅颜色改变；以后真菌逐渐深入内部，木材强度开始下降；至腐朽后期，木材呈海绵状、蜂窝状或龟裂状等，颜色大变，材质极松软，甚至可用手捏碎。

2．虫害

因各种昆虫危害而造成的木材缺陷称为木材虫害。往往木材内部已被蛀蚀一空，而外表依然完整，几乎看不出破坏的痕迹，因此危害极大。白蚁喜温湿，在我国南方地区种类多、数量大，常对建筑物造成毁灭性的破坏。甲壳虫（如天牛、蠹虫等）则在气候干燥时猖獗，它们危害木材主要在幼虫阶段。木材中被昆虫蛀蚀的孔道称为虫眼或虫孔。虫眼对材质的影响与其大小、深度和密集程度有关。深的大虫眼或深而密集的小虫眼能破坏木材的完整性，降低其力学性质，也成为真菌侵入木材内部的通道。

3．防腐防虫的措施

真菌在木材中生存必须同时具备以下三个条件：水分、氧气和温度。木材含水率为35%～50%，温度为 24～30℃，并含有一定量空气时最适宜真菌的生长。当木材含水率在 20%以下时，真菌生命活动就受到抑制。浸没水中或深埋地下的木材因缺氧而不易腐朽，俗语有“水浸千年松”之说。所以，可从破坏菌虫生存条件和改变木材的养料属性着手，进行防腐防虫处理，延长木材的使用年限。

（1）干燥：采用气干法或窑干法将木材干燥至较低的含水率，并在设计和施工中采取各种防潮和通风措施，如在地面设防潮层、木地板下设通风洞、木屋顶采用山墙通风等，使木材经常处于通风干燥状态。

（2）涂料覆盖：涂料种类很多，作为木材防腐应采用耐水性好的涂料。涂料本身无杀菌杀虫能力，但涂刷涂料可在木材表面形成完整而坚韧的保护膜，从而隔绝空气和水分，并阻止真菌和昆虫的侵入。

（3）化学处理：化学防腐是将对真菌和昆虫有毒害作用的化学防腐剂注入木材中，

使真菌、昆虫无法寄生。防腐剂主要有水溶性、油溶性和油质防腐剂三大类。室外应采用耐水性好的防腐剂。防腐剂注入方法主要有表面涂刷、常温浸渍、冷热槽浸透和压力渗透法等。

（三）防火

易燃是木材最大的缺点，木材防火处理的方法有：

（1）用防火浸剂对木材进行浸渍处理，为了达到要求的防火性能，应保证一定的吸药量和透入深度。

（2）将防火涂料涂刷或喷洒于木材表面，待涂料固结后即构成防火保护层。防火效果与涂层厚度或每平方米涂料用量有密切关系。

防火处理能推迟或消除木材的引燃过程，降低火焰在木材上蔓延的速度，延缓火焰破坏木材的速度，从而给灭火或逃生提供时间。但应注意：防火涂料或防火浸剂中的防火组分随着时间的延长和环境因素的作用会逐渐减少。

四、木材制品

1. 条木地板

条木地板是室内使用最普遍的木质地面，它由龙骨、水平撑和地板三部分构成。地板有单层和双层两种，目前使用最多的为实铺单层条木地板，也称普通木地板。

条木地板自重轻，弹性好，脚感舒适，导热性小，故冬暖夏凉，且易于清洁。条木地板被公认是优良的室内地面装饰材料，它适用于体育馆、练功房、舞台、幼儿园及民用住宅起居室等地面装饰。尤其经过表面涂饰处理，既显露木材纹理又保留木材本色，给人以清雅华贵之感。

2. 拼花木地板

拼花木地板是较高级的室内地面装修，分双层和单层两种，二者的面层均为拼花硬木板层，双层者下层为毛板层。拼花木地板通过小木板条不同方向的组合，可拼造出多种图案花纹，常用的有正芦席纹、斜芦席纹、人字纹、清水砖墙纹等。

拼花木地板纹理美观，耐磨性好，且拼花小木板一般均经过远红外线干燥，含水率恒定（约 12%），因而变形小，易保持地面平整、光滑而不翘曲变形。拼花木地板分高、中、低三个档次。高档产品适合于三星级以上中、高级宾馆、大型会场、会议室等室内地面的装饰；中档产品适用于办公室、疗养院、托儿所、体育馆、舞厅、酒吧等地面装饰；低档产品适用于各种民用住宅地面的装饰。

3. 复合木地板

复合木地板是以中密度纤维板为基材，采用树脂处理，表面贴天然木纹板，经高温压制而成新型地面装饰材料。它表面采用珍稀木材，花纹美观，色彩一致，装饰性很强，经高温高压制成，不易收缩开裂和翘曲变形，并有较高的强度，防腐性、耐水性和耐气候性好。这种地板具有光滑平整、结构均匀细密、耐磨损、简洁高雅等优点。另外，安装时，不用地板胶黏剂，不用木垫栅，不用铁钉固定，不用刨平，只需地面平整，将带企口的复合本地板相互对准，四边用嵌条镶拼压扎紧，就不会松动脱开，搬家时拆卸镶拼。

复合木地板主要适用于会议室、办公室、实验室、中高档的宾馆、酒店等地面铺设，也适用于民用住宅的地面装饰。由于新型复合木地板尺寸较大，因此不仅可作为地面装饰，也可作为顶棚、墙面的装饰。

4．护壁板

护壁板又称木台度。护壁板可采用木板、企口条板、胶合板等制作，设计和施工时可采取嵌条、拼缝、嵌装等手法进行构图，以达到装饰墙壁的目的。

护壁板背面的墙面一定要做防潮层，有纹理的表面宜涂刷清漆，以显示木纹饰面。护壁板主要用于高级宾馆、办公室和住宅等的室内墙壁装饰。

5．木花格

木花格即为用木板和枋木制作成具有若干个分格的木架，这些分格的尺寸或形状一般各不相同。木花格宜选用硬木或杉木树材制作，并要求材质木节少、木色好、无虫蛀和腐朽缺陷。木花格具有加工制作较简便、饰件轻巧纤细、表面纹理清晰等特点。木花格多用作建筑物室内的花窗、隔断、博古架等，它能起到调整室内设计的格调、改进空间效能和提高室内艺术质量等作用。

6．木装饰线条

木装饰线条简称木线条。木线条种类很多，各类木线条立体造型各异，每类木线条又有多种断面形状。木线条都是采用材质较好的树材加工而成。建筑室内采用木线条装饰，可增添古朴、高雅、亲切的美感。木线条主要用作建筑物室内的墙腰装饰线、墙面洞口装饰线、护壁板和勒脚的压条饰线、门框装饰线、顶棚装饰角线、楼梯栏杆扶手、墙壁挂画条、镜框线以及高级建筑的门窗和家具等的镶边、贴附组花材料。特别是在我国的园林建筑和宫殿式古建筑的修建工程中，木线条是一种必不可少的装饰材料。此外，建筑室内还有一些小部位的装饰。也是采用木材制作的，如窗台板、窗帘盒、踢脚板等，它们和室内地板、墙壁互相联系、相互衬托，有独特的装饰效果。

7．人造板材

人造板材就是将木材加工过程中的大量边角、碎料、刨花、木屑等，经过再加工处理，制成各种人造板材，可使木材利用率达 90%以上。常用的人造板材有以下几种。

（1）胶合板：胶合板是用原木旋切成薄片，经干燥处理后，再用胶黏剂按奇数层数，以各层纤维互相垂直的方向，黏合热压而成的人造板材。一般为 3～13 层。工程中常用的是三合板和五合板。针叶树和阔叶树均可制作胶合板。

胶合板的特点：材质均匀，强度高，无明显纤维饱和点存在，吸湿性小，不翘曲开裂，无疵病，幅面大，使用方便，装饰性好。胶合板广泛用作建筑室内隔墙板、护壁板、顶棚、门面板以及各种家具和装修。

（2）纤维板：纤维板是以植物纤维为主要原料，经破碎浸泡、热压成型、干燥等工序制成的一种人造板材。纤维板的原料非常丰富，如木材采伐加工剩余物（树皮、刨花、树枝等）；稻草、麦秸、玉米秆、竹材等。

按纤维板的体积密度分为硬质纤维板（体积密度＞800kg/m^3）；软质纤维板（体积密度＜500kg/m^3）和中密度纤维板（体积密度 500～800kg/m^3）；按表面分为一面光板和两面光板；按原料分为木材纤维板和非木材纤维板。

1）硬质纤维板：硬质纤维板的强度高、耐磨、不易变形，可用于墙壁、地面、家具等。硬质纤维板按其物理力学性能和外观质量分为特级、一级、二级、三级4个等级。

2）中密度纤维板：中密度纤维板按体积密度分为80型（体积密度为0.80g/cm^3）、70型（体积密度为0.70g/cm^3）、60型（体积密度为0.060g/cm^3）；按胶黏类型分为室内用和室外用两种；按外观质量分为特级品、一级品、二级品三个等级。

3）软质纤维板：软质纤维板的结构松软，故强度低，但吸声性和保温性好，主要用于吊顶等。

（3）细木工板：细木工板属于特种胶合板的一种，芯板用木板条拼接而成，两个表面为胶贴木质单板的实心板材。细木工板按结构不同，可分为芯板条不胶拼的和芯板条胶拼的两种；按表面加工状况可分为一面砂光、两面砂光和不砂光三种；按所使用的胶合剂不同，可分为Ⅰ类胶细木工板、Ⅱ类胶细木工板两种；按面板的材质和加工工艺质量不同，可分为一、二、三等3个等级。细木工板具有质坚、吸声、绝热、易加工等特点，适用于家具、车厢和建筑物室内装修等。

（4）刨花板、木丝板、木屑板：刨花板是利用施加胶料和辅料或未施加胶料和辅料的木材或非木材植物制成的刨花材料（如木材刨花、亚麻屑、甘蔗渣等）压制成的板材。按用途刨花板分有A、B两类；A类刨花板按外观质量和物理力学性能等分为优等品、一等品、二等品；B类板只有一个等级。刨花板属于低档次装饰材料，且强度低，一般主要用作绝热、吸声材料，用于地板的基层（实铺），还可用于隔墙、家具等。

木丝板、木屑板是分别以刨花渣、短小废料刨制的木丝、木屑等为原料，经干燥后拌入胶凝材料，再经热压而制成的人造板材。所用胶料可分为合成树脂，也可为水泥、菱苦土等无机胶结料。这类板材一般体积密度小，强度较低，主要用作绝热和吸声材料，也可做隔墙。其表面可粘贴塑料贴面或胶合板为饰面层，既可增加板材强度，又具装饰性，可用作吊顶、隔墙、家具等材料。

（5）覆塑装饰板：覆塑装饰板一般采用酚醛树脂为胶黏剂，用热压法在胶合板、纤维板、刨花板、中密度纤维板涂胶，贴塑料贴面板压制而成：覆塑装饰板以覆塑的基层板命名，如覆塑胶合板、覆塑中密度纤维板等。其特点是施工方便、耐磨耐烫、美观、大方，适用于高级建筑的室内装修及制作家具用材。

第九节　建筑塑料

塑料是一种以有机高分子材料为基体的固体材料，由于塑料有许多性能能满足建筑的需要，因此塑料制品已经渗透到建筑中各个部位，在一些国家，塑料建材已占全部建材的80%以上，我国虽然起步较晚，但近年来发展十分迅速，塑料新品种不断涌现，促进了我国建筑业的进一步发展。

一、塑料的特性

塑料与传统建材相比，塑料有如下特性：

（1）质量轻、比强度高。塑料制品的密度通常在0.8～2.2 g/cm^{3}之间，约为钢材的1/5、铝的1/2、混凝土的1/3，与木材相近。塑料的比强度（按单位质量计算的强度）已接近甚至超过钢材，是一种优良的轻质高强材料。

（2）绝缘性好。塑料对热、电、声都有良好的绝缘性。塑料的热导率小，为 0.020～0.046W/（m·K），特别是泡沫塑料的导热性更小。一般塑料都无导电能力。塑料结构致密，隔声能力强。

（3）耐腐蚀性好。塑料由饱和的化学价键构成，不会发生电化学腐蚀，一般塑料对酸、碱、盐、有机溶剂及油脂等均具有良好的抗腐蚀能力。

（4）加工性能好，节能效果显著。塑料可以采用较简便的方法加工成多种形状的产品，且易成型、耗能量少。如生产聚氯乙烯（PVC）的耗能仅为钢材的 1/4、铝材的 1/8。此外，用塑料窗代替普通钢窗，可节约采暖能耗 30%～40%。

（5）富有装饰性。塑料制品不仅可以着色，而且色彩鲜艳耐久。通过照相制版印制，模仿天然材料的纹理，可以达到以假乱真的程度。

塑料虽具有以上许多优点，但目前存在的主要缺点是易老化、易燃、耐热性差、刚性差等。塑料的这些缺点在某种程度上可以采取措施加工改进，如在配方中加入适当的稳定剂和优质颜料，可以改善老化性能；在塑料制品中加入较多的无机矿物质填料，可明显改变其可燃性；在塑料中加入复合纤维增强材料，可大大提高其强度和刚度等。

二、建筑装饰塑料制品

塑料可用于建筑物的各个部位，既可美化环境、提高建筑功能，还有一定的节能作用。

（一）塑料门窗

塑料门窗的主要原料为聚氯乙烯（PVC）树脂，加入适量添加剂，按适当的配合比混合，经挤出形成各种型材。型材经过加工，组装成建筑物的门窗。

塑料门窗可分为全塑门窗。复合门窗和聚氨酯门窗；但以塑钢复合门窗为主。它由 PVC 中空型材和内部嵌入的金属型材拼装而成，有白色、深棕色、双色、仿木纹等品种。

我国生产的塑钢门窗有平开门、窗，推拉门、窗和地弹簧门 5 大类，20 多个尺寸系列的产品，还有能满足特殊需要的工业建筑用的防腐蚀门窗、中悬窗等。

塑料门窗与其他门窗相比，具有耐水、耐腐蚀、气密性、水密性、绝热性、隔声性、耐燃性、尺寸稳定性、装饰性好等特点，而且不需粉刷油漆，维修保养方便。同时还显著节能，在国外已广泛应用。鉴于国外经验和我国实情，以塑料门窗代替或逐步取代木门窗、金属门窗是节约木材、钢材、铝材，节省能源的重要途径。

（二）塑料地板

塑料地板是以合成树脂为原料，掺入各种填料和助剂混合后加工而成的地面装饰材料。

塑料地板质轻、耐磨，塑料地板密度仅在 2 g/cm^3 左右，如聚酯、PVC 地板材料耐磨性都较理想。

塑料地板有防滑、耐腐蚀、可自熄、耐污性强和易清洗等特点，发泡地板还有弹性好，脚感舒适的特性。既可用于住宅，也可用于车间地面。

塑料地板花色品种多，装饰效果好，其表面可做出仿木材、天然石材、地面砖等花纹图案，卷材幅宽规格多，挑选余地大。

塑料地板的施工及维修极为方便，施工效率高。价格差别大，可满足不同层次的要求。

（三）塑料壁纸

壁纸是当前使用最广泛的墙面装饰材料，尤其是塑料壁纸，其图案变化多样，色泽丰富多彩。通过印花、发泡等工艺，可仿制木纹、石纹、锦缎、织物，也有仿制瓷砖、普通砖等，如果处理得当，甚至能达到以假乱真的程度。塑料壁纸粘贴方便、使用寿命长，易维修保养，为室内装饰提供了极大的便利。

塑料壁纸的基本类型为：普通壁纸、发泡壁纸和特种壁纸三大类，但每类壁纸又有若干品种、几十甚至上百个花色。

1. 普通塑料壁纸

这种壁纸是以 80 g/cm^2 的原纸作为基材，涂塑 100 g/cm^2 左右 PVC 糊状树脂，经压花、印花而成。这种壁纸花色品种多，适用面广，价格低，属普及型壁纸。

根据加工方法、工序的不同，普通塑料壁纸又可分为单色压花壁纸、印花压花壁纸、有光印花和平光花壁纸等。

2. 发泡壁纸

发泡壁纸是以 100 g/cm^2 的原纸作为基材，涂塑 300～400 g/cm^2 掺有发泡剂的 PVC 糊状树脂，印花后，再加热发泡而成。控制发泡剂掺量和加热温度可以制成高发泡壁纸和低发泡壁纸。高发泡壁纸发泡倍率较大，表面呈富有弹性的凹凸印花花纹，是一种兼具装饰吸声、隔热多种功能的壁纸，常用于影剧院、住宅顶棚等处装饰。低发泡壁纸又可分为低发泡印花壁纸和低发泡印花压花壁纸，前者为在发泡平面印有图案的壁纸，后者又叫化学压花壁纸，是用有不同抑制发泡作用的油墨印花后再发泡，使表面形成具有不同色彩的凹凸花纹图案，也叫化学浮雕，常用于室内墙裙、客厅和内走廊的装饰。

3. 特种塑料壁纸（又称功能壁纸）

这种壁纸都具有某种特性或特殊功能，如有耐水壁纸、防火壁纸、彩色砂粒壁纸、金属热反射节能壁纸、镭射壁纸等很多品种。

（1）耐水壁纸：是以玻璃纤维毡作基材，以提高其防水功能，适应卫生间、浴室等墙面装饰的要求。

（2）防火壁纸：用 100～200 g/m^2 的石棉纸作基材，并在 PVC 树脂中掺用阻燃剂，使壁纸具有一定的阻燃防火功能，适用于防火要求较高的饰面和木制品表面装饰。

（3）表面彩色砂粒壁纸是在基材上撒布彩色砂粒（天然的或人工的），再喷涂胶黏剂，使表面具有砂粒毛面，常用作门厅、柱头、走廊等局部装饰。

（4）金属热反射节能壁纸（简称金属壁纸）：是在纸基上真空喷镀一层铝膜，形成反射层，再加工成饰面。该壁纸红外线反射率达 65%，可节能 10%～30%。金属壁纸不会形成屏蔽效应，不影响无线电、电视接收。且壁纸有一定透气性，可防止墙壁结露、霉变。

（5）镭射壁纸：是由纸基、镭射薄膜和透明带印花图案的 PVC 膜构成。其装饰效果比镭射玻璃更佳，且价格比镭射玻璃便宜，花色品种多，可不断更新。

（四）塑料装饰板材

塑料装饰板材是指以树脂为浸渍材料或以树脂为基材，采用一定的生产工艺制成的具有装饰功能的普通或异型断面的板材。塑料装饰板材以其质量轻、装饰性强、生产工艺简单、施工简便、易于保养、适于与其他材料复合等特点在装饰工程中得到越来越广泛的应用。

1. 三聚氰胺层压板

三聚氰胺层压板由于采用的是热固性塑料，所以耐热性优良，在 100℃以上的温度下不软化、开裂和起泡，具有良好的耐烫、耐燃性。由于骨架是纤维材料厚纸，所以有较高的机械强度，其抗拉强度可达 90MPa，且表面耐磨。三聚氰胺层压板表面光滑致密，具有较强的耐污性，耐湿，耐擦洗，耐酸、碱、油脂及酒精等溶剂的侵蚀，经久耐用。主要用于建筑物的内墙面、柱面、台面、家具、吊顶等饰面工程。

2. 硬质 PVC 板

硬质 PVC 板有透明和不透明两种。按其断面形式可分为平板、波形板和异形板等。

硬质 PVC 平板表面光滑、色泽鲜艳、不变形、易清洗、防水、耐腐蚀，同时具有良好的施工性能，可锯、可刨、可钻、可钉。常用于室内饰面、家具台面的装饰。

（1）硬质 PVC 波形板：可任意着色，常用的有白色、绿色等。透明的波型板透光率可达 75%～85%。彩色硬质 PVC 波形板可用作墙面装饰和简单建筑的屋面防水。透明 PVC 横波板可用作发光平顶。透明 PVC 纵波板，适宜做成拱形采光屋面，中间没有接缝，水密性好。

（2）硬质 PVC 异形板，亦称 PVC 扣板：有两种基本结构，一种为单层异形板；另一种为中空异形板。与铝合金扣板相似，两边分别做成钩槽和插入边，既可达到接缝防水的目的，又可遮盖固定螺丝。硬质 PVC 异形板表面可印制或复合各种仿木纹、仿石纹装饰几何图案，有良好的装饰性；而且防潮、表面光滑、易于清洁、安装简单。常用作墙板和潮湿环境（盥洗室、卫生间）的吊顶板。

（3）硬质 PVC 格子板：具有空间体形结构，可大大提高其刚度，不但可减小板面的翘曲变形而且可吸收 PVC 塑料板面在纵横两方向的热伸缩。格子板的立体板面可形成迎光面和背光面的强烈反差，使整个墙面或顶棚具有极富特点的光影装饰效果。格子板常用作体育馆、图书馆、展览馆或医院等公共建筑的墙面或吊顶。

3. 玻璃钢（GRP）板

玻璃钢（代号 GRP）是以合成树脂为基体；以玻璃纤维或其制品为增强材料，经成型、固化而成的层压材料。

玻璃钢装饰制品的透光性与 PVC 接近，但具有散射光性能，故作屋面采光时，光线柔和均匀；其强度高（可超过普通碳素钢）、密度小（ρ=1.4～2.2 g/cm^3，仅为钢的 1/4～1/5，铝的 1/3 左右），是典型的轻质高强材料；其成型工艺简单灵活，可制作造型复杂的构件；具有良好的耐化学腐蚀性和电绝缘性；耐湿、防潮，可用于有耐潮湿要求的建筑物的某些部位。玻璃钢制品的最大缺点是表面不够光滑。

常用的玻璃钢装饰板材有波形板、格子板、折板等。

4．塑铝板

塑铝板是一种以PVC塑料作芯板，正、背两表面为铝合金薄板的复合板材。该板材表面铝板经阳极氧化和着色处理，色泽鲜艳。由于采用了复合结构——所以兼有金属材料和塑料的优点，主要特点为密度小，坚固耐久，比铝合金薄板有强得多的抗冲击性和抗凹陷性；可自由弯曲，弯曲后不反弹，因此成型方便，沿弧面基体弯曲时，不需特殊固定，即可与基体良好地贴紧，便于粘贴固定；由于经过阳极氧化和着色；涂装表面处理，所以不但装饰性好而且有较强的耐候性；可锯、可铆、可刨（侧边）、可钻、可冷弯、冷折，易加工、易组装、易维修、易保养。塑铝板是一种新型金属塑料复合板材，越来越广泛地应用于建筑物的外幕墙和室内外墙面、柱面和顶面的饰面处理。为保护其表面在运输和施工时不被擦伤，塑铝板表面都贴有保护膜，施工完毕后再行揭去。

5．聚碳酸酯（PC）采光板

聚碳酸酯采光板是以聚碳酸酯塑料为基材，采用挤出成型工艺制成的栅格状中空结构异型断面板材，是近年由国外引进的优质透光装饰板材。

聚碳酸酯采光板的特点为：轻、薄；且由于采用了多层空间栅格结构，所以刚性大、不易变形，能抵抗暴风雨、冰雹、大雪引起的破坏性冲击；外观美丽，有透明、蓝色、绿色、茶色、乳白等多种色调，极富装饰性；基本不吸水；有良好的耐水性和耐湿性；透光性好，6mm厚的无色透明板透光率可达80%；隔热、保温，由于采用中空结构；充分发挥了干燥空气导热系数极小的特点；阻燃性好，该种板材有良好的阻燃性、耐候性，板材表面经特殊的耐老化处理，长时间使用不老化、不变形、不褪色，长期使用的允许温度范围为−40～120℃；有足够的变形性，作为拱形屋面最小弯曲半径可达1 050mm（6mm厚的板材）。聚碳酸酯采光板适用于遮阳棚、大厅采光天幕、游泳池和体育场馆的顶棚、大型建筑和庭园的采光通道、温室花房或蔬菜大棚的顶罩等。

6．有机玻璃板

有机玻璃是一种具有极好透光率的热塑性塑料，它是以甲基丙烯酸甲酯为主要原料，在特定的硅玻璃模或金属模内浇铸、聚合而成。有机玻璃板的透光率极好，可透过光线90%以上，并能透过紫外线光的73.3%，机械强度较高；耐热性、抗寒性及耐气性较好；耐腐蚀性及绝缘性能良好；在一定的条件下，尺寸稳定，并容易成型加工，其缺点是质较脆；易溶于有机溶剂中（如低级酮、脂类及四氯化碳、苯等）；表面硬度不大，容易擦毛等。

有机玻璃分为：无色透明有机玻璃、有色有机玻璃和珠光有机玻璃等。

第十节 建筑装饰材料

建筑装饰材料在建筑工程中，占有十分重要的地位，建筑装饰工程的造价，在工业发达国家，一般占建筑总造价的1/3以上，有的高达2/3。选用时应注意经济性、实用性、美化性的统一，对降低建筑装饰工程造价、提高建筑物的艺术性，都是十分必要的。装饰材料品种繁多。

1．按材质分类

无机装饰材料，如石材、水泥、陶瓷、玻璃、不锈钢、铝型材等；

有机装饰材料，如木材、塑料、有机涂料等；

有机—无机复合材料，如人造大理石、彩色涂层钢板、塑铝板、塑钢门面等。

2．按使用部位分类

外墙装饰材料，如石材、装饰混凝土、塑铝板、外墙涂料等；

内墙装饰材料，如木制品、石膏、壁纸、内墙涂料、玻璃制品等；

地面装饰材料，如木地板、塑料地板、石材、陶瓷地砖、地面涂料等；

顶棚装饰材料，如石膏板、铝合金板、塑料板等。

3．按燃烧性能分类

A 级材料，具有不燃性，如大理石、石膏板、玻璃等；

B1 级材料，具有难燃性，如装饰防火板、阻燃塑料地板、阻燃壁纸等；

B2 级材料，具有可燃性，如胶合板、木工板、墙布等；

B3 级材料，具有易燃性，如油漆等。

一、装饰石材

1．大理石

大理石有极佳的装饰效果，纯净的大理石为白色，多数因含有其他深色矿物而呈红、黄、棕、绿等多种色彩，磨光后光洁细腻，纹理自然，美丽典雅，是室内的高级饰面材料。但其抗风化性能差，大多数大理石的主要化学成分是碳酸钙等碱性物质，会受到酸雨及空气中酸性氧化物（如 SO_3 等）遇水形成的酸类侵蚀而失去光泽，变得粗糙多孔，从而降低装饰性能，一般不宜用作室外装修（汉白玉、艾叶青除外）。此外，还应注意，当用作人员活动较多场所的地面装饰板材时，由于大理石的硬度较低，因而板材的磨光面易损坏。

大理石板可分为普通型板材（N）（正方形或长方形板材）、异形板材（S）（其他形状的板材）；按其表面加工程度分为：粗磨板、细磨板、半细磨板、精磨板和抛光板等；按其外观质量（翘曲、裂纹、砂眼、凹陷、色斑、污点等）、镜面光泽度等品质分为：优等品（A）、一等品（B）、合格品（C）3 个等级。因大理石抗风化能力差，主要用于建筑物室内饰面，如墙面、地面、柱面、台面、栏杆、踏步等。

2．花岗石

花岗石致密坚硬，表观密度为 2 500～2 700 kg/m³，孔隙率小（0.04%～2.8%）、吸水率小（0.1%～0.7%），抗压强度高达 120～250MPa，材质坚硬，莫氏硬度 6 以上，具有优异的耐磨性，对酸具有高度的抗腐蚀性，对于碱类侵蚀也有较强的抵抗力，耐久性很高，使用年限达 75～200 年。但花岗石的耐火性较差，当温度达 800℃以上，花岗石中的二氧化硅晶体产生晶形转化，使体积膨胀，故发生火灾时花岗石会产生严重开裂而破坏。某些花岗石含有微量放射性元素，应进行放射性元素含量的检验。花岗石常用于重要的大型建筑物的基础、勒脚、柱子、栏杆、踏步等部位以及桥梁、堤坝等工程中，是建造永久性工程、纪念性建筑的良好材料，还常用于耐酸工程中。

天然花岗石板材按形状分为普通板材（N）和异形板材（S）；按其表面加工程度分

为：粗面板材（RU）、细面板材（RB）和镜面板材（PL）；按其外观质量（缺棱、缺角、裂纹、色斑、色线、坑窝等）及尺寸、平面度、角度的偏差、光泽度等分为：优等品（A）、一等品（B）、合格品（C）3 个等级。

花岗石板主要用于各类高级建筑物的墙、柱、地、楼梯、台阶等表面装饰及服务台、展示台和家具等。

3. 进口天然石材

不同的地域和不同地理条件；形成不同质地的石材。进口天然石材因其特殊的地理形成条件，无论在质地、色泽与天然纹理上，都异于国产石材，再加上国外先进的加工与抛光技术，所以从整体外观与性能上说，进口天然石材优于国产石材，现在一些公共建筑、星级宾馆、高档会场的大面积装饰中常选用进口天然石材。

进口天然石材多为浅色系列，常用的有：西班牙的象牙白、西班牙红、希腊黑、卡地亚的沙利士红麻、印度的蒙特卡罗蓝、将军红、印度红等。

4. 人造饰面石材

人造饰面石材是采用无机或有机胶凝材料作为胶黏剂，以天然砂、碎石、石粉或工业渣等为粗、细填充料，经成型、固化、表面处理而成的一种合成石，又称人造石材。

（1）人造饰面石材的特点：

1）质量轻、强度大、厚度薄。某些种类的人造石材体积密度只有天然石材的一半，强度却较高，抗折强度可达 30MPa，抗压强度可达 110MPa。人造饰面石材厚度一般小于 10mm，最薄的可达 8mm。通常不需专用锯切设备锯割，可一次成型为板材。

2）色泽鲜艳、花色繁多、装饰性好。人造石材的色泽可根据设计意图制作；可仿天然花岗石、大理石或玉石，色泽花纹可达到以假乱真的程度。人造石材的表面光泽度高，某些产品的光泽度指标可大于 100，甚至超过天然石材。

3）耐腐蚀、耐污染。天然石材或耐酸或耐碱，而聚酯型人造石材，既耐酸也耐碱，同时对各种污染具有较强的耐污力。

4）便于施工、价格便宜。人造饰面石材可钻、可锯、可黏结，加工性能良好。还可制成弧形、曲面等天然石材难以加工的几何形状。一些仿珍贵天然石材品种的人造石材价格只及天然石材的几分之一。

除以上优点外，人造石材还存着一些缺点，如有的品种表面耐刻划能力较差，某些板材使用中发生翘曲变形等，随着对人造饰面石材制作工艺、原料配比的不断改进、完善，这些缺点和问题是可以逐步克服的。

（2）人造饰面石材常用品种：

1）聚酯型人造石制品：聚酯型人造石材是以不饱和聚酯树脂为胶结料而生产的聚酯合成石。聚酯合成石由于生产时所加颜料不同，采用的天然石料的种类。粒度和纯度不同，以及制作的工艺方法不同，则所制成的石材的花纹、图案、颜色和质感也就不同，通常制成仿天然大理石、天然花岗石和天然玛瑙石的花纹和质感，故分别称为人造大理石、人造花岗石和人造玛瑙石等。另外，还可以制成具有类似玉石色泽和透明状的人造石材，称为人造玉石。人造玉石也可仿造出紫晶、彩翠、芙蓉石等名贵玉石产品。

聚酯合成石除可以制作成饰面人造大理石板材、人造花岗石板材和人造玉石板材外，还常制作卫生洁具，如浴缸、带梳妆台的单、双盆洗脸盆、立柱式脸盆、坐便器等，也可做成人造大理石壁画等工艺品。

2）仿花岗石水磨石砖：仿花岗石水磨石砖，是使用颗粒较小的碎石米孔加入各种颜色的色料，采用压制、粗磨、打蜡、磨光等生产工艺制成。其砖面的颜色、纹理和天然花岗石十分相似，光泽度较高，装饰效果好。主要用于宾馆、饭店、办公楼、住宅等的内外墙和地面装饰。

3）仿黑色大理石：主要以钢渣和废玻璃为原料，加入水玻璃、外加剂、水等混合成型烧结而成。其具有利用废料、节电降耗、工艺简单的特点。主要用于内外墙、地面装饰贴铺，也可用于台面等。

4）透光大理石：是将加工成 5mm 以下具有透光性的薄型石材和玻璃相复合，芯层为丁醛膜，在 140～150℃热压 30min 而成。其特点：可以使光线变得很柔和。应用范围：制作采光天棚、外墙装饰。

5）高级石化瓷砖：其特点是具有仿天然花岗石的外观，同时还具有抗折强度高、耐酸、耐碱、耐磨、抗高温、抗严寒、石质感强、不吸水、防污防潮、不爆裂等优良性能。适用于高级豪华型建筑。

6）艺术石：由精选硅酸盐水泥、轻骨料、一氧化铁混合加工倒模而成。所有石模都是精心挑选的天然石材制造。其特点：质感、色泽和纹理与天然石无异，不加雕饰就富有原始、古朴的雅趣，质轻、安装简便。适用于内外墙面、户外景观等场所。

二、石膏装饰制品

由于石膏凝结快和体积稳定的特点，常用于制作建筑雕塑。

1. 石膏装饰线脚、灯圈、角花

一般在灯座处或顶棚边缘及四角制出浮雕花型。美观、雅致。

2. 石膏壁画

用小尺寸石膏浮雕预制件拼合成大型画面，有山水、松竹、飞鹤、腾龙等图案，整幅画面可达 1.8m×4m。

3. 石膏艺术廊柱

仿欧洲建筑流派风格造型，分上、中、下三部分，上部为柱头，有盆状、花篮状、漏斗状等；中部为方柱体或空心圆；下部为基座。多用于营业门面、厅堂、门窗洞口等处，也可单独制成人体或动物的立体雕塑。

4. 装饰石膏板

由建筑石膏、适量纤维材料和水等经搅拌、浇筑、修边、干燥等工艺制得。装饰石膏板按表面形状分为平板、多孔板、浮雕板，按性能分有普通板和防潮板。装饰石膏板造型美观，装饰性强，且具有良好的吸声、防火等功能，主要用于公共建筑的内墙、吊顶等。此外还有嵌装式装饰石膏板。

三、装饰混凝土和装饰砂浆

1. 装饰混凝土

装饰混凝土是利用混凝土成型时良好的塑性，选择适当的组成材料，使成型后的混凝土表面具有装饰性的线形、纹理、质感及色彩效果，则可以满足建筑物立面装饰的不同要求。这一类混凝土就称为装饰混凝土。它可以将结构与装饰融为一体，结构施工与装饰处理同时进行，既简化了施工工序，缩短了工期，又可以根据设计要求获得别具一格的装饰效果。

使混凝土获得装饰效果的手段很多，常用的主要有3类。

（1）清水装饰混凝土：清水装饰混凝土是利用混凝土结构或构件的线条或几何外形的处理而获得装饰性的。

它具有简单、明快大方的立面装饰效果。也可以在成型时利用模板等在构件表面上做出凹凸花纹，使立面质感更加丰富，从而获得艺术装饰效果。这类装饰混凝土构件基本上保持了混凝土原有的外观质地，因此称为清水装饰混凝土。

（2）露骨料混凝土：露骨料混凝土是在混凝土硬化前或硬化后，通过一定工艺手段使混凝土骨料适当外露，以骨料的天然色泽和不规则的分布，达到一定的装饰效果。制作方法有：水洗法、缓凝剂法、酸洗法、水磨法、喷砂法、抛丸法、凿剁法、火焰喷射法和劈裂法等。

（3）彩色混凝土：彩色混凝土可用白色水泥或彩色水泥为胶凝材料制成，但由于我国目前白水泥、彩色水泥产量较少，价格较高，整体着色的白水泥、彩色水泥混凝土应用较少。因此在混凝土中掺入适量的彩色外加剂、无机氧化物颜料和化学着色剂等着色料，或者干撒着色硬化剂等，均是使混凝土着色的常用方法。还可在普通混凝土基材表面加做饰面层，如不同颜色的水泥混凝土花砖，按设计图案铺设，外形美观，色彩鲜艳，成本低廉，施工方便，用于园林、街心花园、庭院和人行便道等，均可获得理想的装饰效果。

2. 装饰砂浆

涂抹在建筑物内外墙表面，具有美观装饰效果的抹面砂浆统称为装饰砂浆。装饰砂浆的底层和中层与普通抹面砂浆基本相同。主要是装饰的面层，要选用具有一定颜色的胶凝材料和骨料以及采用某些特殊的操作工艺，使表面呈现出不同的色彩、线条与花纹等装饰效果。常用装饰砂浆的饰面工艺做法有两类：灰浆类和石渣类。

（1）灰浆类砂浆饰面

1）拉条：拉条抹灰是采用专用模具把面层砂浆做出竖向线条的装饰做法。拉条抹灰有细条形、粗条形、半圆形、波形、梯形、方形等多种形式，是一种较新的抹灰做法。它具有美观大方，不易积灰、成本低等优点，并有良好的音响效果。适用门厅、会议室、观众厅等。

2）假面砖：假面砖是采用掺氧化铁系颜料的水泥砂浆，通过手工操作达到模拟面砖装饰效果的饰面做法。适合于房屋建筑外墙抹灰饰面。

3）假大理石：假大理石是用掺适当颜料的石膏色浆和素石膏浆按1∶10比例配合，通过手工操作，做成具有大理石表面特征的装饰抹灰。这种装饰工艺对操作技术要求较高，但无论在颜色、花纹和光洁度等方面，都接近天然大理石效果。适用于高级装饰工程中的室内墙面抹灰。

（2）石碴类砂浆饰面

1）水刷石：用颗粒细小（约5mm）的石碴所拌成的砂浆作面层，待表面稍凝固后立即喷水冲刷表面水泥浆，使其半露出石碴。主要用于建筑物的外墙装饰，具有天然石材的质感，经久耐用。

2）干粘石：将彩色石粒直接粘在砂浆层上的一种装饰抹灰做法。这种做法与水刷石相比，既节约水泥、石粒等原材料，减少湿作业，又能提高工效，应用广泛。

3）斩假石：又称剁斧石，是在水泥砂浆基层上涂抹水泥白石屑浆，待硬化后，用剁斧、齿斧及各种凿子等工具剁出有规律的石纹，使其形成天然花岗石的效果。主要用于室外柱面、勒脚、栏杆、踏步等处的装饰。

4）水磨石：用普通水泥、白色水泥或彩色水泥和各种色彩的大理石碴及水按适当比例配合，需要时掺入适量颜料制成面层，硬化后用机械磨平抛光。水磨石多用于地面装饰，可事先设计图案和色彩，抛光后更具艺术效果。除可用作地面之外，还可预制做成楼梯踏步、窗台板、柱面、踢脚板和地面板等多种建筑构件。水磨石一般多用于室内。

四、建筑装饰陶瓷

陶瓷制品是以黏土为主要原料，经配料、制坯、干燥和焙烧制得的无机非金属材料。

陶瓷自古以来就是优良的建筑装饰材料之一。随着科学技术生产力的发展和人类物质生活水平的迅速提高，陶瓷制品的应用更加广泛：现代建筑工程中应用的陶瓷制品，主要包括陶瓷墙地砖、陶瓷锦砖、琉璃制品等。

建筑装饰陶瓷制品按建筑部位可分为：内墙面砖、外墙面砖、地面砖等；按质量不同（以干制品吸水率划分）分为瓷质砖（$E \leqslant 0.5\%$）、炻瓷砖（$0.5\% < E \leqslant 3\%$）、细炻砖（$3\% < E \leqslant 6\%$）、炻质砖（$6\% < E \leqslant 10\%$）、陶质砖（$E > 10\%$）5 大类。

1. 陶瓷饰面砖主要技术性质

陶瓷砖的技术性质应按 GB/T 3810—2006 规定的试验方法进行检验，主要包括：规格尺寸、表面质量（按陶瓷砖的表面质量分有两个等级：优等品和合格品）、吸水率、破坏强度、断裂模数、抗冲击性、耐磨性、热膨胀性、湿膨胀性、抗热震性、抗冻性、耐化学腐蚀性、耐污染性、色差及釉面砖的抗釉裂性等。

2. 常用品种

建筑装饰陶瓷制品种类很多，这里仅介绍常用的釉面砖、彩色釉面陶瓷墙地砖、无釉陶瓷地砖和几种新型墙地砖。

（1）釉面砖：釉面内墙砖是以难熔黏土为主要原料加工制成，因主要用于建筑物内墙装饰又称内墙面砖；又因多数施有釉面，也简称釉面砖。

釉面砖按形状分有通用砖（正方形、长方形）和异形配件砖；按釉面色彩分为单色、花色和图案砖。目前，釉面砖产品规格趋向大而薄，色彩图案种类繁多，价格高低不等。

釉面砖属陶质砖。根据国标 GB/T 4100—2006 规定，按表面质量分优等品和合格品两种。主要物理力学性能见表 2-67。釉面内墙砖具有许多优良性能，它强度高、表面光亮、防潮、易清洗、耐腐蚀、变形小、抗急冷急热。釉面内墙砖表面细腻，色彩和图案丰富，风格典雅，极富装饰性。由于釉面砖是多孔精陶坯体，在长期与空气接触的过程中，特别是在潮湿的环境中使用，坯体会吸收水分产生吸湿膨胀现象，所以在建筑装饰工程中，釉面砖只能用于室内，不能用于室外。

表 2-67　釉面砖主要物理力学性能

项目	性能指标
主要规格/mm 长×宽	100×100，150×150，150×200，200×200，200×280，200×300，250×400
厚度	5～8
吸水率/%	平均值 E>10%，单值不小于 9%，当平均值 E>20%时，生产厂家应说明
破坏强度	厚度≥7.5mm 时，破坏强度平均值不小于 600N 厚度<7.5mm 时，破坏强度平均值不小于 200N
断裂模数	平均值不小于 15MPa，单值不小于 12MPa（不是用于破坏强度≥3 000N 的砖
抗冻性	不作要求

白色釉面砖常用于医院、实验室、游泳池、浴池、卫生间等处，也用于厨房的墙面装饰。各种色调、图案的釉面砖适于民用住宅和高级宾馆的浴室、厕所、盥洗室内。

（2）彩色釉面陶瓷墙地砖（彩釉砖）：彩釉砖是指适用于建筑物外墙面、地面装饰用的彩色釉面陶瓷面砖。彩釉砖的主要规格尺寸，按平面形状分定型（正方形和长方形）和非定型两种，其中长宽比大于 3 的通常称为条砖。彩釉砖的厚度一般为 6～8mm。非定型和异形产品的规格由供需双方商定。目前市场上非定型产品中幅面最大可达 800mm×800mm。

彩釉砖按表面质量（表面缺陷和色差）与结构质量（变形、分层、背纹）要求分为优等品、合格品两个等级。

彩釉砖的表面有平面和立体浮雕面的；有镜面和防滑亚光面的；有纹点和仿大理石、花岗石图案的；有使用各种装饰釉作釉面的，色彩瑰丽，丰富多变，具有极强的装饰性和耐久性。彩釉砖广泛应用于各类建筑物的外墙和柱的饰面和地面装饰，一般用于装饰等级要求较高的工程。用于不同部位的墙地砖应考虑其特殊的要求，如用于铺地时应考虑彩釉砖的耐磨类别；用于寒冷地区的应选用吸水率尽可能小，抗冻性能好的墙地砖。

（3）无釉陶瓷地砖（缸砖）：无釉陶瓷地砖简称无釉砖或缸砖，是专用于铺地的耐磨炻质无釉面砖。是采用难熔黏土加工而成。缸砖在早期只有红色的一种，形状有正方形和六角形两种。现在发展的品种多种多样，基本分成无光和抛光两种。

陶瓷地砖具有强度高、致密坚实、耐磨、吸水率小，抗冻、耐污染、易清洗、耐腐蚀、经久耐用等特点。无釉陶瓷地砖按产品的表面质量同样分为优等品和合格品两个等级。主要物理力学性能应符合 GB/T 4100—2006 的规定，见表 2-68。

表 2-68　陶瓷地砖物理力学性质

项目	细炻砖	炻质砖
吸水率/%	平均值 3%<E≤6.5%，单值≤6.5%	平均值 6%<E≤10%，单值≤11%
破坏强度 厚度≥7.5mm 厚度<7.5mm	破坏强度平均值≥1 000N 破坏强度平均值≥600N	破坏强度平均值≥800N 破坏强度平均值≥500N
断裂模数/MPa	平均值≥22，单块值≥20	平均值≥18，单块值≥16
耐磨性	无釉砖耐深度磨损体积≤345mm³	无釉砖耐深度磨损体积≤540mm³
抗热震性	在 15℃和 145℃两种温度条件下循环 10 次不出现炸裂和裂纹	

注：断裂模数不适用于破坏强度≥3 000N 的陶瓷砖。

无釉陶瓷地砖颜色以素色和色斑点为主，表面为平面、浮雕面和防滑面等多种形式，适用于商场、宾馆、饭店、游乐场、会议厅、展览馆的室内外地面。特别是近年来小规格的无釉陶瓷地砖常用于公共建筑的大厅和室外广场的地面铺贴，经不同颜色和图案的组合，形成质朴、大方、高雅的风格，同时兼有分区、引导、指向的作用。各种防滑无釉陶瓷地砖也广泛用于民用住宅的室外平台、浴厕等地面装饰。

（4）新型墙地砖：墙地砖的品种创新很快，劈离砖、金属光泽釉面砖、玻化砖等都是近年来市场上常见的陶瓷墙地砖的新品种。

1）劈离砖：劈离砖由于成型时为双砖背联坯体，烧成后再劈离成两块砖，故又称劈裂砖。

劈离砖种类很多，色彩丰富，有红、红褐、橙红、黄、深黄、咖啡、灰色等，色彩不褪不变，自然柔和。该制品表面质感变幻多样，粗质的浑厚，细质的清秀。表面的装饰分彩釉和无釉两种，施釉的光泽晶莹，富丽堂皇；无釉的古朴大方，无眩光反射。劈离砖坯体密实，抗压强度高，吸水率小，表面硬度大，耐磨防滑，性能稳定。其背面呈楔形凹槽纹，可保证铺贴时与砂浆层牢固黏结。

劈离砖适用于各类建筑物的外墙装饰，也适用作车站、机场、餐厅、楼堂馆所等室内地面的铺贴材料。厚型砖还用于广场、公园、人行道路等露天地面的铺设。例如北京亚运村国际会议中心和国际文化交流中心共 5 万多平方米的外墙饰面及 5 000 多平方米的地坪，均采用了劈离砖装修，其装饰效果良好。

2）金属光泽釉面砖：金属光泽釉面砖是一种表面呈现金、银等金属光泽的釉面墙地砖。它采用了一种新的彩饰方法——釉面砖表面热喷涂着色工艺，是一种高级墙体饰面材料，可给人以清新绚丽，金碧辉煌的特殊效果。该种面砖的规格同普通的陶瓷墙地砖，特别是条型砖的应用较为广泛。

金属光泽釉面砖适用于高级宾馆、饭店以及酒吧、咖啡厅等娱乐场所的内墙饰面，其特有的金属光泽和镜面效果，使人在雍容华贵中享受到浓郁的现代气息。

3）玻化墙地砖：玻化墙地砖亦称全瓷玻化砖或玻化砖。它烧结程度很高，坯体致密。虽表面不上釉，但吸水率很低（不超过 0.5%）。该种墙地砖强度高（抗压强度可达 46MPa）、耐磨、耐酸碱、不褪色、耐清洗、耐污染。玻化砖有银灰、斑点绿、浅蓝、珍珠白、黄、纯黑等多种色调。调整其着色颜料的比例和制作工艺，可使砖面呈现不同的纹理、斑点，使其极似天然石材。

（5）陶瓷锦砖：陶瓷锦砖俗称陶瓷马赛克。陶瓷锦砖采用优质瓷土烧制而成，可上釉或不上釉。陶瓷锦砖的规格较小，直接粘贴很困难，故需预先反贴于牛皮纸上（正面与纸相粘），故又俗称“纸皮砖”，所形成的一张张的产品，称为“联”。联的边长有 284mm、295mm、305mm、325mm 四种。按常见的联长为 305mm 计算，每联约 0.093m^2，重约 0.65kg，每 40 张为一箱，每箱面积约 3.7m^2。

陶瓷锦砖按尺寸允许偏差和外观质量分为优等品、合格品两个产品等级。其基本性能指标见表 2-69。

陶瓷锦砖质地坚实、吸水率极小、耐酸、耐碱、耐火、耐磨、不渗水、易清洗、抗急冷急热。陶瓷锦砖色彩鲜艳、色泽稳定、可拼出风景、动物、花草及各种抽象图案。

陶瓷锦砖适用于洁净车间、门厅、餐厅、厕所、盥洗室、浴室、化验室等处的地面和墙面的饰面。并可应用于建筑物的外墙饰面，与外墙面砖相比具有面层薄、自重轻、造价低、坚固耐用、色泽稳定的特点。

表 2-69 陶瓷锦砖基本性能指标

项目	指标
吸水率/%	≤0.5
破坏强度： 厚度≥7.5mm 厚度＜7.5mm	 平均值≥1 300N 平均值≥700N
断裂模数/MPa	（不适用于破坏强度≥3 000N 的砖）平均值≥35，单块值≥32
抗热震性	在 15℃和 145℃两种温度条件下循环 10 次不出现炸裂和裂纹
耐磨性	无釉砖耐深度磨损体积≤175mm^3，釉面地砖应符合使用要求的磨损等级和转数
抗冻性	经抗冻试验后无裂纹或剥落
抗冲击性	经冲击性试验后，其平均恢复系数符合要求

（6）建筑琉璃制品：建筑琉璃制品是我国传统的极富民族特色的建筑陶瓷材料。由于它具有独特的装饰性能，不但仍用于古典式建筑物，也广泛用于具有民族风格的现代建筑物。

琉璃制品用难熔黏土制成坯泥，制坯成型后经干燥、素烧、施色釉、釉烧而成。其特点是：质细致密、表面光滑、不易沾污、坚实耐久、色彩绚丽、造型古朴，富有民族特点。常见的颜色有金黄、翠绿、宝蓝等。

琉璃瓦造型复杂。制作工艺较繁，因而造价高。故主要用于体现我国传统建筑风格的宫殿式建筑以及纪念性建筑上，还常用以制造园林建筑中的亭、台、楼、阁，构建古代园林的风格。琉璃制品还常用作近代建筑的高级屋面材料，可体现现代与传统的完美结合，富有东方民族精神，富丽堂皇、雄伟壮观。

五、装饰玻璃

随着建筑发展的需要和玻璃生产技术的发展进步，玻璃已由过去单一的采光功能向多功能方向发展，玻璃表面的颜色、图案和质感等，可以满足建筑装饰的不同要求，现已成为门窗、外墙及室内重要的装饰材料之一。

1. 装饰平板玻璃

（1）彩色玻璃：彩色玻璃又称有色玻璃。彩色玻璃按透明程度不同分为透明、半透明和不透明三种。

透明彩色玻璃是在普通平板玻璃的制作原料中加入了一定量的金属氧化物（如氧化钴、氧化铜、氧化铬、氧化铁和氧化锰等）而使玻璃具有各种色彩。

半透明彩色玻璃可通过在透明彩色玻璃的表面进行喷砂处理后制成，这种玻璃不仅具有透光不透视的性能，而且装饰性也很好。

不透明玻璃又称彩釉玻璃，它是将无机或有机釉料印制在玻璃的表面。无机釉料是经过高温烧结的，因而它的耐久性、耐温性等比有机釉料好，但有机釉料的加工工艺简单、成本低廉。

彩色玻璃不仅颜色丰富装饰性好，且具有耐腐蚀、易清洁的特点。在建筑装饰中，还可以用不同的彩色玻璃拼成一定的图案花纹，以取得某种艺术效果。彩色玻璃主要用于建筑物的门窗。内外墙面上和对光线有色彩要求的建筑部位，如教堂的门窗和采光屋顶、幼儿园的活动室门窗等处。

（2）花纹玻璃：玻璃表面可用不同的加工工艺方法制出花纹饰面，常用的有压花玻璃、喷花玻璃、雕花玻璃、冰花玻璃等。

1）压花玻璃：压花玻璃又称为滚花玻璃。有一般压花玻璃、真空镀膜压花玻璃和彩色膜压花玻璃等。

由于一般压花玻璃表面压有深浅不同的各种花纹图案，其表面凹凸不平，当光线通过玻璃时产生无规则的折射，因而压花玻璃具有透光而不透视的特点，且表面各种花纹图案具有良好的装饰性。

真空镀膜压花玻璃和彩色膜压花玻璃，由于有色彩，花纹图案的立体感更强，彩色膜的色泽、坚固性、稳定性均较好，还具有良好的热反射能力，而且给人们一种富丽堂皇和华贵的艺术感觉。适用于宾馆、饭店、餐厅、酒吧、浴室、游泳池、卫生间以及办公室、会议室的门窗和隔断等。也可用来加工屏风灯具等工艺品和日用品。

2）刻花玻璃：刻花玻璃又称雕花玻璃。图案的立体感非常强，似浮雕一般，在室内灯光的照耀下，更是熠熠生辉。刻花玻璃主要用于高档场所的室内隔断、吊顶或屏风等处。

3）冰花玻璃：冰花玻璃是一种利用平板玻璃经特殊处理形成具有自然冰花纹理的玻璃。冰花玻璃可用无色平板玻璃制造，也可用茶色、蓝色、绿色等彩色玻璃制造。其装饰效果优于压花玻璃，给人以典雅清新之感，是一种新型的室内装饰玻璃。可用于宾馆、饭店、酒吧间等场所的门窗、隔断、屏风和家庭装饰。

（3）釉面玻璃：釉面玻璃是指在按一定尺寸切裁好的玻璃表面上涂敷一层彩色易熔的釉料，经过烧结而制成的具有美丽的色彩或图案的玻璃。釉面玻璃可以用普通平板玻璃、磨光玻璃、玻璃砖等为基材。釉面玻璃特点是：图案精美，不褪色，不掉色，易于清洗，花纹可按用户的要求或艺术设计图案制作。

釉面玻璃具有良好的化学稳定性和装饰性，广泛用于食品工业、化工工业、商业、公共食堂等室内饰面层；一般建筑物门厅和楼梯间的饰面层及建筑物外饰面层。

（4）镭射玻璃：镭射玻璃是指普通玻璃经过复杂的特殊处理后，使照射到玻璃上的光线分解，得到多层次的七彩光，出现全息或其他光栅等物理衍射现象的玻璃品种。

镭射玻璃的颜色有蓝色、灰色、紫色、绿色等。它的结构组成有单层和双层两类。表面经过光线照射能够呈现出艳丽的色彩和图案，且色彩和图案可因光线的入射角度的不同而产生各种变化，使装饰面显得富丽堂皇、梦幻万千，可达到使人欢快、兴奋的效果。镭射玻璃适用于商场、宾馆、迪斯科厅、酒吧等场所的门面、地面和隔断的装饰。

（5）镜面玻璃：镜面玻璃即镜子，指玻璃表面通过化学（银镜反应）或物理（真空镀铝）等方法形成反射率极强的镜面反射的玻璃制品。为提高装饰效果，在镀镜之前可对原片玻璃进行彩绘、磨刻、喷砂、化学蚀刻等加工，形成具有各种花纹图案或精美字画的镜面玻璃。

在装饰工程中，常利用镜子的反射、折射来增加空间感和距离感，或改变光照效果。

常用的镜面玻璃有以下几种：

1）明镜：为全反射镜，用作化妆台、壁面镜屏。

2）墨镜：也称黑镜，呈黑灰色。其颜色可分为深黑灰、中黑灰、浅黑灰。特点是反射率低，即使是在灯光照射下也不致太刺眼，有神秘气氛感。一般用于餐厅、咖啡厅、商店、旅馆等的顶棚、墙壁或隔屏等。

3）彩绘镜、雕刻镜：制镜时，于镀膜前在玻璃表面上绘出要求的彩色花纹图案，镀膜后即成为彩绘镜。如果镀膜前对玻璃原片进行雕刻，则可制得雕刻镜。

2．其他玻璃装饰制品

玻璃除主要用于门窗外，还可制成用于隔墙或贴面的材料。如玻璃空心砖、玻璃锦砖等。

（1）玻璃空心砖：玻璃空心砖是由两块压铸成凹形的玻璃，经熔接或胶结而成的正方形或矩形玻璃砖块。

玻璃空心砖有正方形。矩形及各种异形产品，它分为单腔和双腔两种。玻璃空心砖可以是平光的，也可以在里面或外面压有各种花纹；可以是无色的，也可以是彩色的，以提高装饰性。玻璃空心砖具有非常优良的性能，强度高、隔声、绝热、耐水、防火。玻璃空心砖常被用来砌筑透光的墙壁、建筑物的非承重内外隔墙、淋浴隔断、门厅通道。

（2）玻璃锦砖：玻璃锦砖又称玻璃马赛克，是一种小规格的方形彩色饰面玻璃。

玻璃锦砖是以玻璃为基料并含有未熔化的微小晶体（主要是石英砂）的乳浊制品，因熔融或烧结温度较低、时间较短，存有未完全熔融的石英颗粒与玻璃熔结在一起，使玻璃马赛克具有较高的强度和优良的热稳定性。化学稳定性：微小气泡的存在，使其表观密度低于普通玻璃；非均匀质各部分对光的折射率不同，造成了光散射，使其具有柔和的光泽。将单块的玻璃锦砖按设计要求的图案及尺寸，用胶黏剂粘贴到牛皮纸上成为一联（正面贴纸）。

根据国家标准《玻璃马赛克》（GB/T 7697—1996）的规定，单块马赛克的边长有20mm、25mm、30mm 三种，相应的厚度为 4.0mm、4.2mm 和 4.3mm。玻璃马赛克表面光滑、不吸水，所以抗污性好，具有雨水自涤、历久常新的特点；玻璃马赛克的颜色有乳白、姜黄、红、黄、蓝、白、黑及各种过渡色，有的还带有金色、银色斑点或条纹，可拼装成各种图案，或者绚丽豪华，或者庄重典雅，是一种很好的饰面材料，缺点是脆性大，易碎，抗冲击性和防滑性差，不适用于地面，较多应用于建筑物的外墙贴面装饰工程。

六、金属装饰材料

1．建筑装饰用钢制品

装饰工程中常用的钢制品主要有：各种装饰钢板、钢管及轻钢龙骨。

（1）装饰钢板：

1）不锈钢板：为防止钢材生锈，可在碳素钢中加入能提高抗腐蚀能力的合金元素，如铬、镍、钛、铜、锰、硅等制成合金钢。通常按化学成分分为：铬不锈钢、铬-镍不锈钢、铬-镍-钛不锈钢和高锰低钛不锈钢等；按耐腐蚀特点又分为：普通不锈钢和耐酸不锈钢两大类。常用不锈钢有 40 多个品种。不锈钢不但耐腐蚀，光泽度也好，其表面可加工成亚光、抛光、浮雕等形式，装饰效果极好。不锈钢的装饰制品主要是薄钢板，作包柱使用，广泛用于公共建筑入口、门厅、中厅等处。此外，还可将不锈钢加工成型材、管材及各种异型材，在建筑上可作屋面、幕墙、隔墙、栏杆、扶手等。

不锈钢板表面经化学浸渍着色处理后，可制得蓝、黄、红、绿等彩色不锈钢板，其彩色面层可耐 2 000℃高温，弯曲 90º面层也不会被破坏。还可用真空镀膜技术在其表面喷镀一层钛金属膜，制成金光闪亮的钛金板，既保证了原有性能，还提高了装饰效果。彩色不锈钢板常用作电梯厢板、墙板、顶棚板、招牌等，也可用于高级建筑的局部装饰。

2）彩色涂层钢板：以冷轧或镀锌钢板（钢带）为基材，经表面处理后，涂以各种保护、装饰涂层而制成的产品。常用涂层有无机涂层、有机涂层和复合涂层 3 类，以有机涂层钢板发展最快，一常用的有机涂层有聚氯乙烯（PVC）、环氧树脂、聚酯树脂、聚丙烯酸酯、酚醛树脂等。它具有强度高、刚性好、可加工性强（可剪、切、弯、卷、钻），有多变的色泽和表面质感，涂层耐腐蚀、耐湿热、耐低温，涂层经二次机械加工也不被破坏。常用于外墙板、屋面板、护壁板等。还可加工成管道、电气设备外壳等。

3）彩色压型钢板：以镀锌钢板为基材，经辊压、冷弯成异型断面，表面涂装彩色防腐涂层或烤漆制成的轻型复合板材，也可用彩色涂层钢板直接压制成型。该钢板表面立体感强、色彩柔和、外形规整、美观，适合作大型公共建筑和高层建筑的外幕墙板，与其配合的有专用扣件，施工维修都方便。

目前用彩色涂层压型钢板与 H 型钢、冷弯型材等各种断面型材配合建造的钢结构房屋，已发展成为一种完整而成熟的建筑体系，它使结构的质量大大减轻。某些以彩色涂层压型钢板为围护结构的全钢结构的用钢量，已接近或低于钢筋混凝土结构的用钢量。

4）彩钢复合板：这是以彩色压型钢板为面板，轻质保温材料为芯材，经施胶、热压、固化复合而成的轻质板材。彩钢复合板的面板可用彩色涂层压型钢板、彩色镀锌钢板、彩色镀铝钢板、彩色镀铝合金钢板或不锈钢板等。其中以彩色涂层压型钢板应用最为广泛。

彩钢复合板质量轻（为混凝土屋面质量的 1/30～1/20）、保温隔热好，其传热系数≤0.035 W/（m^2·K），隔声、立面美观、耐腐蚀，可快速装配化施工（无湿作业，不需二次装修）并可增加有效使用面积。适用于工业厂房的大跨度结构屋面、公共建筑的屋面、墙面和建筑装修以及组合式冷库、移动式房屋等，使用寿命在 20～30 年。

（2）钢管：装饰工程中常将不锈钢制成管状，按截面可分为等径圆管和变径花形管，按表面光泽有抛光管、亚光管和浮雕管。近几年在大型建筑中不锈钢管已得到广泛应用，如鸭嘴形扁圆管用于楼梯扶手，取得了动态、个性及高雅、华贵的装饰效果。

（3）轻钢龙骨：轻钢龙骨是以镀锌钢带或薄钢板由特制轧机以多道工艺轧制而成。轻钢龙骨断面有 U 形、C 形、T 形及 L 形等。吊顶龙骨代号 D，隔断龙骨代号 Q。吊顶龙骨分主龙骨（大龙骨）、次龙骨（中龙骨、小龙骨）。主龙骨也叫“承重龙骨”；次龙骨也叫“覆面龙骨”。隔断龙骨分竖龙骨、横龙骨和通贯龙骨等。技术要求包括外观质量、表面防锈、形状、尺寸和力学性能等，根据有关技术指标，轻钢龙骨分优等品、一等品和合格品三个等级。

轻钢龙骨具有强度大、通用性强、耐火性好、安装简易等优点，可装配各种类型的石膏板、钙塑板、吸声板等饰面材料，是室内吊顶装饰和轻质板材隔断的龙骨支架。轻钢龙骨广泛用于各种民用建筑及轻纺工业厂房。

2. 建筑装饰用铝合金制品

铝是地壳中含量很丰富的一种金属元素，在地壳组成中占 8.13%，仅次于氧和硅，约占全部金属总量的 1/3。由于铝有优越的性能，使其在各方面的应用迅速发展，尤其在建筑和装饰工程中更显示了其他金属材料无法比拟的特点和优势。

（1）纯铝的性质：铝属于有色轻金属，密度为 2.79/cm^3，仅为钢的 1/3。熔点较低，为 660.4℃。铝的导电、导热性能优良，仅次于铜。铝为银白色，呈闪亮的金属光泽，抛光的表面对光和热有 90%以上的高反射率。

铝的化学性质很活泼，在空气中暴露，很容易与氧发生氧化反应，生成很薄的一层氧化膜，从而起到保护作用，使铝具有一定的耐蚀性，但由于这层自然形成的氧化膜厚度仅 0.1μm 左右，因此仍抵抗不了盐酸、浓硫酸、氢氟酸等强酸、强碱及氯、溴、碘等卤族元素的腐蚀。

纯铝有良好的塑性和延展性，其伸长率可达 40%以上，极易制成板、棒、线材，并可用挤压法生产薄壁空腹型材。纯铝压延成的铝箔厚度仅为 6～25μm。但纯铝的强度和硬度较低（抗拉强度 80～100MPa，布氏硬度 200MPa），因此在结构工程和装饰工程中常采用的是掺入合金元素后形成的铝合金。

（2）铝合金及其特性：为了提高纯铝的强度、硬度，而保持纯铝原有的优良特性，在纯铝中加入适量的铜、镁、锰、硅、锌等元素而得到的铝基合金，称为铝合金。

铝合金避免了纯铝的缺点，又增加了许多优良性能。铝合金强度高（屈服强度可达 210～500MPa，抗拉强度可达 380～550MPa）、密度小，所以有较高的比强度（比强度为 73～190，而普通碳素钢的比强度仅 27～77），是典型的轻质高强材料。铝合金的耐腐蚀性有较大的提高，同时低温性能好，基本不呈现低温脆性。铝合金易着色，有较好的装饰性。但铝合金也存在着一些缺点，主要是弹性模量小（约为钢的 1/3），虽可减小温度应力，但用作结构受力构件，刚度较小，变形较大。其次铝合金耐热性差、热胀系数较大、可焊性也较差。

（3）铝合金的分类及牌号：铝合金有不同的分类方法，一般来说，可按加工工艺分为变形铝合金和铸造铝合金。变形铝合金又可按热处理强化性分为热处理强化型和热处理非强化型。变形铝合金按其性能又可分为防锈铝、硬铝、超硬铝、锻铝、特殊铝和硬钎铝。

变形铝合金是指通过冲压、弯曲、辊轧、挤压等工艺使合金组织、形状发生变化的铝合金。铸造铝合金是供不同种类的模型和方法（砂型、金属型、压力铸造等）铸造零件用的铝合金。热处理非强化型是指不能用淬火的方法提高强度的铝合金，而热处理强化型是指可通过热处理的方法提高强度的铝合金，如硬铝、超硬铝及锻铝等。

1）变形铝合金的牌号：变形铝合金的牌号用汉语拼音字母和顺序号表示，顺序号与合金钢牌号中的数字不同：不表示合金含量范围，而只是表示顺序号。变形铝合金牌号中的汉语拼音字母含义如下：LF——防锈铝合金（简称防锈铝）；LY——硬铝合金（简称硬铝）；LC——超硬铝合金（简称超硬铝）；LD——锻铝合金（简称锻铝）；LT——特殊铝合金（简称特殊铝）；LQ——硬钎铝合金（简称硬钎铝）。变形铝合金产品的分组及代号见表 2-70。

表 2-70 变形铝合金产品的分组及代号

分组	代号
防锈铝	LF2、LF3、LF4、LF5—1、LF10、LF11、LF12、LF13、LF14、LF21、LF33、LF45
硬铝	LY1、LY2、LY3、LY4、LY5、LY6、LY8、LY9、LY10、LY11、LY12、LY13、LY16、LY17
超硬铝	LC3、LC4、LC9、LC10、LC12
锻铝	LD2、LD2—1、LD2—2、LD5、LD7、LD8、LD9、LD10、LD11、LD30、LD31
特殊铝	LT1、LT13、LT17、LT41、LT62、LT66、LT75

2）铸造铝合金的牌号：目前应用的铸造铝合金有铝硅（A1-Si）、铝铜（A1-Cu）、铝镁（A1-Mg）及铝锌全（A1-Zn）4 个组系。按规定，铸造铝合金的牌号用汉语拼音字母“ZL”（铸铝）和 3 位数字组成，如 ZL101、ZL201 等。3 位数字中的第一位数（1～4）表示合金的组别，其中 1 代表硅铝合金；2 代表铝铜合金；3 代表铝镁合金；4 代表铝锌合金。后面两位数表示该合金的顺序号。

3．铝合金的用途

建筑中广泛使用的铝合金制品主要是铝合金门窗、铝合金装饰板和铝合金龙骨。

（1）铝合金门窗：铝合金门窗是按特定要求成型并经表面处理的铝合金型材。按其结构与开启方式可分为：推拉窗（门）、平开窗（门）、悬挂窗、回转窗（门）、百叶窗、纱窗等。

铝合金门窗产品通常要进行以下主要性能的检验：

1）强度：测定铝合金门窗的强度是在压力箱内进行的，通常用窗扇中央最大位移量小于窗框内沿高度的 1/70 时所能承受的风压等级表示。

2）气密性：气密性是指在一定压力差的条件下，铝合金门窗空气渗透性的大小。以每平方米面积的窗在每小时内的通气量表示。

3）水密性：水密性是指铝合金门窗在不渗漏雨水的条件下所能承受的脉冲平均风压值。

4）隔热性：铝合金门窗的隔热性能常按传热阻值分为 3 级，即Ⅰ级≥0.50 $m^2\cdot K/W$，Ⅱ级≥0.33 $m^2\cdot K/W$，Ⅲ级≥0.25 $m^2\cdot K/W$。

5）隔声性：铝合金门窗的隔声性能常用隔声量（dB）表示。隔声铝合金窗的隔声量在 25～40dB。

6）开闭力：铝合金窗装好玻璃后，窗户打开或关闭所需的外力应在 49N 以下，以保证开闭灵活方便。

铝合金门窗按其抗风压强度、气密性和水密性三项性能指标，将产品分为 A、B、C 三类，每类又分为优等品、一等品和合格品三个等级。

（2）铝合金装饰板：

1）铝合金花纹板：铝合金花纹板是采用防锈铝合金等坯料，用特制的花纹轧辊轧制而成。花纹美观大方，筋高适中、不易磨损、防滑性能好、防腐蚀性能强、便于冲洗。通过表面处理可得到各种颜色。广泛用于公共建筑的墙面装饰、楼梯踏板等处。铝合金花纹板的花纹图案，有方格形花纹、扁豆形花纹、五条形花纹、三条形花纹、指针形花纹和菱形花纹等。

铝质浅花纹板是我国特有的建筑装饰制品。它的花纹精巧别致、色泽美观大方，具有普通铝板共有的优点。另外，铝质浅花纹板的刚度提高 20%，抗污垢、抗划伤、抗擦伤能力均有提高，尤其是增加了立体图案和美丽的色彩，更使建筑物生辉。铝质浅花纹板在酸（包括强酸）中的耐蚀性良好，对白光的反射率达 75%～90%热反射率达 85%～95%，通过表面处理可得到不同色彩的浅花纹板。

2）铝合金压型板：铝合金压型板是目前应用十分广泛的一种新型铝合金装饰材料。它具有质量轻、外形美观、耐久性好、安装方便等优点。通过表面处理可获得各种色彩。主要用于屋面和墙面等。铝合金压型板性能指标应符合表 2-71 的规定。

表 2-71　铝合金压型板的性能指标

材料	抗拉强度/MPa	伸长率/%	弹性模量/MPa	剪切模量/MPa	线膨胀系数/(10^{-6}/℃)		对白色光的反射率/%	密度/(g/cm³)
					−6～20	20～100		
纯铝	100～190	3～4	72×10³	27×10³	22	24	90	2.7
LF21	150～220	2～6						2.73

3）铝及铝合金冲孔吸声板：铝及铝合金冲孔吸声板是金属冲孔板的一种，是用平板经机械冲孔而成，孔径一般为 6mm，孔距为 10～14mm，在工程使用中降噪效果为 4～8dB。铝及铝合金冲孔板的特点是具有良好的防腐蚀性能，光洁度高，有专定强度，易于机械加工成各种规格，有良好的抗震、防水、防火性能和吸声效果。经过表面处理后，可得到各种色彩。

铝及铝合金冲孔板主要用于具有吸声要求的各类建筑中。如棉纺厂、各种控制室、计算机房的顶棚及墙壁，也可用于噪声大的厂房车间，更是影剧院理想的吸声和装饰材料。

（3）铝合金龙骨：铝合金龙骨是以铝合金挤压而成的顶棚骨架支承材料，其断面为 T 形；按其位置和功能可分为 T 形主龙骨（代号 LYM），次龙骨（横撑龙骨 I）。边龙骨、异型龙骨和配件。

铝合金龙骨一般与轻钢龙骨（称为大龙骨）、组合使用。即主要承重龙骨为轻钢龙骨，然后铝合金主龙骨按一定间距用吊勾与轻钢主龙骨挂接。T 形龙骨上可插接或浮摆饰面板材，使龙骨明露或暗设，形成不同风格的吊顶平面。

铝合金龙骨具有自重轻、防火、抗震、外观光亮挺括、色调美观、加工和安装方便等特点，适用于医院、会议室、办公室、走廊等吊顶工程，常与小幅面石膏装饰板或岩棉（矿棉）吸声板配用。

七、建筑涂料

涂料是一种涂覆在物体表面并能在一定条件下形成牢固附着的连续薄膜的功能材料的总称。早期的涂料以天然油脂和天然树脂为主要原料，故被称为油漆。现在各种高分子合成树脂广泛用作涂料的原料。习惯将以天然油脂、树脂为主要原料经合成树脂改性的涂料称为油漆；将以合成树脂为主要原料的称为涂料。建筑涂料是指用于建筑物上起装饰、保护、防水等作用的一类涂料。

建筑涂料品种很多，通常按建筑物的使用部位分：外墙涂料、内墙涂料（包括顶棚涂料）及地面涂料等。

1. 外墙涂料

外墙涂料的主要功能有两方面，一是装饰外墙面，美化环境；二是保护被覆墙体，延长其使用寿命。为此，外墙涂料必须具有良好的装饰性、耐水耐候性和耐沾污性，并应施工及维修方便。常用的外墙涂料有三类：溶剂型涂料、乳液型涂料和硅酸盐无机涂料。

（1）溶剂型外墙涂料：溶剂型涂料是以高分子合成树脂为主要成膜物质，有机溶剂为稀释剂。涂刷后，随着溶剂的挥发，成膜物质与其他不挥发组分共同形成均匀连续的薄膜。溶剂型涂料涂层较致密，通常具有较好的硬度、光泽、耐水性、耐酸碱性、耐候性及耐污染性，但有机溶剂通常易燃、有毒、易污染环境但价格较贵。国内常用品种有氯化橡胶外墙涂料、丙烯酸酯外墙涂料、聚氨酯系外墙涂料及丙烯酸酯有机硅外墙涂料等。

（2）乳液型外墙涂料：乳液型涂料俗称乳胶漆，是采用乳液型成膜物质。涂料以水为分散介质，无毒、不燃、节约溶剂资源、施工方便、装饰效果好，又有良好的耐水性、耐候性和耐沾污性，有很好的发展前途。但目前乳液型涂料的光泽、流平性、附着力等性能尚不及溶剂型涂料。另外，太低温度下不能形成优质的涂膜，故不宜冬季施工。

国内常用的乳液型外墙涂料品种有苯-丙乳胶漆、丙烯酸酯乳液涂料等。

（3）硅酸盐无机涂料：硅酸盐无机涂料指以水溶性碱金属硅酸盐或水分散性二氧化硅胶体（俗称硅溶胶）为主要成膜物质的建筑涂料。其耐候性、耐热性好，遇火不燃、无烟；耐污染性好、不易吸灰；施工中无挥发性有机溶剂产生，不污染环境；原料丰富。

目前国内生产和使用的主要品种有：硅酸钠水玻璃和硅酸钾水玻璃以及硅溶胶外墙涂料等品种。

2. 内墙和顶棚涂料

内墙涂料的主要功能是装饰和保护建筑物内墙。因此要求内墙涂料色彩丰富、谐调，质地细腻、平滑；耐碱性好，并有一定的耐水及耐洗刷性；透气性良好，以减少墙面的结露、挂水；施工简便，重涂容易，以适应人们翻修墙面，改善居住环境的需要。一般用于外墙的涂料也可以用于内墙，只是对耐候性、耐久性和耐水性的要求可低于外墙。内墙涂料也适用于顶棚。目前国内常用的内墙涂料有四类：溶剂型涂料、乳液型涂料、水溶性涂料和特种涂料。

（1）溶剂型涂料：溶剂型内墙涂料的组成、性能与溶剂型外墙涂料基本相同。其透气性差、易结露，施工时有溶剂逸出，应注意防火和通风。但涂层光洁度好，易于冲洗，耐久性也好，多用于厅堂、走廊等，较少用于住宅内墙。

常用品种有：过氯乙烯内墙涂料、氯化橡胶内墙涂料、丙烯酸酯内墙涂料和聚氨酯内墙涂料等。

（2）乳液型涂料：乳液型外墙涂料均可用于内墙。乳胶漆按其光泽可分为平光、亚光、半光、高光等几种。通常将半光到高光涂料称为有光涂料。有光涂料的乳液含量高，涂膜光洁细腻，抗污染性好，多用于外墙涂料以及在特殊场合使用。平光、亚光乳胶漆用于内墙装饰。

目前常用品种有：聚醋酸乙烯乳液内墙涂料、乙-丙有光乳胶漆、丙-苯乳胶漆等。

（3）水溶性内墙涂料：目前用于内墙的水溶性涂料主要是聚乙烯醇类涂料。这类涂料原料资源丰富，价格低廉，生产工艺简单。涂料为水溶性，无毒、无味、不燃、施工方便；涂层干燥快，表面光洁平滑，色彩品种多，与基层有一定黏结力，装饰性较好。但耐水性差，易脱粉，单独成膜的综合性能较差。

主要品种有：聚乙烯醇水玻璃内墙涂料（又称106涂料）、聚乙烯醇缩甲醛内墙涂料（又称803涂料）。

（4）特性涂料：这是一类新型涂料，具有一定独特、新颖的装饰效果，现品种也较多，如多彩涂料、梦幻涂料、绒面涂料及隐形变色发光涂料等。

多彩内墙涂料：这是一种常用的内墙、顶棚装饰材料。多彩内墙涂料具有以下特点：涂层色泽丰富，富有立体感，装饰效果好；涂膜的耐久性好；涂膜质地较厚，具有弹性，类似壁纸，整体性好；耐油、耐水、耐腐、耐洗刷，并具有较好的透气性。多彩内墙涂料按其介质可分为水包油型、油包水型、油包油型和水包水型 4 种。其中常用的是水包油型。

梦幻涂料：梦幻涂料是用特种树脂乳液和专门的有机、无机颜料制成的高档水性内墙涂料。主要用于办公室、住宅、宾馆、商店、会议室等的内墙、顶棚装饰。

3．地面涂料

地面涂料的主要功能是装饰与保护室内地面，使地面清洁美观，与室内墙面及其他装饰相适应。它的特点是：耐磨性好、耐碱性好、耐水性好、抗冲击性好、施工方便、价格合理。

由于现在地面装修普遍采用各种陶瓷地砖、天然石材、复合地板和实木地板，而用水泥砂浆加涂料层的装饰不多，故地面涂料品种较少。

常用的地面涂料有：过氯乙烯地面涂料、聚氨酯地面涂料、环氧树脂厚质地面涂料等。

4．特种建筑涂料

特种建筑涂料不仅具有保护和装饰作用，而且可赋予建筑物某些特殊功能，如防霉、防腐蚀、防火、防锈、防辐射、防虫、隔热、吸声等功能，此外还有彩色闪光涂料。高温耐热涂料等品种。

（1）防霉涂料：在普通涂料中添加适量抑菌剂或杀菌剂即可制成防霉涂料。常用的防霉剂有多菌灵、百菌清、福美双、防霉剂 TBZ 等。自然环境中霉菌的种类较多，一种防霉剂往往只对一种或几种霉菌有抑制作用，所以，在配制防霉涂料时应根据需抑制的霉菌种类，选用合适的防霉剂，同时涂料的其他组分也应选用不适于霉菌生长的物质，才能获得满意的效果。

常用的防霉涂料有丙烯酸乳胶防霉涂料、醇酸聚氨酯防霉涂料、沥青及氯化橡胶系防霉涂料、聚醋酸乙烯防霉涂料、氯-偏共聚乳液防霉涂料等。

（2）防腐蚀涂料：涂于建筑物表面，能够保护建筑物避免酸、碱、盐及各种有机物侵蚀的涂料称为建筑防腐蚀涂料。

防腐蚀涂料的主要作用原理是把腐蚀介质与被涂基层材料隔离开来，使腐蚀介质无法渗入到被涂覆基层中去，从而达到防腐蚀的目的。因此在选择原材料时应根据环境的具体要求，选用防腐蚀性和耐候性好的原料。

常用的防腐蚀涂料有聚氨酯防腐蚀涂料、环氧树脂防腐蚀涂料、乙烯树脂类防腐蚀涂料、橡胶树脂防腐蚀涂料、改性呋喃树脂防腐蚀涂料等。

（3）建筑防火涂料：建筑防火涂料指能降低被涂基层材料可燃性的一类功能涂料。防火涂料本身不燃或难燃，其涂层能使基层与火隔离，从而延长热侵入被涂物和到达被涂物另一侧所需的时间，达到延迟和抑制火焰蔓延的作用。热侵入被涂物所需时间越长，涂料的防火性能越好。故防火涂料的主要作用是阻燃，如遇大火，防火涂料就几乎不起作用。

防火涂料通常按涂层受热后的状态分为膨胀型和非膨胀型防火涂料两类。常用品种为膨胀型丙烯酸乳胶防火涂料、SS—Ⅰ型钢结构防火涂料、TN—106 预应力混凝土防火涂料等。

第十一节　其他工程材料

一、绝热材料

在建筑中，习惯上把用于控制室内热量外流的材料叫做保温材料；把防止室外热量进入室内的材料叫做隔热材料。保温材料和隔热材料的本质是一样的，其标准术语为绝热材料。

1. 传热方式

热量的传递方式有三种：传导换热、对流换热和辐射换热。

热量以上述三种方式从建筑物中散发出去，其传递方式主要是导热，同时也有对流和热辐射存在。主要的散热区域是墙体、顶棚和屋顶、楼板、门窗，建筑物的缝隙和开着的门窗会大大增加热量的散发。

在北方的冬季，散热问题是一个严重的经济问题。使用绝热材料可避免建筑物在夏季过多吸收热量，在冬季过分散失热量。

2. 绝热材料的类型

（1）多孔型：多孔材料的传热方式较为复杂。对于平板状材料，当热量从高温面向低温面传递时，固相中的导热方向垂直于材料平面；在碰到气孔后，固相导热的方向发生变化，总的传热路线大大增加，从而使传热速度减缓。另外，由于气孔壁面存在着温差，也会发生传热，其传热方式有：

1）高温固体表面对低温固体表面的辐射换热；

2）气体的对流换热；

3）气体的传导换热。

由于在常温下对流和辐射换热在总的传热中所占比例很小，故以气孔中气体的导热为主，但由于空气的导热系数仅为 0.029W/（m·K），大大小于固体的导热系数，所以热量通过气孔传递的阻力较大，从而使传热速度大大减缓。

（2）纤维型：与多孔材料类似。顺纤维方向的传热量大于垂直于纤维方向的传热量。

（3）反射型：具有反射性的材料，由于大量热辐射在表面被反射掉，使通过材料的热量大大减少，而达到了绝热目的。其反射率大，则材料绝热性好。

3．常用绝热材料

绝热材料通常应具备下列基本条件：导热系数小于 0.2W/（m·K），足够的抗压强度（一般不低于 0.3MPa），使用温度为－40～60℃，在温度湿度变化时保持热稳定性，以及防火胜能。除此以外，还要根据工程的特点，考虑材料的吸温性、耐腐蚀性等性能以及技术经济指标。为了保证材料的绝热性，安装时应根据情况设置隔汽层或防水层。常用绝热材料的品种、性能见表 2-72。

表 2-72　常用绝热材料

序号	名称	表观密度/（kg/m³）	传热系数/[W/（m·K）]
1	矿棉	45～150	0.049～0.44
	矿棉毡	135～160	0.048～0.052
	酚醛树脂矿棉板	＜150	＜0.045
2	玻璃棉（短）	100～150	0.035～0.058
	玻璃棉（超细）	＞18	0.028～0.037
3	陶瓷纤维	140～150	0.116～0.186
4	微孔硅酸钙	250	0.041
	泡沫玻璃	150～600	0.06～0.13
5	泡沫塑料	15～50（堆积密度）	0.028～0.055
6	膨胀蛭石	80～200（堆积密度）	0.046～0.07
	膨胀珍珠岩	40～300（堆积密度）	0.025～0.048

二、吸声材料、隔声材料

1．材料的吸声性

声音在传播过程中，一部分声能随着距离的增大而扩散；另一部分则因空气分子的吸收而减弱。声能的这种减弱现象，在室外空旷处颇为明显，但若房间的体积不太大，声能减弱就不起主要作用，而重要的是墙壁、顶棚、地板等材料表面对声能的吸收。

（1）吸声系数：吸声系数是评定材料吸声性能好坏的指标。当声波遇到材料表面时，一部分从材料表面反射；一部分透射过材料；还有一部分被材料吸收。吸声系数α定义为在给定频率和条件下，吸收及透射的声能通量与入射声能通量之比。即：

$$\alpha = \text{吸收及投射的声能通量/入射声能通量}$$

声源停止后，声音由于多次反射或散射而延续的现象称为混响。稳态声源停止后，声压级衰变 60dB 所需要的时间，称为混响时间。为了与实际情况更接近，建筑材料吸声系数并非按上述定义式计算，而是通过测量吸声材料放入混响室前、后的两个混响时间，来计算吸声材料试件的吸声量（相当于具有同样吸声效果的完全吸声板的面积，m²），然后按下式计算混响室法吸声系数α_s：

$$\alpha_s = \text{试件的吸声量/平板试件的面积}$$

材料的吸声特性与声波的方向有关，在混响室内装有声音扩散体，使声波入射角各向均衡，因此所测得的吸声系数具有代表性。材料的吸声特性还与声波的频率有关，为了全面反映材料的吸声特性，通常测量 250Hz、500Hz、1 000Hz 和 2 000Hz 四个频带的实用吸声系数。每个频带的实用吸声系数由该频带内 3 个 1/3 倍频带的吸声系数计算算术平均值而得。例如，250Hz 频带的实用吸声系数是 200Hz、250Hz 和 315Hz 三个 1/3 倍频带吸声系数的算术平均值。

（2）降噪系数、降噪量：以 250Hz、500Hz、1 000Hz 和 2 000Hz 四个频带实用吸声系数的算术平均值作为降噪系数（NRC）。建筑吸声材料的吸声性能按降噪系数分为四级，见表 2-73。

表 2-73　建筑吸声产品吸声性能分级表

吸声等级	Ⅰ	Ⅱ	Ⅲ	Ⅳ
降噪系数（NRC）	NRC≥0.8	0.80＞NRC≥0.60	0.60＞NRC≥0.40	0.40＞NRC≥0.20

在建筑物室内使用吸声材料后的降噪效果，可以用现场实测的混响时间来衡量，或按下式计算降噪量：

$$\Delta L_p = 10\lg\frac{T_1}{T_2}$$

式中，ΔL_p——吸声降噪量，dB；

T_1、T_2——吸声处理前、后的室内混响时间，s。

2．吸声材料及其构造

（1）多孔吸声材料：声波进入材料内部互相贯通的孔隙，空气分子受到摩擦和黏滞阻力，使空气产生振动，从而使声能转化为机械能，最后因摩擦而转变为热能被吸收。这类多孔材料的吸声系数，一般从低频到高频逐渐增大，故对中频和高频的声音吸收效果较好。材料中开放的、互相连通的、细致的气孔越多，其吸声性能越好。

（2）柔性吸声材料：具有密闭气孔和一定弹性的材料，如泡沫塑料，声波引起的空气振动不易传递至其内部，只能相应地产生振动，在振动过程中由于克服材料内部的摩擦而消耗了声能，引起声波衰减。这种材料的吸声特性是在一定的频率范围内出现一个或多个吸收频率。

（3）帘幕吸声体：帘幕吸声体是用具有通气性能的纺织品，安装在离墙面或窗洞一定距离处，背后设置空气层。这种吸声体对中、高频都有一定的吸声效果。

（4）悬挂空间吸声体：悬挂于空间的吸声体，增加了有效的吸声面积，加上声波的衍射作用，大大提高了实际的吸声效果。吸声体可设计成多种形式悬挂在顶棚下面。

（5）薄板振动吸声结构：将胶合板、薄木板、纤维板、石膏板等的周边钉在墙或顶棚的龙骨上，并在背后留有空气层，即成薄板振动吸声结构。该吸声结构主要吸收低频率的声波。

（6）穿孔板组合共振吸声结构：穿孔的各种材质薄板周边固定在龙骨上；并在背后设置空气层即成穿孔板组合共振吸声结构。这种吸声结构具有适合中频的吸声特性，使用普遍。

（7）空腔共振吸声结构：空腔共振吸声结构由封闭的空腔和较小的开口所组成，它有很强的频率选择性，在其共振频率附近，吸声系数较大，而对离共振频率较远的声波吸收很小。

3. 隔声材料

建筑上将主要起隔绝声音作用的材料称为隔声材料，隔声材料主要用于外墙、门窗、隔墙、隔断等。

隔声可分为隔绝空气声（通过空气传播的声音）和隔绝固体声（通过撞击或振动传播的声音）两种。两者的隔声原理截然不同。隔声不但与材料有关，而且与建筑结构有密切的关系。

（1）空气声的隔绝：材料隔绝空气声的能力，可以用橱料对声波的透射系数 τ 或材料的隔声量 R 来衡量：

$$\tau = \frac{E_t}{E_0}$$

$$R = 10\lg\frac{1}{\tau}$$

式中，τ——声波透射系数；

E_t——透过材料的声能；

E_0——入射总声能；

R——材料的隔声量，dB。

材料的 τ 越小，则 R 越大，说明材料的隔声性能越好。材料的隔声性能与入射声波的频率有关，常用 125～4 000Hz 6 个倍频带的隔声量来表示材料的隔声性能。对于普通教室之间的隔墙和楼板，要求达到大于等于 40dB 的隔声量，也即透射声能小于入射声能的万分之一。

隔绝空气声，主要服从质量定律，即材料的体积密度越大，质量越大，隔声性能越好，因此应选用密实的材料作为隔声材料，如砖、混凝土、钢板等。如采用轻质材料或薄壁材料，需辅以多孔吸声材料或采用夹层结构，如夹层玻璃就是一种很好的隔声材料。

（2）固体声（撞击声）的隔绝：材料隔绝固体声的能力是用材料的撞击声压级来衡量的。测量时，将试件安装在上部声源室和下部受声室之间的洞口，声源室与受声室之间没有刚性连接，用标准打击器打击试件表面，受声室接受到的声压级减去环境常数，即得材料的撞击声压级。普通教室之间楼板的标准化撞击声压级应小于 75dB。

隔绝固体声最有效的措施是采用不连续的结构处理，即在墙壁和承重梁之间、房屋的框架和墙板之间加弹性衬垫，如毛毡、软木、橡皮等材料，或在楼板上加弹性地毯。

三、建筑材料的环保性能及要求

1. 材料的放射性

材料的放射性主要是来自其中的天然放射性核素，主要以铀（U）、镭（Ra）、钍（Th）、钾（K）为代表，这些天然放射性核素在发生衰变时会放出α和β等各种射线，对人体会造成严重影响。^{226}Ra、^{220}Th 衰变后会成为氡（^{222}Rn、^{220}Rn），氡是气体。氡气及其子体又极易随着空气中尘埃等悬浮物进入人体，对人体健康造成伤害。而材料衰变过程中所释放的射线等则主要以外部辐射方式对人体造成伤害。故相应标准《建筑材料放射性核素限量》（GB 6566—2001）中对建材的放射性强度分别以内照射指数和外照射指数来衡量，无论哪一种超标均认为该材料的放射性核素含量超标，会对人体造成放射性伤害（如破坏细胞结构、影响造血系统、破坏免疫功能和致癌等）。

《建筑材料放射性核素限量》（GB 6566—2010）规定的核素限量见表 2-74。

表 2-74　各类材料放射性核素限量值

<table>
<tr><th colspan="2" rowspan="2">建筑材料类别</th><th colspan="2">限量要求≤</th><th rowspan="2">使用范围</th></tr>
<tr><th>内照射指数</th><th>外照射指数</th></tr>
<tr><td rowspan="2">建筑主体材料</td><td></td><td>1.0</td><td>1.0</td><td>使用范围不受限制</td></tr>
<tr><td>空心率＞25%</td><td>1.0</td><td>1.3</td><td>使用范围不受限制</td></tr>
<tr><td rowspan="3">装修材料</td><td>A 类</td><td>1.0</td><td>1.3</td><td>使用范围不受限制</td></tr>
<tr><td>B 类</td><td>1.3</td><td>1.9</td><td>Ⅱ类民用建筑物、工业建筑内饰面及其他一切建筑的外饰面</td></tr>
<tr><td>C 类</td><td></td><td>2.8</td><td>建筑物的外饰面及室外其他用途</td></tr>
</table>

注：外照射指数大于等于 2.8 的花岗岩只可用于碎石、海堤、桥墩等人类很少涉及的地方。

2. 装饰装修材料中游离甲醛的含量

甲醛是无色、具有强烈气味的刺激性气体。气体相对密度 1.06，略重于空气，易溶于水，其 35%～40%的水溶液通称福尔马林。甲醛（HCHO）是一种挥发性有机化合物，污染源很多，污染浓度也较高，是室内主要污染物。

自然界中甲醛是甲烷循环中的一个中间产物，背景值很低。室内空气中的甲醛主要有两个来源，一是来自室外的工业废气、汽车尾气、光化学烟雾；二是来自建筑材料、装饰物品以及生活用品等化工产品。

对于室内装饰装修材料，应测定游离甲醛含量或释放量。涂料、胶黏剂应通过蒸馏后分光光度法测定游离甲醛含量，而一部分人造板、木家具、壁纸及地毯等应通过分光光度法测定游离甲醛释放量，并且，测定结果应符合国家十项强制标准中对甲醛的限量规定。

因此，工程中应选用质量较好的人造板与建筑涂料、建筑胶黏剂等类产品，尤其是装饰装修工程中使用较多（500m^2）人造板或饰面人造板时，必须检验其甲醛释放量，以确保工程的空气污染能得以控制。

3. 装饰装修材料中苯及甲苯、二甲苯的含量

苯是一种无色、具有特殊芳香气味的油状液体，微溶于水，能与醇、醚、丙酮和二硫化碳等互溶。甲苯和二甲苯都属于苯的同系物，都是煤焦油分馏或石油的裂解产物。以前使用涂料、胶黏剂和防水材料产品，主要采用苯作为溶剂或稀释剂。而《涂装作业安全规程劳动安全和劳动卫生管理》中规定：“禁止使用含苯（包括工业苯、石油苯、重质苯，不包括甲苯、二甲苯）的涂料、稀释剂和溶剂。”所以，目前多用毒性相对较低甲苯和二甲苯，但由于甲苯挥发速度较快，而二甲苯溶解力强，挥发速度适中，所以二甲苯是短油醇酸树脂、乙烯树脂、氯化橡胶和聚氨酯树脂的主要溶剂，也是目前涂料工业和胶黏剂应用面最广，使用量最大的一种溶剂。

苯属中等毒类，苯于 1993 年被世界卫生组织确定为致癌物。苯对人体健康的影响主

要表现在血液毒性、遗传毒性和致癌性三个方面。

甲苯和二甲苯因其挥发性，主要分布在空气中，对眼、鼻、喉等黏膜组织和皮肤等有强烈刺激和损伤，可引起呼吸系统炎症。长期接触，二甲苯可危害人体中枢神经系统中的感觉运动和信息加工过程，对神经系统产生影响，具有兴奋和麻醉作用，导热烦躁、健忘、注意力分散、反应迟钝、身体协调性下降以及头晕、恶心、呼吸困难和四肢麻木等症状，严重的导致黏膜出血、抽搐和昏迷。女性对苯以及其同系物更为敏感，甲苯和二甲苯对生殖功能也有一定影响。孕期接触苯系物混合物时，易发妊娠高血压综合征、呕吐及贫血等。

并发症的发病率明显增高，专家发现接触甲苯的实验室人员自然流产率明显增高。苯还可导致胎儿的畸形、神经系统功能障碍以及生长发育迟缓等多种先天性缺陷。

4．装饰装修材料中可挥发性有机物总量（TVOC）的控制

装饰装修材料大部分是化学合成材料制成，且成分十分复杂。如为了改进涂料、塑料、胶黏剂产品的性能，往往除基料外还要加入各种如溶剂、稀释剂、增塑剂、催干剂、抗氧化剂等，这些化学成分也会挥发，因此进入空气中的有机化学物种类繁多，有资料介绍，室内空气中的有机化合物可能多达数百种，而这些有机物均会对人体健康不利，为此人们对在规定试验条件下测得的材料中（或空气中）的挥发性有机化合物的总量（TVOC）做出限量规定，以控制它们对空气的污染，保障施工人员或其中生活、工作人员的健康。

VOC 是挥发性有机化合物（Volatile Organic Compounds）的英文缩写，包括碳氢化合物、有机卤化物、有机硫化物等，在阳光作用下与大气中氮氧化物、硫化物发生光化学反应，生成毒性更大的二次污染物，形成光化学烟雾。

TVOC 定义有以下几种：

（1）指任何能参加气相光化学反应的有机化合物；

（2）指一般压力条件下，沸点低于或等于 250℃的任何有机化合物；

（3）指世界卫生组织对总挥发性有机化合物（TVOC）的定义：熔点低于室温、沸点范围在 50～260℃之间的挥发性有机化合物的总称。

这些定义有共同之处，对于涂料、胶黏剂，VOC 是在一般压力条件下，沸点低于 250℃且参加气相化学反应的有机化合物；对于室内空气，TVOC 指在一般压力条件下，沸点低于 250℃的任何有机化合物。

据统计，全世界每年排放的大气中的溶剂约 1 000 万 t，其中涂料和胶黏剂释放的挥发性有机化合物是 VOC 的重要来源。

5．其他污染物

（1）重金属：重金属主要来源于各种材料生产时加入的各种助剂（如催干剂、防污剂、消光剂）以及颜料和各种填料中所含的杂质。室内环境中重金属污染主要来自溶剂型木器涂料、内墙涂料、木家具、壁纸、聚氯乙烯卷材地板等装饰装修材料。涂料中的重金属主要来自着色颜料，如红丹、铅铬黄、铅白等，木家具、木器涂料中有毒重金属对人体的影响主要是通过木器在使用过程中干漆膜与人体长期接触，如误入口中，其可溶物将对人体造成危害。聚氯乙烯卷材地板中若含有铅、镉，随着地板的使用与磨损，铅、镉向表层迁移，在空气中形成铅尘、镉尘，通过接触误入口中而摄入体内，则造成危害。

铅、镉、铬、汞等重金属元素的可溶物进入人的机体后，会逐渐在体内蓄积，转化成毒性更强的金属有机化合物，对人体健康产生严重影响。过量的铅能损害神经、造血和生殖系统，引起抽搐、头痛、脑麻痹、失明、智力迟钝；铅还可引起免疫功能的变化，包括增加对细菌的易感性，抑制抗体产生，以及对巨噬细胞的毒性而影响免疫。铅对儿童的危害更大，因为儿童对铅有特殊的易感性，铅中毒可严重影响儿童生长发育和智力发展，因此铅污染的控制已成为世界性关注热点。长期吸入镉尘可损害肾、肺功能。长期接触铬化合物可引起接触性皮肤炎或湿疹。慢性汞中毒主要影响中枢神经系统等。

（2）TDI：甲苯二异氰酸酯 TDI 是一种无色液体，是溶剂性涂料中较易存在的一种有毒物质。聚氨酯树脂是多异氰酸酯和两个以上活性氢原子反应生成的聚合物。由于聚氨酯树脂反应条件以及其他因素的限制，在以聚氨酯树脂为基料生产的涂料和胶黏剂中，会存在一定量的游离的 TDI 及其他异氰酸酯化合物。

这些异氰酸酯单体都是毒性很大的物质，对呼吸道有明显刺激，可引起头痛、气短、支气管炎及过敏性哮喘呼吸道疾病。对人的眼睛也有明显刺激，引起眼角发干、疼痛、严重时引起视力下降。与皮肤接触后，会引起过敏性皮炎，严重时引起皮肤开裂、溃烂。

（3）氨：氨是无色气体，易溶于水、乙醇和乙醚。常温下 1 体积水可以溶解 700 体积的氨，溶于水后的氨形成氢氧化铵，俗称氨水。建筑中的氨，主要来自建筑施工中使用的混凝土外加剂。混凝土外加剂的使用有利于提高混凝土的强度和施工速度，冬期在混凝土墙体中加入会释放氨气的膨胀剂和防冻剂，或为了提高混凝土凝固速度，加入会释放氨气的高碱膨胀剂和早强剂，将留下氨污染隐患。室内家具涂饰时所用的添加剂和增白剂大部分都用氨水，也是造成氨污染的来源之一。

氨气可通过皮肤和呼吸道引起中毒，嗅觉阈值为 0.1～1.0 mg/m^3。因极易溶于水，对眼、喉、上呼吸道作用快，刺激性极强，轻者引起喉炎、声音嘶哑，重者可发生喉头水肿、喉痉挛而引起窒息，出现呼吸困难、肺水肿、昏迷和休克。但是氨污染释放期比较短，不会在空气中长期大量积存，对人体的危害相应小一些，但也应该引起注意。

6．室内装饰装修材料中有害物质限量

（1）《室内装饰装修材料　人造板及其制品中甲醛释放限量》（GB 18580—2001）（表 2-75）。

（2）《室内装饰装修材料　溶剂型木器涂料中有害物质限量》（GB 18581—2009）（表 2-76）。

（3）《室内装饰装修材料　内墙涂料中有害物质限量》（GB 18582—2008）（表 2-77）。

（4）《室内装饰装修材料　胶黏剂中有害物质限量》（GB 18583—2008）（表 2-78、表 2-79）。

（5）《室内装饰装修材料　木家具中有害物质限量》（GB 18584—2001）（表 2-80）。

（6）《室内装饰装修材料　壁纸中有害物质限量》（GB 18585—2001）（表 2-81）。

（7）《室内装饰装修材料　聚氯乙烯卷材地板中有害物质限量》（GB 18586—2001）（表 2-82）。

表 2-75　室内装饰装修材料人造板及其制品中甲醛释放限量

产品名称	试验方法	限量值≤	使用范围	限量标志
中密度纤维板、高密度纤维板、刨花板、定向刨花板等	穿孔萃取法	9mg/100g	可直接用于室内	E1
		30mg/100g	必须饰面处理后可允许用于室内	E2
胶合板、装饰单板贴面胶合板、细木工板等	干燥器法	1.5mg/L	可直接用于室内	E1
		5.0mg/L	必须饰面处理后可允许用于室内	E2
饰面人造板（包括浸渍纸层木质地板、实木复合地板、竹地板、浸渍胶膜纸饰面人造板等）	气候箱法	0.12mg/m³	可直接用于室内	E1
	干燥器法	1.5mg/L		

表 2-76　室内装饰装修材料溶剂性木器涂料中有害物质限量

项目		限量值		
		硝基漆类	聚氨酯漆类	醇酸漆类
挥发性有机化合物（VOC）/（g/L）≤		750	光泽（60°）≥80，600 光泽（60°）≥80，700	500
苯≤/%		0.5		
甲苯和二甲苯总和≤/%		45	40	10
游离甲苯二异氰酸酯（TD1）≤/%			0.7	
重金属（限色漆）/（mg/kg）≤	可溶性铅	90		
	可溶性镉	75		
	可溶性铬	60		
	可溶性汞	60		

表 2-77　室内装饰装修材料内墙涂料中有害物质限量

项目		限量值
挥发性有机化合物（VOC）/（g/kg）≤		200
游离甲醛/（g/kg）≤		0.1
重金属/（mg/kg）	可溶性铅 ≤	90
	可溶性镉 ≤	75
	可溶性铬 ≤	60
	可溶性汞 ≤	60

表 2-78　溶剂型胶黏剂中有害物质限量值

项目	指标		
	橡胶胶黏剂	聚氨酯类胶黏剂	其他胶黏剂
游离甲醛/（g/kg）≤	0.5		
苯/（g/kg）≤	5		
甲苯十二甲苯/（g/kg）≤	200		
甲苯二异氰酸酯/（g/kg）≤		10	
总挥发性有机物/（g/L）≤	750		

表 2-79 水基型胶黏剂中有害物质限量值

项目	指标				
	缩甲醛类胶黏剂	聚乙酸乙烯酯胶黏剂	橡胶类胶黏剂	聚氨酯类胶黏剂	其他胶黏剂
游离甲醛/（g/kg） ≤	1	1	1	—	1
甲苯十二甲苯/（g/kg） ≤	0.2				
甲苯二异氰酸酯/（g/kg） ≤	10				
总挥发性有机物/（g/L） ≤	50				

表 2-80 室内装饰装修材料木家具中有害物质限量

项目		限量值
甲醛释放量/（mg/L）		≤1.5
重金属含量（限色漆）/（mg/kg）	可溶性铅	≤90
	可溶性镉	≤75
	可溶性铬	≤60
	可溶性汞	≤60

表 2-81 室内装饰装修材料壁纸中有害物质限量

有害物质名称		限量值
重金属（或其他）元素/（mg/kg）	钡	≤1 000
	镉	≤25
	铬	≤60
	铅	≤90
	砷	≤8
	汞	≤20
	硒	≤165
	锑	≤20
氯乙烯单体/（mg/kg）		≤1.0
甲醛/（mg/kg）		≤120

表 2-82 室内装饰装修材料聚氯乙烯卷材地板中有害物质限量

项目		指标			
		发泡类卷材地板		非发泡类卷材地板	
		玻璃纤维基材	其他基材	玻璃纤维基材	其他基材
挥发物/（g/m²）		75	35	40	10
氯乙烯/（mg/kg） ≤		5			
可溶性重金属/（mg/m²） ≤	铅	20			
	镉	20			

（8）《室内装饰装修材料　地毯、地毯衬垫及地毯胶黏剂有害物质限量》（GB 18587—2001）（表 2-83～表 2-85）。

表 2-83 地毯有害物质限量

序号	有害物质	限量/[mg/（m²·h）]	
		A 级	B 级
1	总挥发性有机化合物（TVOC）	≤0.500	≤0.600
2	甲醛	≤0.050	≤0.050
3	苯乙烯	≤0.400	≤0.500
4	4-苯基环己烯	≤0.050	≤0.050

表 2-84 地毯衬垫有害物质释放限量

序号	有害物质	限量/[mg/（m²·h）]	
		A 级	B 级
1	总挥发性有机化合物（TVOC）	≤1.000	≤1.200
2	甲醛	≤0.050	≤0.050
3	丁基羟基甲苯	≤0.030	≤0.030
4	4-苯基环己烯	≤0.050	≤0.050

表 2-85 地毯胶黏剂有害物质释放限量

序号	有害物质	限量/[mg/（m²·h）]	
		A 级	B 级
1	总挥发性有机化合物（TVOC）	≤10.000	≤12.000
2	甲醛	≤0.050	≤0.050
3	2-乙基已醇	≤3.000	≤3.500

四、给水、排水工程材料

1. 室内给排水常用管材

一般建筑给排水常用金属管材的习惯表示方式：镀锌或不镀锌的焊接钢管以及铸铁管通常用公称直径（DN）表示，无缝钢管以外径乘以壁厚来表示。

（1）无缝钢管：无缝钢管按制造方法分为热轧管和冷拔（轧）管。冷拔（轧）管的最大公称直径为 200mm。热轧管的最大公称直径为 600mm。在给排水管道工程中，管径超过 57mm，常选用热轧管，管径在 57mm 以内时常选用冷拔（轧）管。

（2）焊接钢管：建筑给排水工程常用的焊接钢管为低压流体输送用焊接钢管，可分为镀锌管（俗称白铁管）和不镀锌管（俗称黑铁管）。其管壁纵向有一条焊缝，因而不能承受高压。根据管壁的不同厚度又可分为普通管（工作压力≤1.0MPa）和加强管（工作压力≤1.6MPa）。这两种壁厚均可用手动工具或套丝机在管端加工螺纹，以便采用螺纹连接。

在实际工程中，镀锌焊接钢管因其卫生及环保原因，从 20 世纪末起已在建筑生活给水系统中被淘汰，目前常用于消防管道、喷淋管道及工艺给水管道。常用的最小公称直径为 15mm，最大公称直径为 150mm。

（3）螺旋缝电焊钢管：螺旋缝电焊钢管采用普通碳素钢或低合金钢制造，一般用于工作压力不超过 2MPa，介质温度最高不超过 200℃的直径较大的管道，如水冷机组冷却水、室外煤气管道等。

（4）球墨铸铁排水管：球墨铸铁是一种碳、硅、铁的合金，其中碳以球状游离石墨的形式存在，球墨铸铁具有铁的本质、钢的性能。采用离心方式生产的离心球墨铸铁管，具有极强的抗压、耐腐蚀性和良好的刚性，已经取代了普通的砂模铸造铸铁管，通常用于高层建筑的排水系统和室外给水管道中。

室内排水常用的球墨铸铁管规格从 DN50 至 DN200。其接口形式有两种：一种是采用法兰对夹连接，橡胶圈密封；另一种是柔性平口连接排水铸铁管，这种管材没有大小头，没有承插之分，都是平口连接，用不锈钢卡箍连接，橡胶套密封。在工程上这两种铸铁管都可称为柔性抗震铸铁排水管，可用于防震、抗渗要求较高的场合。

2．常用非金属管材

非金属管材是 20 世纪 90 年代在我国逐渐兴起推广采用的，并逐步替代传统的金属给排水管材。目前常用的几种非金属管材均属于新型塑料化学建材，与金属管道相比，具有质量轻、耐压强度好，输送流体阻力小、耐化学腐蚀性能强、安装方便、投资低、省钢节能、使用寿命长等特点，且无毒、无害、卫生。

（1）硬聚氯乙烯（U-PVC）管：硬聚氯乙烯（U-PVC）管有给水管和排水管两种，主要区别是材料要求和工作压力的不同，制造 U-PVC 给水管的 PVC 塑料粒子原料必须符合卫生规范的要求。

建筑硬聚氯乙烯（U-PVC）排水管的额定工作压力为 0.63MPa、给水管的公称压力为 1.6MPa 其规格以外径计，共有 20～315mm 等 18 种规格，壁厚从 1.6～15.0mm 不等，连接方式采用常温黏结。

U-PVC 给水管的给水温度不得大于 45℃，给水压力不得大于 0.60MPa。给水管道不得用于消防给水管道。

U-PVC 排水管的最大缺点是工作时噪声大，现在常见的新产品有芯层发泡 U-PVC 管、螺旋内壁 U-PVC 管等，减噪效果较明显，可用于对隔声要求比较高的室内排水系统。

（2）聚丙烯（PP-R）给水管：聚丙烯（PP-R）给水管的公称压力有 1.0MPa 和 2.0MPa 两种。前者适用于工作压力不大于 0.6MPa、工作水温不大于 70℃的给水系统；后者适用于工作压力不大于 1.6MPa、水温不大于 95℃的给水或热水系统。PP-R 管的规格以外径计，常用的最小外径为 12mm，最大为 110mm，其连接方式采用熔接。

（3）交联聚乙烯（PEX）给水管：交联聚乙烯是将聚乙烯加交联剂进行化学改性，提高了耐热、耐压、耐化学腐蚀及使用寿命。PEX 管常规产品的压力等级为 1.25MPa，其管材及管件有冷水型、热水型两种。工作温度冷水型小于等于 45℃，热水型小于等于 95℃。

PEX 管规格以外径计，常用最小外径为 20mm，最大为 63mm，管道与管件连接采用卡箍式或卡套式连接。

（4）工程塑料（ABS）给水管：给水用 ABS 管材选用合适的 ABS 树脂及其他原料，经挤压成型（或注射成型）制得。ABS 树脂是丙烯腈、丁二烯和苯乙烯的三元共聚物，能表现出三种单体的协同性能。因此，ABS 管综合性能良好，特别是耐压能力、耐低温能力等，力学性能是目前所有塑料管材中最强的，适用于恶劣、寒冷条件下的场合。工程中常用的 ABS 管材规格以内径计，从 DN15 至 DN300 不等，公称压力 PN=1.0MPa，适用于工作温度－40～80℃的场合，采用 ABS 冷胶融合。其缺点是管材生产工艺较为复杂，成本相对较高。

3. 常用复合管材

复合管材是一种最新逐步推广应用的建材，它综合了金属管和塑料管材的优点，既有金属管材的机械强度，又有塑料管材的耐腐蚀性和卫生性。常见的有铝塑复合管、钢塑复合管等，在给水系统中已经被广泛采用。

（1）钢塑复合管：钢塑复合管是指在钢管内壁衬（涂）一定厚度塑料层复合而成的管材，它可分为衬塑钢管和涂塑钢管两种，前者是采用紧衬复合工艺将塑料管衬于钢管内而制成的复合管；后者是将塑料涂料均匀涂敷于钢管内表面并加工而制成的复合管。内衬（涂）塑料通常采用交联聚乙烯（PEX）、氯化聚氯乙烯（PVC-C）、聚丙烯（PP）及环氧树脂等。

钢塑复合管的规格，公称压力等级均以外层钢管计，在工程中应根据设计选用。管材可采用螺纹连接、法兰连接或沟槽式连接。

（2）铝塑复合管：铝塑复合管是由内外层塑料（PE）、中间层铝合金及胶黏层复合而成的管材，符合卫生标准，具有较高的耐压、耐冲击、抗裂能力和良好的保温性能。在实际工程中，铝塑复合管有普通管和耐高温管两种，工作压力均为 1.0MPa，前者适用于温度≤60℃的自来水、饮用水的输送，通常管材呈白色或蓝色（饮用水）；后者适用于温度≤95℃的热水系统，管材主要颜色为橘黄色，铝塑复合管能够自行弯曲，采用专门配件嵌入压装式连接。

（3）室外给排水常用管材：

1）常用金属管材：

① 钢管：室外给排水常用的无缝钢管、焊接钢管与室内给排水所用的基本相同，只是埋地管道应当按设计要求作好防腐、保温处理。

② 球墨铸铁管：室外大口径给水管道通常采用球墨铸铁给水管，由于其兼有普通灰铁管的耐腐蚀性和钢管的强度及韧性，使它足以承受复杂的外部条件，包括路面负荷，这一点是其他管材所不及的。

室外球墨铸铁给水管常用管径从 DN80 至 DN1200 不等，工作压力为 1.0MPa。采用 T 形滑入式柔性接口，橡胶圈密封。为降低铸铁管糙度系数，管材通常内衬一层 3～6mm 的水泥砂浆，并经修磨，对流体阻力很小。

2）常用非金属管材：

① 聚乙烯（PE）管：聚乙烯管的公称压力分为 0.4MPa、0.6MPa、0.8MPa、1.0MPa、1.25MPa、1.6MPa 等级别。其规格以外径计，从 16～710mm 不等，适用温度范围为－60～60℃，由于 HDPE 管具有良好的耐磨性、低温抗冲击性和耐化学腐蚀性，因此在实际工程中常用于大口径室内外给水、排水管道。

② 硬聚氯乙烯（U-PVC）管：硬聚氯乙烯管也常用于室外埋地给排水系统，其规格公称外径从 20～630mm 不等，公称压力分为 0.6MPa、0.8MPa、1.0MPa、1.25MPa 和 1.6MPa 5 个规格，管材颜色一般给水管为蓝色、排水管为白色，适用于温度不低于 0℃，不高于 45℃的场合。

室外硬聚氯乙烯管道的连接通常采用黏结或滑入式柔性连接（橡胶圈密封）。为增加管材的强度，室外硬聚氯乙烯管常采用波纹加强筋或玻璃纤维增强的加强管材。

4．常用阀门、管件的分类及使用

（1）常用阀门：

1）阀门型号：阀门产品的型号由 7 个。

单元组成，各单元表示的意义如图 2-18 所示。

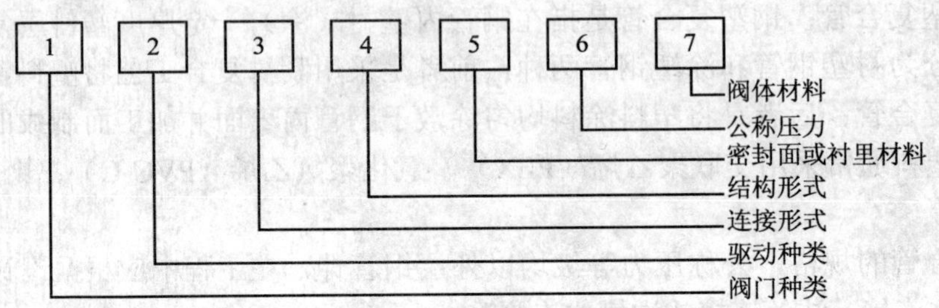

图 2-18　阀门型号示意图

第 1 单元以汉语拼音字母表示阀门类别。

闸阀 Z；截止阀 J；节流阀 L；球阀 Q；止回阀 H；安全阀 A；减压阀 Y；旋塞阀 X；蝶阀 D；隔膜阀 G；疏水阀 S。

第 2 单元以一位数字表示阀门驱动类别。

蜗轮 3；齿轮 4；伞齿轮 5；气动 6；液动 7；电磁 8；电动 9；对于手轮、手柄、扳手驱动式的阀门则省略本单元。

第 3 单元以一位数字表示阀门的连接式。

内螺纹 1；外螺纹 2；法兰 4；焊接 6；对夹 7；卡箍 8；卡套 9。

第 4 单元用一位数字表示阀门的结构形式。因阀门类别不同，故结构形式的代号各异。

截止阀、节流阀：

直通式 1；直角式 4；直流式 5；波纹管式 8；平衡直通式 6；平衡角式 7。

闸阀：

楔式明杆弹性闸板 0；楔式明杆单闸板 1；楔式明杆双闸板 2；楔式暗杆单闸板风板 5；楔式暗杆双闸 6；平行式明杆单闸板 3；平行式明杆双闸板 4；单闸板中包括弹性闸板 7。

止回阀：

升降直通式 1；升降立式 2；旋启式单瓣 4；旋启式多瓣 5；旋启式双瓣 6。

球阀：

浮球直通式 1；浮球三通式 L4；浮球三通式 T5；固定球直通式 7；固定球三通式 8。

旋塞：

填料直通式 3；填料三通式 4；填料四通式 5；油密封直通式 7；油密封三通式 8。

第 5 单元用汉语拼音字母表示阀门密封面或衬里材料。

铜合金 T；不锈钢 H；巴氏合金 B；渗氮钢 D；硬质合金 Y；渗硼钢 P；橡胶 X；尼龙塑料 N；氟塑料 F；搪瓷 C；衬胶 J；衬铅 Q。

密封面是在阀体上直接加工出来的，用代号 W 表示。

第 6 单元直接用数字标明阀门的工作压力，用一位、二位或三位数字表示。

第 7 单元用汉语拼音字母表示阀体材料。

灰铸铁 Z；可锻铸铁 K；高硅铸铁 G；球墨铸铁 Q；铸钢 C；铜与铜合金 T；铬钼合金钢 I；铬镍不锈钢 P；铬镍钼耐酸钢 R；铬镍钒合金钢 V。

公称压力 *PN*≤1.6MPa 的灰铸铁阀体和 *PN*≤2.5MPa 的碳素钢阀体则省略本单元。

2）阀门涂色标识（表 2-86～表 2-88）。

表 2-86 不同阀体材质的涂色

阀体材质	识别涂色	阀体材质	识别涂色
灰铸铁、可锻铸铁	黑色	耐酸钢、不锈钢	天蓝色
球墨铸铁	银色		中蓝色
碳素钢	中灰色	合金钢	

注：1. 耐酸钢、不锈钢阀体可不涂色；
2. 铜合金阀体不涂色。

表 2-87 不同密封面材质的涂色

密封面材质	识别涂色	密封面材质	识别涂色
铜合金	大红色	蒙乃尔合金	深黄色
锡基轴承合金（巴氏合金）	淡黄色	塑料	紫红色
耐酸钢、不锈钢	天蓝色	橡胶	中绿色
渗氮钢、渗硼铜	天蓝色	铸铁	黑色
硬质合金	天蓝色		

表 2-88 不同衬里材质的涂色

衬里材质	识别涂色	衬里材质	识别涂色
搪瓷	红色	铅锑合金	黄色
橡胶及硬橡胶	绿色	铝	铝白色
塑料	蓝色		

（2）常用管件：

1）钢制管件：钢管道的管件按制作方法分为两类：用压制法、热推弯法及管段弯制法制成的元缝管件；用管段或钢板焊接制成的焊接管件。

无缝钢管件以其制作省工及适于在安装加工现场管道集中预制，因而采用十分广泛，并已成为安装单位所用管件的主要采取的类型。

无缝钢管件及焊接钢管件的常用类型和尺寸见表 2-89。

表2-89 无缝管件及焊接管件的常用类型和尺寸

类型	*PN*/MPa	*DN*/mm
1．90°、60°、45°急弯弯头	<10	0～500
2．15°、30°、45°、60°、90°弯头	<10	20～400
3．30°、45°、60°、90°焊接弯头	<6.4	150～1 600
4．斜截面角度为15°、22°、30°的焊接弯头	<6.4	150～1 600
5．斜截面角度为30°的焊接弯头	<6.4	150～1 600
6．等径无缝三通	<10	40～350
7．等径无缝三通	<10	40～1 600
8．异径无缝三通	<10	50～350
9．异径无缝三通	<10	40～1 600
10．同心异径管（无缝）	<10	50～400
11．偏心异径管（焊接）	<4	150～500
12．同心异径管（焊接）	<4	150～500
13．偏心异径管（无缝）	<10	50～400
14．卷边盲板（封头）	<10	40～150
15．平管底	<2.5	40～500
16．带加强肋的平管	<2.5	400～600

注：焊接管件的使用范围根据管件使用的管材种类和钢号确定。

2）可锻铸铁管件：此类管件采用可锻铸铁浇注成型，并经机械加工形成螺纹，主要用于焊接钢管的螺纹连接。一般管件内外表面均镀锌。

可锻铸铁管件主要包括三通（等径、异径）、四通（等径、异径）、弯头（90°、45°）、活接头、异径管、内螺纹接头、外螺纹接头、内外螺纹接头、堵头、锁紧螺母等，其规格公称直径一般为DN15至DN100，公称压力为1.0MPa，允许最大压力为1.6MPa。

3）球墨铸铁管件：此类管件是与球墨铸铁管配套使用的，从壁厚及工作压力可分为给水铸铁管件和排水铸铁管件两种，从连接方式可分为机械式柔性连接管件、T形承插式柔性连接管件、平口柔性连接管件、法兰管件等几种。

4）硬聚氯乙烯（U-PVC）管件：硬聚氯乙烯管件分为给水管件和排水管件两种，主要有弯头、三通、四通、套管、P弯、S弯、检查管、塑料阀门等。

U-PVC管件除阀门外均采承插黏结，阀门接口处带有紧锁螺母及短节，使用时管道应与短节用塑料焊接。排水管件使用压力不超过0.5MPa，使用温度0～40℃。

5．卫生器具及附件

（1）卫生器具：卫生器具是人们在日常生活中接触最多的给排水器具，它与人们的舒适度、身体健康和环境卫生息息相关。

1）洗脸盆：从安装方式上分，有墙式、立式、台式等，从材质上分，以陶瓷为主，也有少数玻璃产品。

2）洗涤盆：包括各种类型的洗涤盆、污水盆、妇女卫生盆等，材质以陶瓷为主，也有一定数量的不锈钢、石质和水泥制品。

3）大便器：常见的有坐式大便器和蹲式大便器两种，在人流量大的公共场所还设有大便槽。

4）小便器：有小便槽和小便器两种形式，其中常见的小便器从安装方式上可分为立式和挂式两种。

5）淋浴器：目前常见的有浴盆、浴房两种，在公共浴室，还有成排淋浴器。

（2）附件：

1）给水附件：卫生器具给水附件主要包括各种类型的水嘴、冲洗阀、浮球阀、配水阀门（三角阀）、配水短管等。

2）排水附件：卫生器具排水附件主要包括排水栓、地漏、存水弯（S 弯和 P 弯）、雨水斗等。

6. 主要的辅助材料

（1）型钢：给水排水工程中常用的型钢主要有圆钢、扁钢、角钢、钢板、槽钢、工字钢等。

1）圆钢：常用规格为声ϕ6～22mm，用于制作吊钩、卡箍等。

2）扁钢：常用规格为 20mm×4mm～40mm×4mm，用于制作吊环、卡环、活动支架等。

3）角钢：各种规格，用于制作支架、法兰等。

4）钢板：各种规格，用于制作各种容器、法兰、支架、套管、预埋铁件等。

5）槽钢：工字钢用于制作管道及设备支架、支座等。

（2）填料：填料是指充填缝隙的材料，常用作管道承插连接或螺纹连接的接口材料，起充实防止渗漏的作用，常用的有麻丝、石棉绳、聚四氟乙烯（生料带）、橡胶圈等。

（3）垫料：垫料是夹衬的材料，即垫圈，常用于法兰接口。工程中常用的垫料从承压来分，可分为低压垫圈、中压垫圈和高压垫圈 3 类。从材质来分，可分为橡胶类、石棉类、金属类、纸板类和塑料类 5 类。

五、采暖工程材料

1. 散热器

（1）灰铸铁柱型及细柱型散热器：灰铸铁柱型及细柱型散热器型号表示方法为：TZ（XZ）×—×—×；从左至右，第一位 T 表示铸铁，Z 表示柱型（XZ 表示细柱型），第一个×表示柱数，第二个×表示同侧进出水口中心距（单位为 100mm），第三个×表示工作压力（单位为 0.1MPa）。

（2）灰铸铁长翼型和圆型散热器：长翼型散热器型号表示方法为：TC×/×—×；从左至右，第一位 T 表示铸铁，C 表示长翼型，第一个×表示片长（单位为 1 000mm），第二个×表示同侧进出水口中心距（单位为 100mm），第三个×表示工作压力（单位为 0.1MPa）。

圆型散热器型号表示方法为：TY×—×；从左至右，第一位 T 表示铸铁，Y 表示圆翼型，第一个×表示长度，第二个×表示工作压力（单位为 0.1MPa）。

（3）板式散热器：板式散热器型式有 A_1、A_2、A_3、A_4、A_5，长度由设计决定，涂层颜色、安装形式以及进出水口位置、放气阀数量应在订货时加以说明。

（4）钢制板型和柱型散热器：钢制板型和柱型散热器型号表示方法为：GB（Z）×—×/×—×；从左至右，第一位 G 表示钢制，B 表示板型（Z 表示柱型），第一个×表示单面水道槽为 1、双回水道槽为 2（柱型则表示柱数），第二个×表示 D 表示为单板、S 表示为双板（柱型则表示散热器宽度）第三个×表示同侧进出水口中心距（单位为 100mm），第四个×表示工作压力（单位为 0.1MPa）。

（5）辐射对流散热器和光管散热器：辐射对流散热器型号表示方法为：TFD—×—×；从左至右，第一位 T 表示灰铸铁，FD 表示辐射对流式，第一个×表示同侧进出水口中心距（单位为 100mm），第二个×表示工作压力（单位为 0.1MPa）。

光管散热器则分为 A 型和 B 型，A 型用于蒸汽热媒，B 型用于热水热媒。

（6）钢制扁管散热器：钢制扁管散热器分为：GBG/D 型（单板不带对流片）、GBG/DL 型（单板带对流片）和 GBG/SL 型（双板带对流片）；规格有 370mm、470mm 和 570mm 三种。

（7）闭式对流散热器：闭式对流散热器型号表示方法为：GCB—×—×；从左至右，第一位 G 表示钢制，CB 表示串片闭式，第一个×表示同侧进出水口中心距（单位为 100mm），第二个×表示工作压力（单位为 0.1MPa）。

2．阀门

（1）闸阀：装在管路上作启闭（主要是全开、全关）管路及设备中介质用，其特点是介质通过时阻力小。暗杆闸阀的阀杆不作升降运动，适用于高度受限制的地方；明杆闸阀只能用于高度不受限制的地方。常用的有内螺纹暗杆楔式闸阀、暗杆楔式闸阀、楔式闸阀、平行式双；闸板闸阀。

（2）疏水阀：装于蒸汽管路或加热器、散热器等蒸汽设备上，能自动排除管路或设备中的冷凝水，并能防止蒸汽泄漏。常用的有内螺纹钟形浮子式疏水阀、内螺纹热动力式疏水阀、内螺纹双金属片式疏水阀。

（3）活塞式减压阀：装于工作压力 P_{30}≤1.3MPa、工作温度≤300℃的蒸汽或空气管路上，能自动将管路内介质压力减低到规定的数值，并使之保持不变。阀体材料采用球墨铸铁，密封面材料采用不锈钢，公称压力为 1.6MPa。

（4）暖气直角式截止阀：装于室内暖气设备（散热器）上，作为开关及调节流量设备。阀体材料采用灰铸铁、可锻铸铁、铜合金。适用温度≤225℃，公称压力为 1.0MPa。

六、电气工程材料

1．绝缘电线

（1）BV（铜芯聚氯乙烯绝缘电线）、BLV（铝芯聚氯乙烯绝缘电线）、BVV（铜芯聚氯乙烯绝缘聚氯乙烯护套电线）、BLVV（铝芯聚氯乙烯绝缘聚氯乙烯护套电线）BVR（铜芯聚氯乙烯绝缘软线）系列电线（简称塑料线）。供各种交流、直流电器装置、电工仪表、电信设备、电力及照明装置配线用。其线芯长期允许工作温度不超过 65℃，敷设温度不低于－15℃。用于交流 500V 及以下，直径 1 000V 及以下线路中，可明设、暗设，护套线可直接埋地。

（2）RV（铜芯聚氯乙烯绝缘软线）、RVB（铜芯聚氯乙烯绝缘平型软线）、RVS（铜芯聚氯乙烯绝缘绞型软线）、RVV（铜芯聚氯乙烯绝缘聚氯乙烯护套软线）型聚氯乙烯绝缘软线。该系列电线供各种交流、直流移动电器、电工仪表、电器设备及自动化装置接线用。其线芯长期允许温度不超过 65℃；安装温度不低于－15℃。截面为 0.06mm^2 及以下的电线，只适于用做低压设备内部接线。

（3）RFB（复合物绝缘平型软线）、RFS（复合物绝缘绞型软线）型丁腈聚氯乙烯复合物绝缘软线。该产品简称复合物绝缘软线，供交流 250V 及以下和直流 500V 及以下的各种移动电器、无线电设备和照明灯座等接线用。线芯的长期允许工作温度为 70℃。

（4）BXF（铜芯氯丁橡皮线）、BLXF（铝芯氯丁橡皮线）、BXR（铜芯橡皮软线）、BLX（铝芯橡皮线）、BX（铜芯橡皮线）型橡皮绝缘电线。该系列电线（简称橡皮线）供交流 500V 及以下，直流 1 000V 及以下的电器设备和照明装置配线用。线芯长期允许工作温度不超过 65℃。BXF 型氯丁橡皮线具有良好的耐老化性能和不延燃性，并有一定的耐油、耐腐蚀性能，适用于户外敷设。

（5）RXS（橡皮绝缘棉纱编织双绞软线）、RX（橡皮绝缘棉纱总编织软线）型橡皮绝缘棉纱编织软线。该产品适用于交流 250V 及以下、直流 500V 及以下的室内干燥场所，供各种移动式日用电器设备和照明灯座与电源连接用。线芯长期允许工作温度不超过 65℃。

（6）FVN 型聚氯乙烯绝缘尼龙护套电线。该电线系铜芯镀锡聚氯乙烯绝缘尼龙护套电线，用于交流 250V 及以下、直流 500V 及以下的低压线路中。线芯长期允许工作温度为－60～80℃，在相对湿度为 98%条件下使用时环境温度应小于 45℃。

（7）电力和照明用聚氯乙烯绝缘软线。该产品采用各种不同的铜线芯、绝缘及护套，能耐酸、碱、盐和许多溶剂的腐蚀，能经得起潮湿和霉菌作用，并具有阻燃性能，还可以制成多种颜色有利于接线操作及区别线路。技术数据见表 2-90。

表 2-90 标记号、名称及应用范围

标记号	电压等级（V/V）	名称	应用范围
21	300/500	单芯聚氯乙烯绝缘无护套内接线用软线	适用于交流额定电压 300/500V 和 300/300V 及以下的各种电气装置、仪器仪表、电信设备、电力及照明等安装接线用。用于环境温度和导体负载温升相结合不超过 70℃和短路时导体最高温度不超过 160℃的场所 使用温度：－30～70℃ 敷设温度：不低于－15℃
23	300/500	两芯绞合聚氯乙烯绝缘无护套内接线用软线	
24	300/300	两芯平行聚氯乙烯绝缘线	
25	300/300	两芯方形平行聚氯乙烯绝缘软线	
26	300/300	两芯平行聚氯乙烯绝缘和聚氯乙烯护套轻型软线	
27	300/300	两芯圆形聚氯乙烯绝缘和聚氯乙烯护套轻型软线	
28	300/300	三芯圆形聚氯乙烯绝缘和聚氯乙烯护套轻型软线	
41	300/500	两芯平行聚氯乙烯绝缘和聚氯乙烯护套普通软线	
42	300/500	两芯圆形聚氯乙烯绝缘和聚氯乙烯护套普通软线	
43	300/500	三芯圆形聚氯乙烯绝缘和聚氯乙烯护套普通软线	
44	300/500	四芯圆形聚氯乙烯绝缘和聚氯乙烯护套普通软线	
45	300/500	五芯圆形聚氯乙烯绝缘和聚氯乙烯护套普通软线	

2. 电线穿管

（1）电线管：电线管的公称口径有 13mm、16mm、20mm、25mm、32mm、38mm、50mm 等各种规格。

（2）自熄塑料电线管及配件：自熄塑料电线管及配件以改性聚氯乙烯作材料，电性能优良，耐腐性、自熄性能良好，并且韧性大，曲折不易断裂。其全套组件的连接只须用胶黏剂黏结，与金属管材比较，减轻了质量，降低了造假，色泽鲜艳，具有防火、绝缘、耐腐、材轻、美观、价廉、便于施工等优点。

自熄塑料管型号与规格：PVC—016、PVC—019、PVC—025、PVC—032、PVC—040、PVC—050。

配件主要有接线盒（A 型、B 型）、灯头接线盒（小号、大号）、直角弯头、束节、入盒接头等。

（3）聚乙烯电线管及地面接线盒：适用于水泥地坪或混凝土构件内暗敷或明敷保护照明线路。根据标称直径，有 10mm、13mm、16mm、20mm、24mm 等规格。

地面接线盒则分为小、中、大 3 个型号。

3．电光源

（1）白炽灯泡：白炽灯泡是利用钨丝通电加热而发光的一种热辐射光源。有普通照明灯泡和双螺旋普通照明灯泡之分。具有结构简单，使用方便的特点。

（2）反射型普通照明灯泡：采用聚光型玻壳制造。玻壳圆锥部分的内表面蒸镀有一层反射性很好的镜面铝膜。灯泡型号有 PZF220—15、25、100、300、500 等。

（3）蘑菇形普通照明灯泡：灯泡采用全磨砂、乳白色的玻壳制造。有 PZM220—15、25、40、60 等型号。

（4）装饰灯泡：采用各种彩色玻壳制成，其种类有磨砂、彩色透明、彩色瓷料及内涂色等。

（5）荧光灯管：普通荧光灯为热阴极预热式低气压汞蒸气放电灯，与普通白炽灯相比，具有发光效率高、寿命长、用电省等优点。分为直管荧光灯管、U 形与圆形荧光灯和低温陕速启动荧光灯。

4．开关与插座

开关的型号很多，有单控拉线开关、双控拉线开关、单控跷板开关、双控跷板开关、电铃开关、节能定时开关、拉线式多控开关、按钮式多控开关。

插座有单相二极、单相三极、三相四极之分。常用的有单相二极、单相三极、三相四极之分。常用的有单相二极普通插座、单相二极安全插座、单相三极普通插座、单相三极安全插座、T 型二极插座、二相四极普通插座、单相二极防脱锁紧型插座、单相三极防脱锁紧型插座、三相四极防脱锁紧型插座等。

相对应的，插头有单相二极插头、单相三极插头、三相四极插头、T 型二极插头、二极防脱锁紧型配套插头、三极防脱锁紧型配套插头、四极防脱锁紧型配套插头等。

第三章　材料计划管理

第一节　材料计划管理概述

材料管理应确定一定时期内所能达到的目标，材料计划就是为实现材料工作目标所做的具体部署和安排。材料计划是企业材料部门的行动纲领，对组织材料资源、满足施工生产需要、提高企业经济效益，具有十分重要的作用。

一、材料计划管理的概念

材料计划管理，就是运用计划手段组织、指导、监督、调节材料的采购、供应、储备、使用等一系列工作的总称。

社会主义市场经济的确立，要求企业根据生产经营的规律，进行市场预测、需求预测、有计划地安排材料的采购、供应、储备，以适应变化迅速的市场形势。

第一，应确立材料供求平衡的观念。供求平衡是材料计划管理的首要目标。宏观上的供求平衡，使基本建设投资规模必须建立在社会资源条件允许情况下，才有材料市场的供求平衡，才可寻求企业内部的供求平衡。材料部门应积极组织资源，在供应计划上不留缺口，使企业完成施工生产任务有坚实的物质保证。

第二，应确立指令性计划、指导性计划和市场调节相结合的观念。市场的作用在材料管理中所有份额越来越大，编制计划、执行计划均应在这种观念的指导下，使计划切实可行。

第三，应确立多渠道、多层次筹措和开发资源的观念。多渠道、少环节是我国物资管理体制改革的一贯方针。企业一方面应充分利用市场，占有市场，开发资源；另一方面应狠抓企业管理，依靠技术进步，提高材料使用效能，降低材料消耗。

二、材料计划管理的任务

（1）为实现企业经济目标做好物质准备建筑企业的经营发展，需要材料部门提供物质保证。材料部门必须适应企业发展的规模、速度和要求，只有这样才能保证企业经营顺利进行。为此材料部门应做到经济采购，合理运输，降低消耗，加速周转，以最少的资金获得最优的经济效果。

（2）做好平衡协调材料计划的平衡是施工生产各部门协调工作的基础。材料部门一方面应掌握施工任务，核实需用情况；另一方面要查清内外资源，了解供需状况，掌握市场信息，确定周转储备，搞好材料品种、规格及项目的平衡配套，保证生产顺利进行。

（3）采取措施，促进材料的合理使用建筑施工露天作业，操作条件差，浪费材料的问题长期存在。必须加强材料的计划管理，通过计划指标、消耗定额，控制材料使用，并采取一定的手段，如检查、考核、奖励等，提高材料的使用效益，从而提高供应水平。

（4）建立健全材料计划管理制度：材料计划的有效作用是建立在材料计划的高质量的基础上的。建立科学、连续和严肃的计划材料指标体系，是保证材料计划制度良好运行的基础。健全材料计划流转程序和制度以保证施工有秩序、高效率地运行。

三、材料计划的分类

1．材料计划按照材料的使用方向分为生产材料计划和基本建设材料计划

（1）生产材料计划。是指施工企业所属工业企业，为完成生产计划而编制的材料计划。如机械制造、制品加工、周转材料生产和维修、建材产品生产等。所需材料的按生产的产品数量和该产品消耗定额计算确定。

（2）基本建设材料计划。包括自身基建项目、承建基建项目的材料计划，通常应承包协议和分工范围及供应方式编制。

2．按照材料计划的用途分为材料需用计划、申请计划、供应计划、加工订货计划和采购计划

（1）材料需用计划。一般由最终使用材料的施工项目编制，是材料计划中最基本的计划，是编制其他计划的基本依据。材料需用计划应根据不同的使用方向，分单位工程，结合材料消耗定额，逐项计算需用材料的品种、规格、质量、数量，最终汇总成实际需用数量。

（2）材料申请计划。是根据需用计划，经过项目或部门内部平衡后，分别向有关供应部门提出的材料申请计划。

（3）材料供应计划。是负责材料供应的部门，为完成材料供应任务，组织供需衔接的实施计划。除包括供应材料的品种、规格、质量、数量、使用项目以外，还应包括供应时间。

（4）材料加工订货计划。是项目或供应部门为获得材料或产品资源而编制的计划。计划中应包括所需材料或产品的名称、规格、型号、质量及技术要求和交货时间等，其中若属非定型产品，应附有加工图纸、技术资料或提供样品。

（5）材料采购计划。是企业为了向各种材料市场采购材料而编制的计划。计划中应包括材料品种、规格、数量、质量，预计采购厂商名称及需用资金。

3．按照计划期限分为年度计划、季度计划、月度用料计划、一次性用料计划及临时追加计划

（1）年度计划。是建筑企业保证全年施工生产任务所需用料的主要材料计划。它是企业向国家或地方计划物资部门、经营单位申请分配、组织订货、安排采购和储备提出的计划，也是指导全年材料供应与管理活动的重要依据。因此，年度材料计划，必须与年度施工生产任务密切结合，计划质量（指反映施工生产任务落实的准确程度）的好与坏，对全年施工生产的各项指标能否实现有着密切关系。

（2）季度计划。根据企业施工任务的落实和安排的实际情况编制季度计划，用以调整年度计划，具体组织订货、采购、供应。落实各项材料资源，为完成本季施工生产任

务提供保证。季度计划材料品种、数量一般须与年度计划结合，有增或减的，要采取有效的措施，争取资源平衡或报请上级和主管部门调整计划。如果采取季度分月编制的方法，则需要具备可靠的依据。这种方法可以简化月度计划。

（3）月度用料计划。它是基层单位，根据当月施工生产进度安排编制的需用材料计划它比年度、季度计划更细致，要求内容更全面、及时和准确。以单位工程为对象，按形象进度实物工程量逐项分析计算汇总使用项目及材料名称、规格、型号、质量、数量等，是供应部门组织配套供料、安排运输、基层安排收料的具体行动计划。它是材料供应与管理活动的重要环节，对完成月度施工生产任务，有更直接的影响。凡列入月计划的施工项目需用材料，都要进行逐项落实，如个别品种、规格有缺口，要采取紧急措施，如借、调、改、代、加工、利库等办法，进行平衡，保证按计划供应。

（4）一次性用料计划，也叫单位工程材料计划。是根据承包合同或协议书，按规定时间要求完成的施工生产计划或单位工程施工任务而编制的需用材料计划，它的用料时间与季、月计划不一定吻合，但在月度计划内要列为重点，专项平衡安排。因此，这部分材料需用计划，要提前编制交供应部门，并对需用材料的品种、规格、型号、颜色、时间等，都要详细说明，供应部门应保证供应。内包工程可采取签订供需合同的办法。

（5）临时追加材料计划。由于设计修改或任务调整，原计划品种、规格、数量的错漏，施工中采取临时技术措施，机械设备发生故障需及时修复等原因，需要采取临时措施解决的材料计划，叫临时追加用料计划。列入临时计划的一般是急用材料，要作为重点供应。如费用超支和材料超用，应查明原因，分清责任，办理签证，由责任方承担经济责任。

四、编制材料计划的步骤

施工企业常用的材料计划，是按照计划的用途和执行时间编制的年、季、月的材料需用计划、申请计划、供应计划、加工订货计划和采购计划。在编制材料计划时，应遵循以下步骤：

（1）各建筑项目及生产部门按照材料使用方向，分单位工程，作工程用料分析，根据计划期内应完成的生产任务量及下一步生产中需提前加工准备的材料数量，编制材料需用计划。

（2）根据项目或生产部门现有材料库存情况，结合材料需用计划，并适当考虑计划期末周转储备量，按照采购供应的分工，编制项目材料申请计划，分报各供应部门。

（3）负责某项材料供应的部门，汇总各项目及生产部门提报的申请计划，结合供应部门现有资源，全面考虑企业周转储备，进行综合平衡，确定对各项目及生产部门的供应品种、规格、数量及时间，并具体落实供应措施，编制供应计划。

（4）按照供应计划所确定的措施，如采购、加工订货等，分别编制措施落实计划，即采购计划和加工订货计划，确保供应计划的实现。

五、影响材料计划管理的因素

材料计划的编制和执行中，常受到多种因素的制约，处理不当极易影响计划的编制质量和执行效果。影响因素主要来自企业外部和企业内部两个方面。

企业内部影响因素，主要是企业内各部门间的衔接问题。例如，生产部门提供的生产计划，技术部门提出的技术措施和工艺手段，劳资部门下达的工作量指标等。只有及时提供准确的资料，才能使计划制订有依据而且可行。同时，要经常检查计划执行情况，发现问题及时调整。计划期末必须对执行情况进行考核，为总结经验和编制下期计划提供依据。

企业外部影响因素主要表现在材料市场的变化因素及与施工生产相关的因素。如材料政策因素、自然气候因素等。材料部门应及时了解和预测市场供求及变化情况，采取措施保证施工用料的相对稳定。掌握气候变化信息，特别是对冬、雨季期间的技术处理，劳动力调配，工程进度的变化调整等均应作出预计和考虑。编制材料计划应实事求是，积极稳妥，不留缺口，使计划切实可行。执行中应严肃、认真，为达到计划的预期目标打好基础。定期检查和指导计划的执行，提高计划制订水平和执行水平，考核材料计划完成情况及效果，可以有效地提高计划管理质量，增强计划的控制功能。

第二节　材料计划的编制和实施

一、材料计划的编制原则

1．综合平衡的原则

编制材料计划必须坚持综合平衡的原则。综合平衡是计划管理工作的一个重要内容，包括产需平衡，供求平衡，各供应渠道间平衡，各施工单位间的平衡等。坚持积极平衡，按计划做好控制协调工作，促使材料合理使用。

2．实事求是的原则

编制材料计划必须坚持实事求是的原则，材料计划的科学性就在于实事求是，深入调查研究，掌握正确数据，使材料计划可靠合理。

3．留有余地的原则

编制材料计划要瞻前顾后，留有余地，不能只求保证供应，扩大储备，形成材料积压。材料计划不能留有缺口，避免供应脱节，影响生产。只有供需平衡，略有余地，才能确保供应。

4．严肃性和灵活性统一的原则

材料计划对供需双方都有严格的约束作用，同时建筑施工受到多种主客观因素的制约，出现变化情况也是在所难免的。所以在执行材料计划中，既要讲严肃性，又要适当重视灵活性，只有严肃性和灵活性的统一，才能保证材料计划的实现。

二、材料计划的编制准备

1．要有正确的指导思想

建筑企业的施工生产活动与国家各个时期国民经济的发展有着密切的联系，为了很好地组织施工，必须学习党和国家有关方针政策，掌握上级有关材料管理的经济政策，使企业材料管理工作沿着正确方向发展。

2. 收集资料

编制材料计划要建立在可靠的基础上，要收集各项有关资料数据，包括上期材料消耗水平，上期施工作业计划执行情况，摸清库存情况，以及周转材料、工具的库存和使用情况等。

3. 了解市场信息

市场资源是目前建筑企业解决需用材料的主要渠道，编制材料计划时必须了解市场资源情况，市场供需状况。这些组织平衡的重要内容，不能忽视。

三、材料计划的编制程序

1. 计算需用量

（1）计划期内工程材料需用量计算：

1）直接计算法。一般是以单位工程为对象进行编制。在施工图纸到达并经过会审后，根据施工图计算分部分项实物工程量，结合施工方案与措施，套用相应的材料消耗定额编制材料分析表。按分部进行汇总，编制单位工程材料需用计划。再按施工形象进度编制季、月需用计划。

直接计算法的公式如下：

某种材料计划需用量=建筑安装实物工程量×某种材料消耗定额（分预算定额和施工定额）

上述计算公式的材料消耗定额，根据使用对象选定。如编制施工图预算向建设单位、上级主管部门和物资部门申请计划分配材料指标、作为结算依据或据以编制订货、采购计划，应采用预算定额计算材料需用量。如企业内部编制施工作业计划，向单位工程承包负责人和班组实行定包承包负责人和班组实行定包供应材料，作为承包核算基础，则采用施工定额计算材料需用量。

2）间接计算法。当工程任务已经落实，但设计尚未完成，技术资料不全；有的工程甚至初步设计还没有确定，只有投资金额和建筑面积指标，不具备直接计算的条件。为了事前做好备料工作，可采用间接计算法。根据初步摸底的任务情况，按概算定额或经验定额分别计算材料用量，编制材料需用计划，作为备料依据。

凡采用间接计算法编制备料计划的，在施工图到达后，应立即用直接计算法核算材料实际需用量，进行调整。

间接计算法的具体做法如下：

① 已知工程类型、结构特征及建筑面积的项目，选用同类型按建筑面积平方米消耗定额计算，其计算公式为：

某材料计划需用量=某类型工程建筑面积×某类型工程每平方米某材料消耗定额×调整系数

② 工程任务不具体，如企业的施工任务只有计划总投资，则采用万元定额计算。其计算公式如下（由于材料价格浮动较大，计算时必须查清单价及其浮动幅度，折成系数调整，否则误差较大）：

某材料计划需用量=各类工程任务计划总投资×每万元工作量某材料消耗定额×调整系数

（2）周转材料需用量计算：周转材料的特点在于周转，首先，根据计划期内的材料分析确定周转材料总需用量。然后，结合工程特点，确定计划期内周转次数，再算出周转材料的实际需用量。

例：今年二季度某建筑工程公司，按材料分析，钢模总用量为 5 000m²，计划周转次数为 2.5 次/季，则钢模实际需用量为：5 000/2.5=2 000m²。

（3）施工设备和机械制造的材料需用量计算：建筑企业自制施工设备，一般没有健全的定额消耗管理制度，而且产品也是非定型的多，可按各项具体产品，采用直接计算法，计算材料需用量。

（4）辅助材料及生产维修用料的需用量计算：这部分材料用量较小，有关统计和材料定额资料也不齐全，其需用量可采用间接计算法计算。

需用量=（报告期实际消费量÷报告期实际完成工程量）×本期计划工程量×增减系数

2．确定实际需用量编制材料需用计划

根据各工程项目计算的需用量，进一步核算实际需用量。核算的依据有以下几个方面：

（1）对于一些通用性材料，在工程进行初期阶段，考虑到可能出现的施工进度超额因素，一般都略加大储备，其实际需用量就略大于计划需用量。

（2）在工程竣工阶段，因考虑到工完料清、场地净，防止工程竣工材料积压，一般是利用库存控制进料，这样实际需用量要略小于计划需用量。

（3）对于一些特殊材料，为保证工程质量，往往要求一批进料，所以计划需用量虽只是一部分，但在申请采购中往往是一次购进，这样实际需用量就要大大增加。

实际需用量的计算公式如下：

实际需用量=计划需用量±调整因素

3．编制材料申请计划

需要上级供应的材料，应编制申请计划。申请量的计算公式如下：

材料申请量=实际需用量+计划储备量－期初库存量

4．编制供应计划

供应计划是材料的实施计划。材料供应部门根据用料单位提报的申请计划及各种资源渠道的供货情况、储备情况，进行总需用量与总供应量的平衡，并在此基础上编制对各用料单位或项目的供应计划，并明确供应措施。如利用库存、市场采购、加工订货等。

5．编制供应措施计划

在供应计划中所明确的供应措施，必须有相应的实施计划。如市场采购，须相应编制采购计划；加工订货，须有加工订货合同及进货安排计划，以确保供应工作的完成。

四、材料计划的编制方法

1．项目材料需用计划和申请计划的编制

（1）编制程序：

第一步，材料部门应与生产、技术部门积极配合，掌握施工工艺，了解施工技术组织方案，仔细阅读施工图纸；

第二步，根据生产作业计划下达的工作量，结合图纸和施工方案，计算施工实物工程量；

第三步，查材料消耗定额，计算完成生产任务所需材料品种、规格、数量、质量，完成材料分析；

第四步，汇总各操作项目材料分析中材料需用量，编制材料需用计划；

第五步，结合项目库存量，计划周转储备量，提出项目用料申请计划，报材料供应部门。

（2）案例分析：

【例 3-1】某施工队材料组，负责两个项目的材料管理。项目一是宿舍工程，处于基础部位；项目二是教学楼工程，处于结构部位。本月生产计划下达任务量分别如下，试编制材料需用计划。该施工队钢材、水泥属企业材料分公司负责供应，其他由项目材料组自行采购，试编制申请计划。

项目一：

某宿舍工程某月计划完成基础工程部分工程量，其中 M5 混合砂浆砌砖 200m^3；C10 碎石垫层混凝土 100m^3。其各种材料需用量计算如下：

第一步：查砌砖、混凝土相对应的材料消耗定额得到：

每立方米砌砖用标准砖 512 块，砂浆 0.26m^3。

每立方米混凝土的用量为 1.01m^3。

第二步：计算混凝土、砂浆及砖需用量：

砌砖工程：标准砖 512 块/m^3×200m^3=102 400 块

砂浆 0.26 m^3/m^3×200m^3=52m^3

混凝土工程：混凝土量 1.01m^3/m^3×100m^3=101m^3

第三步：查砂浆、混凝土配合比表得：

每立方米 C10 混凝土用水泥 198kg，砂 777kg，碎石 1 360kg；

每立方米 M5 砂浆用水泥 320kg，白灰 0.06kg，砂 1 599kg；

则砌砖砂浆中各种材料需用量为：

水泥　　320kg/m^3×52m^3=16 640kg

白灰　　0.06kg/m^3×52m^3=3.12kg

砂　　1 599kg/m^3×52m^3=83 148kg

混凝土中各种材料需用量为：

水泥　　198kg/m^3×101m^3=19 998kg

砂　　777kg/m^3×101m^3=78 477kg

碎石　　1 360kg/m^3×101m^3=137 360kg

以上材料分析的过程可以列表，见表 3-1。

项目二：

某教学楼工程某月份计划完成结构工程中过梁安装、空心板堵眼，其生产计划下达任务量如表 3-1 所示，按照项目一的计算方法，可以得下列材料分析。

该施工队材料需用计划根据表 3-1 和表 3-2 汇总而得，见表 3-3。

根据两个项目所提供库存报表，并结合本月生产安排，各种材料现库存及计划周转库存量见表 3-4。

材根据材料库存情况，按下式计算实际材料申请数量：

材料申请量=材料需用量－期初库存量+期末库存量

由于水泥属材料分公司供应，则单独编制水泥申请计划，并报材料分公司，见表 3-5。

表 3-1 分项工程材料分析表

单位工程名称：某宿舍

计算部位：基础工程

定额编号	工程名称	单位	工程数量	32.5 级水泥/kg	砂子/kg	砖/kg	白灰/kg	碎石/kg
×—×	M5 混合砂浆砌砖	m^3	200	83.2×200=16 640	415.74×200=83 148	512×200=102 400	0.015 6×200=3.12	
×—×	C10 碎石混凝土垫层	块	400	199.98×100=19 998	784.77×100=78 477			1 373.6×100=137 360
基础工程小计				36 638	161 625	102 400	3.12	137 360

表 3-2 分项工程材料分析表

单位工程名称：某教学楼

计算部位：结构工程

定额编号	工程名称	单位	工程数量	42.5 级水泥/kg	砂子/kg	砖/kg
×—×	过梁安装	根	434	10.45×434=4 535.3	8.355×434=3 626.1	
×—×	空心板堵眼	块	249	2.93×249=729.60	23.4×249=5 826.6	4.5×249=1 120.5
结构工程小计				5 264.9	9 452.7	1 120.5

表 3-3 某施工队某月材料需用计划

序号编号	单位工程名称	结构类型	施工部位	42.5 级水泥/kg	砂子/kg	砖/块	白灰/kg	碎石/kg
×—×	×宿舍	混合	基础	36 638	16 125	102 400	3.12	137 360
×—×	×教学楼	框架	结构	5 364.9	9 452.1	1 120.5		
合计			41 902.9	171 077.1	103 520.5	3.12	137 360	

表 3-4 材料库存情况

项目	水泥/kg		砂子/kg		砖/块		白灰/kg		碎石/kg	
	期初	期末	期初	期末	期初	期末	期初	期末	期初	期末
1	1 050	1 500	0	7 500	0	0	0	2	0	0
2	450	450	0	2 250	0	0	0	0	0	0

表 3-5 材料申请计划

序号	材料名称	规格	单位	项目名称	需用数量	用料时间	备注
1	水泥	42.5	kg	×宿舍	37 088	×—×	
2	水泥	42.5	kg	×教学楼	5 264.8	×—×	
合计			kg		42 352.8		

砂子、碎石、砖及石灰由项目材料组供应，编制申请计划，报材料组。见表 3-6、表 3-7。

表 3-6 某宿舍工程某月材料申请计划

序号	材料名称	规格	单位	期初库存量	本期需用量	期末库存量	申请量
1	砂子		kg	0	161 625	7 500	169 125
2	砖		块	0	102 400	0	102 400
3	白灰		kg	0	3.12	2	5.12
4	碎石		kg	0	137 360	0	137 360

表 3-7 某教学楼工程某月材料申请计划

序号	材料名称	期初库存量	本期需用量	期末库存量	申请量
1	砂子/kg	0	9 452.1	2 250	11 702.1
2	砖/块	0	1 120.5	0	1 121

2．材料供应计划的编制方法

编制材料供应计划时，供应部门应对所属需用部门上报的材料申请计划依据生产任务进行核实，结合资源，进行汇总，经过综合平衡，提出申请、订货、采购、加工、利库等供应措施。材料供应计划是指导材料供应业务活动的具体行动计划。

材料供应计划综合性强，涉及面广，一般应按以下步骤编制：

（1）准备工作：

1）明确施工任务和生产进度安排，核实项目材料需用量；掌握现场交通地理条件，材料堆放位置及现场布置。

2）调查掌握情况，搜集信息资料。包括建安工程合同（协议）和有关供应分工；三大构件加工所需原材料的品种、规格型号；施工图预算分部分项材料需用量和经营维修材料需用的品种、规格、型号、颜色、供应时间；施工生产进度、技术要求和施工组织设计；现场交通地理条件，堆放、布置等；材料质量标准，市场供需动态，商品信息资料等。

3）分析上期材料供应计划执行情况。通过供应计划执行情况与消耗统计资料，分析供应与消耗动态，检查分析订货合同执行情况、运输情况、到货规律等，以确定本期供应间隔天数与供应进度。分析库存多余和不足，以确定计划期末周转储备量。

（2）确定材料供应量：

1）认真核实汇总各项目材料申请量，了解编制计划所需的技术资料是否齐全；定额采用是否合理；材料申请是否合乎实际，有无粗估冒算、计算差错；材料需用时间、到货时间与生产进度安排是否吻合；品种规格能否配套等。

2）预计供应部门现有库存量。由于计划编制较早，从编制计划时间到计划期初的这段预计期内，材料仍然不断收入和发出，因此，预计计划期初库存十分重要。一般计算方法是：

期初预计库量=编制计划时的实际库存+预计期计划收入量－预计期计划发出量

计划期初库存量预计是否正确，对平衡计算供应量和计划期内的供应效果有一定影响，预计不准确，少了将造成数量不足，供需脱节而影响施工；数量多了，会造成超储而积压资金。正确预计期初库存数，必须对现场库存实际资源、订货、调剂拨入、采购收入、在途材料、待验收以及施工进度预计消耗、调剂拨出等数据都要认真核实。

3）根据生产安排和材料供应周期计算计划期末周转储备量。

合理地确定材料周转储备量，即计划期来的材料周转储备，是为下一期期初考虑的材料储备。要根据供求情况的变化、市场信息等，合理计算间隔天数，以求得合理的储备量。

4）确定材料供应量。

材料供应量=材料申请量－期初库存资源量+计划期末周转储备量

上述 4 个数量也称为编制供应计划的四要素。

5）根据材料供应量和可能获得资源的渠道，确定供应措施，如申请、订货、采购、建设单位供料、利库、加工、改代等，并与资金进行平衡，以利计划实现。

材料供应计划参考表式，如表 3-8 所示。

表 3-8　材料供应计划（表式）

材料名称	规格质量	计量单位	期初库存	计划申请量					计划期末周转储备	供应量合计	其中：供应措施						备注
					其中						采购	甲方供料	加工制作	利用库存	申请		
				合计	×项目	×项目											

3．材料采购计划、加工订货计划的编制

材料采购及加工订货计划是材料供应计划的具体落实计划。按照供应措施，完成采购及加工订货任务。其编制程序为：

（1）了解供应项目需求特点及质量要求，确定采购及加工订货材料品种、规格、质量和数量，了解材料使用时间，确定加工周期和供应时间。

（2）确定加工图纸或加工样品，并提出具体加工要求。如果必要，可由加工厂家先期提供加工试验品，在需用方认同情况下再批量加工。

（3）按照施工进度和经济批量的确定原则，确定采购批量，同时确定采购及加工订货所需资金及到位时间。

材料采购及加工订货计划的主要内容见表 3-9。

表 3-9　采购（加工订货）计划（表式）

材料名称	规格质量	计量单位	需用数量	需用时间	采购批量	需用资金

五、材料计划的实施

材料计划的编制只是计划工作的开始，而更重要的工作还是在计划编制以后，就是材料计划的实施。材料计划的实施，是材料计划工作的关键。

1. 组织材料计划的实施

材料计划工作是以材料需用计划为基础，材料供应计划是企业材料经济活动的主导计划，可使企业材料系统的各部门，不仅了解本系统的总目标和本部门的具体任务，而且了解各部门在完成任务中的相互关系，组织各部门从满足施工需要总体要求出发，采取有效措施，保证各自任务的完成，从而保证材料计划的实施。

2. 协调材料计划实施中出现的问题

材料计划在实施中常因受到内部或外部的各种因素的干扰，影响材料计划的实现，一般有以下几种因素：

（1）施工任务的改变。计划实施中施工任务改变主要是指临时增加任务或临时削减任务等，一般是由于国家基建投资计划的改变、建设单位计划的改变或施工力量的调整等。任务改变后材料计划应作相应调整，否则就要影响材料计划的实现。

（2）设计变更。施工准备阶段或施工过程中，往往会遇到设计变更，影响材料的需用数量和品种规格，必须及时采取措施，进行协调，尽可能减少影响，以保证材料计划执行。

（3）采购情况变化。到货合同或生产厂的生产情况发生了变化，影响材料的及时供应。

（4）施工进度变化。施工进度计划的提前或推迟，也会影响到材料计划的正确执行。

在材料计划发生变化的情况下，要加强材料计划的协调作用，做好以下几项工作：

1）挖掘内部潜力，利用库存储备以解决临时供应不及时的矛盾；

2）利用市场调节的有利因素，及时向市场采购；

3）同供料单位协商临时增加或减少供应量；

4）与有关单位进行余缺调剂；

5）在企业内部有关部门之间进行协商，对施工生产计划和材料计划进行必要的修改。

为了做好协调工作，必须掌握动态，了解材料系统各个环节的工作进程，一般通过统计检查，实地调查，信息交流等方法，检查各有关部门对材料计划的执行情况，及时进行协调，以保证材料计划的实现。

3. 建立材料计划分析和检查制度

为了及时发现计划执行中的问题，保证计划的全面完成，建筑企业应从上到下按照计划的分级管理职责，在计划实施反馈信息的基础上进行计划的检查与分析。

一般应建立以下几种计划检查与分析制度。

（1）现场检查制度。基层领导人员应经常深入施工现场，随时掌握生产进行过程中的实际情况，了解工程形象进度是否正常，资源供应是否协调，各专业队组是否达到定额及完成任务的好坏，做到及早发现问题，及时加以处理解决，并按实际向上一级反映情况。

（2）定期检查制度。建筑企业各级组织机构应有定期的生产会议制度，检查与分析计划的完成情况。一般公司级生产会议每月 2 次，工程处一级每周 1 次，施工队则每日应有生产碰头会。通过这些会议检查分析工程进度、资源供应、各专业队组完成定额的情况等，做到统一思想、统一目标，及时解决各种问题。

（3）统计检查制度。统计是检查企业计划完成情况的有力工具，是企业经营活动的各个方面在时间和数量方面的计算和反映。它为各级计划管理部门了解情况、决策、指导工作、制订和检查计划提供可靠的数据和情况。通过统计报表和文字分析，及时准确地反映计划完成的程度和计划执行中的问题，反映基层施工中的薄弱环节，是揭露矛盾、研究措施、跟踪计划和分析施工动态的依据。

（4）计划的变更和修订。实践证明，材料计划的变更是常见的、正常的。材料计划的多变，是由它本身的性质所决定的。计划总是人们在认识客观世界的基础上制订出来的，它受人们的认识能力和客观条件所制约，所编制出的计划的质量就会有差异，计划与实际脱节往往不可能完全避免，重要的是一经发现，就应调整原计划。自然灾害、战争等突然事件，一般不易被认识，一旦发生，会引起材料资源和需求的重大变化。材料计划涉及面广，与各部门、各地区、各企业都有关系，一方有变，牵动他方，也使材料资源和需要发生变化。这些主客观条件的变化必然引起原计划的变更。为了使计划更加符合实际，维护计划的严肃性，就需要对计划及时调整和修订。

1）常变更或修订材料计划的一般情况：材料计划的变更及修订，除了上述基本原因以外，还有一些具体原因。一般地讲，出现了下述情况，也需要对材料计划进行调整和修订。

① 任务量变化。任务量是确定材料需用的主要依据之一，任务量的增加或减少，都将相应地引起材料需要的追加和减少，在编制材料计划时，不可能将计划任务变动的各种因素都考虑在内，只有待问题出现后，通过调整原计划来解决。

② 设计变更（有三种情况）：

a. 在项目施工过程中，由于技术革新，增加了新的材料品种，原计划需要的材料出现多余，就要减少需要；或者根据用户的意见对原设计方案进行修订，则所需材料的品种和数量将发生变化。

b. 在基本建设中，由于编制材料计划时，图纸和技术资料尚不齐全，原计划实属框算需要，待图纸和资料到齐后，材料实际需要常与原框算情况有所出入。这时也需要调整材料计划。同时，由于现场地质条件及施工中可能出现的变化因素，需要改变结构，改变设备型号，材料计划调整不可避免。

c. 在工具和设备修理中，编制计划时很难预计修理需要的材料，实际修理需用的材料与原计划中申请材料常常有所出入，调整材料计划完全有必要。

③ 工艺变动。设计变更必然引起工艺变更，需要的材料当然就不一样。设计未变，但工艺变了，加工方法、操作方法变了，材料消耗可能与原来不一样，材料计划也要作相应调整。

④ 其他原因。如计划期初预计库存不正确，材料消耗定额变了，计划有误等，都可能引起材料计划的变更，需要对原计划进行调整和修订。根据我国多年的实践，材料计划变更主要是由生产建设任务的变更所引起的。其他变更对材料计划当然也发生一定影响，但变更的数量远比生产和基建计划变更的少。由于上述种种原因，必须对材料计划进行合理的修订及调整。如不及时进行修订，将使企业发生停工待料的危险，或使企业材料大量闲置积压。这不仅会使生产建设受到影响，而且也直接影响企业的财务状况。

2）材料计划的变更及修订主要有如下三种方法：

① 全面调整或修订。这主要是指材料资源和需要发生了大的变化时的调整，如前述的自然灾害，战争或经济调整等，都可能使资源和需要发生重大变化，这时需要全面调整计划。

② 专案调整或修订。这主要是指由于某项任务的突然增减；或由于某种原因，工程提前或延后施工；或生产建设中出现突然情况等，使局部资源和需要发生了较大变化，一般用待分配材料安排或当年储备解决，必要时通过调整供应计划解决。

③ 临时调整或修订。如生产和施工过程中，临时发生变化，就必须临时调整，这种调整也属于局部性调整，主要是通过调整材料供应计划来解决。

3）材料计划的调整及修订中应注意的问题：

① 维护计划的严肃性和实事求是地调整计划。

在执行材料计划的过程中，根据实际情况的不断变化，对计划作相应的调整或修订是完全必要的。但是要注意避免轻易地变更计划，无视计划的严肃性，认为有无计划都得保证供应，甚至违反计划、用计划内材料搞计划外项目，也通过变更计划来满足。当然，不能把计划看作是一成不变的，在任何情况下都机械地强调维持原来的计划，明明计划已不符合客观实际的需要，仍不去调整、修订、解决，这也和事物的发展规律相违背。正确的态度和做法是，在维护计划严肃性的同时，坚持计划的原则性和灵活性的统一，实事求是地调整和修订计划。

② 权衡利弊和尽可能把调整计划压缩到最小限度。

调整计划虽然是完全必要的，但许多时候调整计划总要或多或少地造成一些损失，所以在调整计划时，一定要权衡利弊，把调整的范围压缩到最小限度，使尽可能地减少。

③ 及时掌握情况。

归纳起来有以下三个主要方面：

a. 做好材料计划的调整或修订工作，材料部门必须主动和各方面加强联系，掌握计划任务安排和落实情况，如了解生产建设任务和基本建设项目的安排与进度；了解主要设备和关键材料的准备情况；对一般材料也应按需要逐项检查落实，如果发生偏差，迅速反馈，采取措施，加以调整。

b. 掌握材料的消耗情况，找出材料消耗升降的原因，加强定额管理，控制发料，防止超定额用料面调整申请量。

c. 掌握资源的供应情况。不仅要掌握和在途材料的动态，还要掌握供方能否按时交货等情况。

掌握上述三方面的情况，实际上就是要求做到需用清楚，消耗清楚和资源清楚，以利于材料计划的调整和修订。

④ 应妥善处理、解决调整和修订材料计划中的相关问题。

材料计划的调整或修订，追加或减少的材料，一般以内部平衡调剂为原则，减少部分或追加部分内部处理不了或不能解决的，由负责采购或供应的部门协调解决。要特别注意的是，要防止在调整计划中拆东墙补西墙，冲击原计划的做法。没有特殊原因，追加材料应通过机动资源和增产解决。

4．考评执行材料计划的经济效果

材料计划的执行效果，应该有一个科学的考评方法，一个重要内容就是建立材料计划指标体系，它包括下列指标：

（1）采购量及时到货率；

（2）供应量及配套率；

（3）自有运输设备的运输量；

（4）占用流动资金及资金周转次数；

（5）材料成本的降低率；

（6）三大材料的节约率和节约额。

通过指标考评，激励各部门认真实施材料计划。

【例 3-2】某工程队下个月的施工任务及相关的定额见表 3-10，求：

（1）各种材料的合计需用量；

（2）根据上述资料编制下个计划期材料需用计划表。

【分析】

（1）各种材料合计需用量如表 3-11 所示。

（2）表 3-12 为下个计划期材料需用计划表。

表 3-10　分部分项工程材料用量审核表

建设单位：（略）

单位工程	项目施工任务	工程量	定额编号	砖/千块		水泥/kg		黄砂/kg		石灰/kg	
	M5 砂浆砖基础	63m³		定额	用量	定额	用量	定额	用量	定额	用量
某校学生楼	M2.5 砂浆砌砖外墙	156m³	略	0.528		43		357		19	
	M2.5 砂浆砌砖内墙	200m³		0.53		33		369		20	
某 2 号工程车间	水泥地坪	200m²		0.528		32		361		20	
某 2 号工程宿舍	砖墙面抹灰	500m²				12		35			
						4.3		32.7		2.7	

表 3-11　各种材料合计需用量表

单位工程	项目	砖/千块	水泥/kg	黄砂/kg	石灰/kg
	M5 砂浆砖基础	33.26	2 709	22 491	1 197
某校学生楼	M2.5 砂浆砌砖外墙	82.68	5 148	57 564	3 120
	M2.5 砂浆砌砖内墙	105.3	6 400	72 200	4 000
某 2 号工程车间	水泥地坪		2 400	7 000	
某 2 号工程宿舍	砖墙面抹灰		2 150	16 350	1 350
合计		221.54	18 807	175 605	9 667

表 3-12 下个计划期材料需用计划表

序号	材料名称	规格	本月合计/t	单位工程需用量	
				某校工程	某 2 号工程
1	砖	标准砖	22.2	22.2	
2	水泥	32.5 级普通水泥	19	14.4	4.6
3	黄砂	中粗	176	152.5	23.5
4	石灰	三七灰	10	8.5	1.5

【例 3-3】某单位本月 15 日开始编制下个月的材料供应计划。本月 16 日查库时水泥库存量为 20t，现场库存 25t，至本月底尚有 30t 水泥按合同的约定到货。本月份平均日耗用水泥 4t，预计下月平均每日需用水泥比本月每日需用量增加 25%，水泥平均供应间隔天数为 11 天，保险储备天数为 3 天，验收入库需 1 天，月工作日按 30 天计算。求：

（1）下月的期初库存量；

（2）下月平均每日水泥需用量；

（3）下月的期末储备量；

（4）下月的计划水泥供应量。

【分析】

（1）期初库存量 =20+25－15×4+30 = 15（t）;

（2）下月水泥平均每日需用量 =4×（1+25%）= 5（t）;

（3）下月期末储备量 =4×（1+25%）×（11+3+1）= 75（t）;

（4）下月水泥计划供应量 =4×（1+25%）×30－15+75= 210（t）。

【例 3-4】某些施工单位编制材料计划以后，很少能在整个计划期内得到贯彻，从而使材料管理工作混乱，忙于应付。问题：

（1）材料计划不能正确实施的原因是什么？

（2）简述材料计划的实施要点。

答：（1）材料计划不能正确实施的原因：

1）编制计划脱离施工生产实际情况，确实执行不了；

2）材料计划编制所依据的客观情况是变化的，客观情况变动后，如果不及时调整计划，使原计划执行不了；

3）材料计划的实施需要各有关部门的配合，各部门之间的工作不协调，会使材料计划执行不了。

（2）材料计划实施要点：

1）组织材料计划的实施。

2）协调材料计划实施中出现的问题。

① 挖掘内部潜力，利用库存解决临时供应不及时的矛盾；

② 利用市场调节的有利因素，及时向市场采购；

③ 同供料单位协商临时增加或减少供应量；

④ 与企业内部各部门协调，对企业计划作必要的修改等。

3）建立计划分析和检查制度：

① 现场检查制度；② 定期检查制度；③ 统计检查制度。

4）计划的变更和修订：由于任务量变化、设计变更、工艺变动等原因，使计划需要变更和修订，修订的方法有：

① 全面调整或修订；② 专案调整或修订；③ 临时调整或修订等。

5）考核执行材料计划的效果。

【例 3-5】某施工单位全年计划进货水泥 257 000t，其中合同进货 192 750t，市场采购 38 550t，建设单位来料 25 700t。最终实际到货的情况是：合同到货 183 115t，市场采购 32 768t，建设单位来料 15 420t。问题：

（1）分析全年水泥进货计划完成情况。

（2）激励各部门实施材料计划的手段是什么？指标有哪些？

【分析】

（1）水泥进货计划完成情况分析：

1）总计划完成率=$\frac{183\ 115+32\ 768+15\ 420}{257\ 000}\times 100\%=90\%$；

2）合同到货完成=$\frac{183\ 115}{192\ 750}\times 100\%=95\%$；

3）市场采购完成率=$\frac{32\ 768}{38\ 550}\times 100\%=85\%$；

4）建设单位来料完成率=$\frac{15\ 420}{25\ 700}\times 100\%=60\%$。

（2）激励各部门实施材料计划的手段是考核各部门实施材料计划的经济效果，主要指标有：

1）采购量及时到货率；

2）供应量及配套率；

3）自有运输设备的运输量；

4）占用流动资金及资金周转次数；

5）材料成本降低率；

6）三大材料的节约额和节约率。

第四章　材料采购管理

第一节　材料采购概述

一、材料采购的概念

建筑企业材料管理的四大业务环节是采购、运输、储备和供应，采购是首要环节。材料采购就是通过各种渠道，把建筑施工所需用的各种材料购买进来，保证施工生产的顺利进行，经济合理地选择采购对象和采购批量，并按质、按量、按时运入企业，对于保证施工生产，充分发挥材料使用效能，提高工程质量，降低工程成本，提高企业的经济效益，都具有重要的意义。

二、材料采购应遵循的原则

1．遵守法律法规的原则

材料采购，必须遵守国家、地方的有关法律和法规，以物资管理政策和经济管理法令指导采购。熟悉合同法、财会制度及工商行政管理部门的有关规定。

2．按计划采购的原则

采购计划的依据是施工生产需用。按照生产进度安排采购时间、品种、规格和数量，可以减少资金占用，避免盲目采购而造成积压，发挥资金最大效益。

3．坚持“三比一算”的原则

比质量、比价格、比运距、算成本是对采购环节加强核算和管理的基本要求。在满足工程质量要求条件下，选用价格低、距离近的采购对象，从而降低采购成本。

三、材料采购决策

（1）确定采购材料的品种、规格、质量。

（2）确定计划期的采购总量。

（3）选择供应渠道及供应单位。

（4）选择采购的形式和方法。例如，是期货或现货、同品种材料是向一家采购或多家采购、是定期定量还是随机采购等。

（5）决定采购批量。

（6）决定采购时间和进货时间。

以上各项主要由材料计划部门以施工生产的需要为基础，根据市场反馈信息，进行比较分析，综合决策，会同采购人员制订采购计划，及时展开采购工作。

四、建筑材料采购的范围

建筑材料采购的范围包括建设工程所需的大量建材、工具用具、机械设备和电气设备等，这些材料设备约占工程合同总价的60%以上，大致可以划分为以下几大类：

（1）工程用料。包括土建、水电设施及其他一切专业工程的用料。

（2）暂设工程用料。包括工地的活动房屋或固定房屋的材料、临时水电和道路工程及临时生产加工设施的用料。

（3）周转材料和消耗性用料。

（4）机电设备。包括工程本身的设备和施工机械设备。

（5）其他。如办公家具、仪器等。

五、影响材料采购的因素

流通环节的不断发展，社会物资资源渠道增多，企业内部项目管理办法的普遍实施等，使材料采购受企业内、外诸多因素的影响。在组织材料采购时，应综合各方面各部门利益，保证企业整体利益。

1．企业外部因素

（1）资源渠道因素。按照物资流通经过的环节，资源渠道一般包括三类：一是生产企业。这一渠道供应稳定，价格较其他部门和环节低，并能根据需要进行加工处理，因此是一条比较有保证的经济渠道；二是物资流通部门。特别是属于某行业或某种材料生产系统的物资部门，资源丰富，品种规格齐备，对资源保证能力较强，是国家物资流通的主渠道；三是社会商业部门。这类材料经销部门数量较多，经营方式灵活，对于解决品种短缺起到良好的作用。

（2）供方因素。指材料供方提供资源能力的影响。在时间上、品种上、质量上及信誉上能否保证需方所求，是考核供应能力的基本依据。采购部门要定期分析供方供应水平并作出定量考核指标，以确定采购对象。

（3）市场供求因素。在一定时期内供求因素是经常变化的，造成变化的原因涉及工商、税务、利率、投资、价格、政策等诸多方面。掌握市场行情、预测市场动态是采购人员的任务，也是在采购竞争中取胜的重要因素。

2．企业内部因素

（1）施工生产因素。建筑施工生产程序性、配套性强，物资需求呈阶段性。材料供应批量与零星采购交叉进行。由于设计变更、计划改变及施工工期调整等因素，使材料需求非确定因素较多。各种变化都会影响材料的需求和使用。采购人员应掌握施工规律，预计可能出现的问题，使材料采购适应生产需用。

（2）储存能力因素。采购批量受料场、仓库堆放能力的限制，采购批量的大小也影响着采购时间间隔。根据施工生产平均每日需用量，在考虑采购间隔时间、验收时间和材料加工准备时间的基础上，确定采购批量及采购次数等。

（3）资金的限制。采购批量是以施工生产需用为主要因素确定的，但资金的限制也将改变或调整批量，增减采购次数。当资金缺口较大时，可按缓急程度分别采购。

除上述影响因素外，采购人员自身素质、材料质量等对材料采购都有一定的影响。

六、材料采购管理模式

材料采购业务的分工，应根据企业机构设置、业务分工及经济核算体制确定。目前，一般都按核算单位分别进行采购。在一些实行项目承包或项目经理负责制的企业，都存在着不分材料品种、不分市场情况而盲目争取采购权的问题。企业内部公司、工区（处）、施工队、施工项目以及零散维修用料、工具用料均自行采购。这种做法既有调动各部门积极性等有利的一面，也存在影响企业发展的不利一面，其主要利弊有：

1. 分散采购的利

（1）分散采购可以调动各级各部门积极性，有利于各部门各项经济指标的完成。

（2）可以及时满足施工需要，采购工作效率较高。

（3）就某一采购部门内来说，流动资金量小，有利于部门内资金管理。

（4）采购价格一般低于多级多层次采购的价格。

2. 分散采购的弊

（1）分散采购难以形成采购批量，不易形成企业经营规模，从而影响企业整体经济效益。

（2）局部资金占用少，但资金分散，其总体占用额度往往高于集中采购资金占用，资金总体效益和利用率下降。

（3）机构人员重叠，采购队伍素质相对较弱，不利于建筑企业材料采购供应业务水平的提高。

3. 材料采购管理模式的选择

一定时期内，采用分散采购还是集中采购，是由国家物资管理体制和社会经济形势及企业内部管理机制决定的，既没有统一固定的模式，也非一成不变。不同的企业类型，不同的生产经营规模，甚至承揽的工程不同，其采购管理模式均应根据具体情况而确定。

我国建筑企业主要有三种类型：

（1）现场型施工企业。这类企业一般是规模相对较小或相对于企业经营规模而言承揽的工程任务相对较大。企业材料采购部门与建设项目联系密切，这种情况不宜分散采购而应集中采购。一方面可以减少项目采购工作量，形成采购批量；另一方面有利于企业对施工项目的管理和控制，提高企业管理水平。

（2）城市型施工企业。指在某一城市或地区内经营规模较大，施工力量较强，承揽任务较多的企业。我国最初建立的国营建筑企业多属于城市型企业。这类企业机构健全，企业管理水平较高，且施工项目多在一个城市或地区内分布，企业整体经营目标一致，比较适宜采用统一领导分级管理的采购模式。主要材料、重要材料及利于综合开发的材料资源采取统一筹划，形成较强的采购能力和开发能力，适宜与大型材料生产企业协作，对稳定资源、稳定价格、保证工程用料，有较强的保证作用。特别是当市场供小于求时尤其显著。一般材料由基层材料部门或施工项目部视情况自行安排，分散采购。这样做既调动了各部门积极性，又保证了整体经济利益；既能发挥各自优势，又能抵御市场带来的冲击。

（3）区域型施工企业。这类企业一般经营规模庞大，能够承揽跨省、跨地区甚至跨国项目，如中国建筑工程总公司。也有从事某区域内专业项目建设施工任务的企业，如中国铁路建设总公司、中国水利建设总公司等。这类企业技术力量雄厚，但施工项目和人员分散，因此，其采购模式要视其所在地区承揽的项目类型和采购任务而定。往往是集中采购与分散采购配合进行，分散采购和联合采购并存，采购方式灵活多样。

由此可见，采购管理模式的确定绝非唯一的、不变的，应根据具体情况分析，以保证企业整体利益为目标而确定。

第二节 材料采购管理的内容

一、材料采购信息管理

采购信息是施工企业材料决策的依据，是提供采购业务咨询的基础资料，是进行资源开发、扩大资源渠道的条件。

1. 材料采购信息的种类

（1）资源信息。包括资源的分布，生产企业的生产能力，产品结构，销售动态，产品质量，生产技术发展，甚至原材料基地，生产用燃料和动力的保证能力，生产工艺水平，生产设备等。

（2）供应信息。包括基本建设信息，建筑施工管理体制变化，项目管理方式，材料储备运输情况，供求动态，紧缺及呆滞材料情况。

（3）价格信息。现行国家价格政策，市场交易价格及专业公司牌价，地区建筑主管部门颁布的预算价格，国家公布的外汇交易价格等。

（4）市场信息。生产资料市场及物资贸易中心的建立、发展及其市场占有率，国家有关生产资料市场的政策等。

（5）新技术、新产品信息。新技术、新产品的品种，性能指标，应用性能及可靠性等。

（6）政策信息。国家和地方颁布的各种方针、政策、规定、国民经济计划安排，材料生产、销售、运输管理办法，银行贷款、资金政策，以及对材料采购发生影响的其他信息。

2. 信息的来源

材料采购信息，第一，应具有及时性，即速度要快，效率要高。失去时效也就失去了使用价值；第二，应具有可靠性，有可靠的原始数据，切忌道听途说，以免造成决策失误；第三，应具有一定的深度，反映或代表一定的倾向性，提出符合实际需要的建议。

在收集信息时，应力求广泛，其主要途径有：

（1）各报刊、网络等媒体和专业性商业情报刊载的资料。

（2）有关学术、技术交流会提供的资料。

（3）各种供货会、展销会、交流会提供的资料。

（4）广告资料。

（5）政府部门发布的计划、通报及情况报告。

（6）采购人员提供的资料及自行调查取得的信息资料等。

3. 信息的整理

为了有效高速地采撷信息、利用信息，企业应建立信息员制度和信息网络，应用电子计算机等管理工具，随时进行检索、查询和定量分析。采购信息整理常用的方法有：

（1）运用统计报表的形式进行整理。按照需用的内容，从有关资料、报告中取得有关的数据，分类汇总后，得到想要的信息。例如，根据历年材料采购业务工作统计，可整理出企业历年采购金额及其增长率，各主要采购对象合同兑现率等。

（2）对某些较重要的、经常变化的信息建立台账，做好动态记录，以反映该信息的发展状况。如按各供应项目分别设立采购供应台账，随时可以查询采购供应完成程度。

（3）以调查报告的形式就某一类信息进行全面的调查、分析、预测，为企业经营决策提供依据。如针对是否扩大企业经营品种，是否改变材料采购供应方式等展开调查，根据调查结果整理出“是”或“否”的经营意向，并提出经营方式、方法的建议。

4. 信息的使用

搜集、整理信息是为了使用信息，为企业采购业务服务。信息经过整理后，应反馈有关部门，以便进行比较分析和综合研究，制定合理的采购策略和方案。

二、材料采购及加工业务

建筑企业采购和加工业务，是有计划、有组织地进行的。其内容有决策、计划、洽谈、签订合同、验收、调运和付款等工作，其业务过程，可分为准备、谈判、成交、执行和结算5个环节。

1. 材料采购和加工业务的准备

在通常情况下，采购和加工业务需要有一个较长的时间的准备，无论是计划分配材料或市场采购材料，都必须按照材料采购计划，事先做好细致的调查研究工作，摸清需要采购和加工材料的品种、规格、型号、质量、数量、价格、供应时间和用途等，以便落实资源。准备阶段中，必须做好下列主要工作：

（1）按照分类，确定各种材料采购和加工的总数量计划。

（2）按照需要采购的材料（如一般的产需衔接材料），了解有关厂矿的供货资源，选定供应单位，提出采购矿点的要货计划。

（3）选择、确定采购和加工企业是做好采购和加工业务的基础。必须选择设备齐全、加工能力强、产品质量好和技术经验丰富的企业。此外，企业的生产规模、经营信誉等，在选择中均应了解清楚。在采购和加工大量材料时，还可以采用招标和投标的方法，以便择优落实供应单位和承揽加工企业。

（4）按照需要编制市场采购和加工材料计划，报请领导审批。

2. 材料采购和加工业务的谈判

材料采购和加工计划经有关单位平衡安排，领导批准后，即可开展业务谈判活动。所谓业务谈判，就是材料采购业务人员与生产、物资或商业等部门进行具体的协商和洽谈。业务谈判应遵守国家和地方制定的物资政策、物价政策和有关法令，供需双方应本着地位平等、相互谅解、实事求是，搞好协作的精神进行谈判。

（1）采购业务谈判的主要内容有：

1）明确采购材料的名称、品种、规格和型号；

2）确定采购材料的数量和价格；

3）确定采购材料的质量标准（国家标准、部颁标准、企业专业标准和双方协商确定的质量标准）和验收方法；

4）确定采购材料的交货地点、方式、办法、交货日期以及包装要求等；

5）确定采购材料的运输办法，如需方自理、供方代送或供方送货等；

6）确定违约责任、纠纷解决方法等其他事项。

（2）加工业务谈判的主要内容有：

1）明确加工品的名称、品种和规格；

2）确定加工品的数量；

3）确定供料方式，如由定作单位提供原材料的带料加工或承揽单位自筹材料的包工包料，以及所需原材料的品种、规格、质量、定额、数量和提供日期；

4）确定加工品的技术性能和质量要求，以及技术鉴定和验收方法；

5）确定定作单位提供加工样品的，承揽单位应按样品复制；定作单位提供设计图纸资料的，承揽单位应按设计图纸加工；生产技术比较复杂的，应先试制，经鉴定合格后成批生产；

6）确定加工品的加工费用和自筹材料的材料费用，以及结算办法；

7）确定原材料的运输办法及其费用负担；

8）确定加工品的交货地点、方式、办法，以及交货日期及其包装要求；

9）确定加工品的运输办法；

10）确定双方应承担的责任。如承揽单位对定作单位提供原材料应负保管的责任，按规定质量、时间和数量完成加工品的责任；不得擅自更换定作单位提供的原材料的责任；不得把加工品任务转让给第三方的责任；定作单位按时、按质、按量提供原材料的责任；按规定期限付款的责任等。

业务谈判一般要经过多次反复协商，在双方取得一致意见时，业务谈判就告完成。

3．材料采购加工的成交

材料采购加工业务经过与供应单位反复酝酿和协商，取得一致意见时，达成采购、销售协议，称为成交。

成交的形式，目前有签订合同的订货形式、签发提货单的提货形式和现货现购等形式。

（1）订货形式。建筑企业与供应单位按双方协商确定的材料品种、质量和数量，将成交所确定的有关事项用合同形式固定下来，以便双方执行。订购的材料，按合同交货期分批交货。

（2）提货形式。由供应单位签发提货单，建筑企业凭单到指定的仓库或堆栈，按规定期限提取。提货单有一次签发和分期签发两种，由供需双方在成交时确定。

（3）现货现购。建筑企业派出采购人员到物资门市部、商店或经营部等单位购买材料，货款付清后，当场取回货物，即所谓“一手付钱、一手取货”银货两讫的购买形式。

（4）加工形式。加工业务在双方达成协议时，签订承揽合同。承揽合同是指承揽方根据定作方提出的品名、项目、质量要求，使用定作方提供的原料，为其加工特定的产品，收取一定加工费的协议。

4．材料采购和加工业务的执行

材料采购和加工经供需双方协商达成协议签订合同后，由供方交货，需方收货。这个交货和收货过程，就是采购和加工的执行阶段。主要有以下几个方面：

（1）交货日期。供需双方应按规定的交货日期及其数量如期履行，供方应按规定日期交货，需方应按规定日期收（提）货。如未按合同规定日期交货或提货，应作未履行合同处理。

（2）材料验收。材料验收应由建筑企业派员对所采购的材料和加工品进行数量和质量验收。

数量验收应对供方所交材料进行检点。发现数量短缺，应迅速查明原因，向供方提出。

材料质量分为外观质量和内在质量，分别按照材料质量标准和验收办法进行验收。发现不符合规定质量要求的，不予验收。如属供方代运或送货的，应一面妥为保管；一面在规定期限内向供方提出局面异议。

材料数量和质量经验收通过后，应填写材料入库验收单，报本单位有关部门，表示该批材料已经接收完毕，并验收入库。

（3）材料交货地点。材料交货地点一般在供应企业的仓库、堆场或收料部门事先指定的地点。供需双方应按照成交确定的或合同规定的交货地点进行材料交接。

（4）材料交货方式。材料交货方式指材料在交货地点的交货方式，有车、船交货方式和场地交货方式。由供方发货的车、船交货方式，应由供应企业负责装车或船。

（5）材料运输。供需双方应按成交确定的或合同规定的运输办法执行。委托供方代运或由供方送货，如果发生材料错发到货地点或接货单位，应立即向对方提出，按协议规定负责运到规定的到货地点或接货单位，由此而多支付的运杂费用，由供方承担。如果填方填错或临时变更到货地点，由此而多支付的费用，应由需方承担。

5．材料采购和加工的经济结算

经济结算是建筑企业对采购的材料，用货币偿付给供货单位价款的清算。采购材料的价款，称为货款；加工的费用，称为加工费。除应付货款和加工费外，还有应付委托供费和加工单位代付的运输费、装卸费、保管费和其他杂费。

经济结算有异地结算和同城结算两大类：

异地结算：系指供需双方在两个城市间进行结算。它的结算方式有：异地托收承付结算、信汇结算，以及部分地区试行的限额支票结算等方式。

同城结算：是指供需双方在同一城市内进行结算。结算方式有：同城托收承付结算、委托银行付款结算、支票结算和现金结算等方式。

（1）托收承付结算。托收承付结算是由收款单位根据合同规定发货后，委托银行向付款单位收取货款，付款单位根据合同核对收货凭证和付款凭证等无误后，在承付期内承付的结算方式。

（2）信汇结算。信汇结算是由收款单位在发货后，将收款凭证和有关发货凭证，用挂号函件寄给付款单位，经付款单位审核无误通过银行汇给收款单位。

（3）委托银行付款结算。委托银行付款结算，由付款单位按采购材料货款，委托银行从本单位账户中将款项转入指定的收款单位账户的一种同城结算方式。

（4）支票结算。支票结算是由付款单位签发支票，由收款单位通过银行，凭支票从付款单位账户中支付款项的一种同城结算方式。

（5）现金结算。现金结算是由采购单位持现金向商店购买零星材料的货款结算方式。每笔现金货款结算金额，按照各地银行所规定的现金限额内支付。

货款和费用的结算应按照中国人民银行的规定，在成交或签订合同时具体明确结算方式和具体要求。

1）结算的具体要求：

① 明确结算方式；

② 明确收、付款凭证，一般凭发票、收据和附件（如发货凭证、收货凭证等）；

2）明确结算单位，如通过当地建材公司向需方结算货款。

3）建筑企业审核付货款和费用的主要内容。

① 材料名称、品种、规格和数量是否与实际收料的材料验收单相符；

② 单价是否符合国家或地方规定的价格，如无规定价格的，应按合同规定的价格结算；

③ 委托采购和加工单位代付的运输费用和其他费用，应按照合同规定核付。自交货地点装运到指定目的地的运费一般应由委托单位负担；

④ 收、付款凭证和手续是否齐全；

⑤ 总金额经审核无误，才能通知财务部门付款。

如发现数量和单价不符、凭证不齐、手续不全等情况，应退回收款单位更正、补齐凭证，补办手续后，才能付款。如需托收承付结算的，可以采取部分或全部拒付货款。

三、材料采购资金管理

材料采购过程伴随着企业材料流动资金的运动过程。材料流动资金运用情况决定着企业经济效益的优劣。材料采购资金管理是充分发挥现有资金的作用，挖掘资金的最大潜力，获得较好的经济效益的重要途径。

编制材料采购计划的同时，必须编制相应的资金计划，以确保材料采购任务的完成。

材料采购资金管理办法，根据企业采购分工不同、资金管理手段不同而有以下几种方法：

1．品种采购量管理法

品种采购量管理法适用于分工明确、采购任务量确定的企业或部门。按照每个采购员的业务分工，分别确定一个时期内其采购材料实物数量指标及相应的资金指标，用以考核其完成情况。对于实行项目自行采购的资金管理和专业材料采购的资金管理，使用这种方法可以有效地控制项目采购支出，管好用好专业材料。

2．采购金额管理法

采购金额管理法是确定一定时期内采购总金额，并明确这一时期内各阶段采购所需资金，采购部门根据资金情况安排采购项目及采购量。这种管理方法对于资金紧张的项目或部门可以合理安排采购任务，按照企业资金总体计划分期采购。一般综合性采购部门可以采取这种方法。

3. 费用指标管理法

费用指标管理法是确定一定时期内材料采购资金中成本费用指标，如采购成本降低额或降低率，用以考核和控制采购资金使用。鼓励采购人员负责完成采购业务的同时注意采购资金使用，降低采购成本，提高经济效益。

上述几种方法都可以在确定指标的基础上按一定时间期限实行经济责任制，将指标落实到部门、落实到人，充分调动部门和个人的积极性，达到提高资金使用效率的目的。

四、材料采购批量的管理

材料采购批量是指一次采购材料的数量。其数量的确定是以施工生产需用为前提，按计划分批进行采购。采购批量直接影响着采购次数、采购费用、保管费用和资金占用、仓库占用。在某种材料总需用量中，每次采购的数量应选择各项费用综合成本最低的批量，即经济批量或最优批量。经济批量的确定受多方因素影响，按照所考虑主要因素的不同一般有以下几种方法：

1. 按照商品流通环节最少的原则选择最优批量

从商品流通环节看，向生产厂直接采购，所经过的流通环节最少，价格最低。不过生产厂的销售往往有最低销售量限制，采购批量一般要符合生产厂的最低销售批量。这样既减少了中间流通环节费用，又降低了采购价格，而且还能得到适用的材料，最终降低了采购成本。

2. 按照运输方式选择经济批量

在材料运输中有铁路运输、公路运输、水路运输等不同的运输方式。每种运输中一般又分整车（批）运输和零散（担）运输。在中、长途运输中，铁路运输和水路运输较公路运输价格低，动量大。而在铁路运输和水路运输中，又以整车运输费用较零散，运输费用低。因此一般采购应尽量就近采购或达到整车托运的最低限额以降低采购费用。

3. 按照采购费用的保管费用支出最低的原则选择经济批量

材料采购批量越小，材料保管费用支出越低，但采购越多，费用越高。反之，采购批量越大，保管费用越高，但采购次数越少，采购费用越低。因此采购批量与保管费用成正比例关系，与采购费用成反比例关系，用图表示为图 4-1。

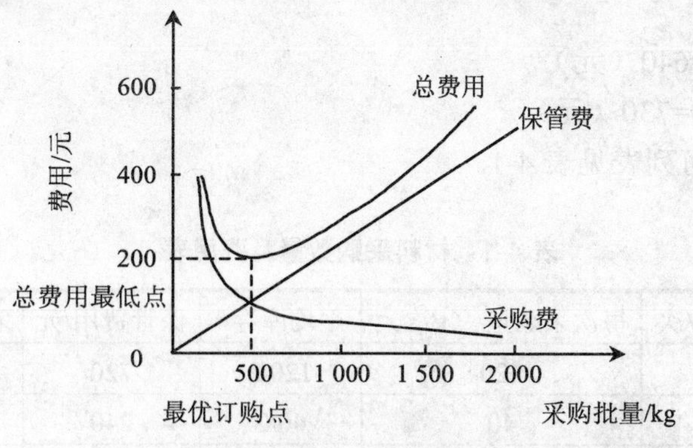

图 4-1　采购批量与费用关系图

某种材料的总需用量中，每次采购数量能使其保管费和采购费之和为最低，则该批量称为经济批量。

当企业某种材料全年耗用量确定的情况下，其采购批量与保管费用及采购费之间的关系是：

年保管费=$\frac{1}{2}$采购批量×单位材料年保管费

年采购费=采购次数×每次采购费用

年总费用=年保管费+年采购费

【例 4-1】某种材料某企业全年耗用总量为 120t，每次采购费是 80 元，年保管费率为材料平均储备价值的 20%，材料单价为 60 元/t，求总费用最低的经济采购批量。

【分析】

（1）设全年采购 1 次，则每次采购 120t，由以上式计算可得：

年保管费=$\frac{1}{2}$×120×60×20%=720（元）

年采购费=1×80=80（元）

年总费用=720+80=800（元）

（2）设全年采购 3 次，则每次采购 120÷3=40（t）

年保管费=$\frac{1}{2}$×40×60×20%=240（元）

年采购费=3×80=240（元）

年总费用=240+240=480（元）

（3）设全年采购 6 次，则每次采购 120÷6=20（t）

年保管费=$\frac{1}{2}$×20×60×20%=120（元）

年采购费=6×80=480（元）

年总费用=120+480=600（元）

（4）设全年采购 8 次，则每次采购 120÷8=15（t）

年保管费=$\frac{1}{2}$×15×60×20%=90（元）

年采购费=8×80=640（元）

年总费用=90+640=730（元）

其上述计算结果可列表见表 4-1。

表 4-1　材料采购数量及费用表

总需用量/t	采购次数/次	每次采购量/（t/次）	平均库存/t	保管费用/元	采购费用/元	总费用/元
120	1	120	120/2	720	80	800
120	3	40	40/2	240	240	480
120	6	20	20/2	120	480	600
120	8	15	15/2	90	640	730

由表 4-1 可见：采购 3 次，每次采购 40t，能使采购费与保管费之和最低，为 480 元，则 40t 为该材料的经济采购批量，其年保管费用支出为 240 元；采购费用支出为 240 元；总费用为 480 元。

以上过程也可通过以下公式计算：

$$Q=\sqrt{\frac{2RK}{PL}}$$

式中，Q——一次采购量，即经济批量；

R——总采购量；

P——材料单价；

L——保管费率（%）；

K——每次采购费用。

将上例中各种数字直接代入上式得：

$$Q=\sqrt{\frac{2\times120\times80}{60\times20\%}}=40$$

即最优经济批量为 40t，全年宜分 120÷40=3 次采购，其保管费用和采购费用支出为：

年保管费=$\frac{1}{2}$×40×60×20%=240（元）

年采购费=3×80=240（元）

年总费用=240+240=480（元）

采用这种方法计算经济批量时，必须具备 4 个条件：

（1）需求比较确定；

（2）消耗比较均衡；

（3）资源比较丰富，能及时补充库存；

（4）仓库条件及资金不受限制。

第三节　材料采购方式

一、建设工程材料的采购方式

为工程项目采购材料、设备而选择供货商并与其签订物资购销合同或加工订购合同，多采用如下三种方式之一。

1．招标方式

这种方式适用于采购大宗的材料和较重要的或较昂贵的大型机具设备，或工程项目中的生产设备和辅助设备。承包商或业主根据项目的要求，详细列出采购物资的品名、规格、数量、技术性能要求；承包商或业主自己选定的交货方式、交货时间、支付货币和条件，以及品质保证、检验、罚则、索赔和争议解决等合同条件和条款作为招标文件，邀请有资格的制造厂家或供应商参加投标（也可采用公开招标方式），通过竞争择优签订购货合同，这种方式实际上是将询价和商签合同连在一起进行，在招标程序上与施工招标基本相同。

2. 询价方式

这种方式是采用询价—报价—签订合同程序，即采购方对 3 家以上供货商就采购的标的物进行询价，对其报价经过比较后选择其中一家与其签订供货合同。这种方式实际上是一种议标的方式，无须采用复杂的招标程序，又可以保证价格有一定的竞争性，一般适用于采购建筑材料或价值较小的标准规格产品。

3. 直接订购

直接订购方式一般不进行产品的质量和价格比较，是一种非竞争性采购方式。一般适用于以下几种情况：

（1）为了使设备或零配件标准化，向原经过招标或询价选择的供货商增加购货，以便适应现有设备。

（2）所需设备具有专卖性质，只能从一家制造商获得。

（3）负责工艺设计的承包单位要求从指定供货商处采购关键性部件，并以此作为保证工程质量的条件。

（4）尽管询价通常是获得最合理价格的较好方法，但在特殊情况下，由于需要某些特定机电设备早日交货，也可直接签订合同，以免由于时间延误而增加开支。

二、市场采购

市场采购就是从材料经销部门、物资贸易中心、材料市场等地购买工程所需的各种材料。随着国家指令性计划分配材料范围的缩小，市场自由网范围越来越大，市场采购这一组织资源的渠道在企业资源来源所占比重迅速增加。保证供应、降低成本，必须抓好市场采购的管理工作。

1. 市场采购的特点

（1）材料品种、规格复杂，采购工作量大，配套供应难度大；

（2）市场采购材料由于生产分散，经营网点多，质量、价格不统一，采购成本不易控制和比较；

（3）受社会经济状况影响，资源、价格波动较大。

由于市场采购材料的上述特点，使工程成本中材料部分的非确定因素较多，工程投标风险大。因此，控制采购成本成为企业确保工程成本的重要环节。

2. 市场采购的程序

（1）根据材料供应计划中确定的供应措施，确定材料采购数量及品种规格。根据各施工项目提报的材料申请计划，期初库存量和期末库存量确定出材料供应量后，应将该量按供应措施予以分解。其中分解出的材料采购量即成为确定材料采购数量和品种规格的基本依据。再参考资金情况、运输情况及市场情况确定实际采购数量及品种规格。

（2）确定材料采购批量。按照经济批量的确定方法，确定材料采购批量，采购次数及各项费用的预计支出。

（3）确定采购时间和进货时间。按照生产部门下达的作业进度计划，考虑现场运输、储备能力和加工准备周期，确定进货时间。

（4）选择和比较可供材料的企业或经营部门，确定采购对象。当同一种材料，可供资源部门较多且价格、质量、服务差异较大时，要进行比较判断。常用的方法有以下几种：

1）经验判断法。根据专业采购人员的经验和以前掌握的情况进行分析、比较、综合判断，择优选定采购对象。

2）采购成本比较法。当几个采购对象对所购材料在数量上、质量上、价格上均能满足，而只在个别因素上有差异，可分别考核计算采购成本，选择低成本的采购对象。

例如：采购某种材料 200t，甲、乙、丙、丁 4 个供应部门在数量、质量和供应时间上都能满足要求，但费用情况存在差异，列表如表 4-2 所示。

表 4-2 采购成本比较表

供应单位	单价/（元/t）	运费/（元/t）	每次订购费	供应单位	单价/（元/t）	运费/（元/t）	每次订购费
甲	320	10	210	丙	300	20	200
乙	330	10	230	丁	290	30	240

对其采购成本分别计算如下：

甲：（320+10）×200+210=66 210（元）

乙：（330+10）×200+230=68 230（元）

丙：（300+20）×200+200=64 200（元）

丁：（290+30）×200+240=64 240（元）

由以上采购成本计算结果比较而知，丙部门为最宜采购对象。

3）综合评分法。通过规定采购中应考虑的主要指标及其评价方法，得出各供货单位的评价总分，分值高的为选定的供货单位。

例如：某采购单位对甲、乙、丙、丁 4 个供货单位进行评价。设：产品质量 40 分，价格 35 分，合格完成率 25 分。其中价格的评分以价格最低的得满分。用此最低价与其他单位的价格作比较，价越高得分越低。各供应单位的相关资料见表 4-3。

对各供应单位的评价结果如下：

甲：（1 920÷2 000）×40+（0.86÷0.89）×35+0.98×25=96.7

乙：（2 200+2 400）×40+（0.86÷0.86）×35+0.92×25=94.7

丙：（480+600）×40+（0.86÷0.93）×35+0.95×25=88.1

丁：（900÷1 000）×40+（0.86÷0.90）×35+1.00×25=94.4

表 4-3 各供应单位相关资料表

供应单位	质量		单价/元	合格完成率/%
	收到材料数量/件	检验合格材料数量/件		
甲	2 000	1 920	0.89	98
乙	2 400	2 200	0.86	92
丙	600	480	0.93	95
丁	1 000	900	0.9	100

比较结果是甲供应单位得分最高，被选定为下期合适的供应单位。

4）采购招标法。由材料采购管理部门提出材料需用的数量和基本性能指标等招标条件。由各供应（销售）部门根据招标条件进行投标，材料采购部门进行综合比较后进行评标的决标，与中标人签订购销合同或协议。这种方法竞争性强，有利于找到质量好、价格优的供货单位，促进材料生产企业自身产品质量的提高。但这种方法要求有一套行之有效的监督机制和相应的法律制度，以确保公平竞争、平等合作。

（5）按照协商的各项内容，明确供需双方的权利义务，签订材料采购合同。

三、加工订货

材料加工订货是按照施工图纸要求将工程所需的制品、零件及配件委托加工制作，以满足施工生产需求。进行加工订货的材料和制品一般按照其组成材料的品种不同分为金属制品、木制品和混凝土制品。

1．金属制品的加工订货

金属制品一般包括成型钢筋和铁件制品两大类。钢筋的加工应按翻样提供的图纸和资料，进行加工成型。材料部门应及时提供所需钢筋，并加强钢筋的加工管理。从目前的管理水平和技术水平看，钢筋适宜集中加工可以提高加工有利于材料的套裁、配料和综合利用，材料的利用率较高；同时通过集中加工可以提高加工工艺和加工质量。铁件制品包括铁件、楼梯栏杆、垃圾斗、落水管等。品种规格多，容易丢失、漏项。加工成型的制品零散多样，不易保管。因此，金属制品的加工必须按施工部位进度安排加工，制订详细的加工计划，逐项与施工图纸核对。

2．木制品（门窗）的加工订货

木制品中门窗占有一定比例，门窗有钢质、铝质、塑料质和木质等多种。任何门窗都应先按图纸详细计算各种规格型号门窗数量，确定准确详细的加工订货数量，并按施工进度安排进场时间。对改形及异形门窗附加工图，甚至可要求加工样品，待认为完全符合加工意图后再进行批量加工订货。

3．混凝土制品的加工订货

按照施工图纸核实确定混凝土制品的品种数量后，按照施工进度分批加工，混凝土制品到场后的码放、运输和使用困难。因此，要求加工计划准确、加工时间确定、加工质量优良。

四、组织材料的其他方式

1．与建设单位协作采购

与建设单位协作进行材料采购必须明确分工、划分采购范围及结算方式，并按照施工图预算由施工部门提出其负责采购部分材料的具体品种、规格及进场时间，以免造成停工待料。对于建设单位对工程所提出的特殊材料和设备，应由建设单位与设计部门和施工部门共同协商确定采购、验收使用及结算事宜，并做好各业务环节的衔接工作。

2．补偿贸易

建材生产企业由施工企业提供部分或全部资金，用于补偿贸易企业新建、扩建、改建项目或购置机械设备。提供的资金分有偿投资和无偿投资两种。普遍采取的是有偿投资方式。有偿投资按投资金额分期归还，利息负担通过协商确定。补偿贸易企业生产的建筑材料可以全部或部分作为补偿产品供应给施工企业。

补偿贸易方式可以建立长期稳定、可靠的采购协作基地，有利于开发新材料、新品种，促进建材生产企业提高产品质量和工艺水平。实行补偿贸易，应做好可行性调查，落实资金，签订补偿贸易合同，以保证经济关系的合法和稳定。

3. 联合开发

建筑企业可以按照不同材料的生产特点和产品特点，与材料生产企业合资经营、联合生产、产销联合和技术协作等，开发更宽的资源渠道，获得较优的材料资源。

合资经营，是指建筑企业与材料生产企业共同投资，共同经营管理，共担风险，实行利润分成。这种方式对稳定资源、扩大施工企业经营范围十分有利。

联合生产，是由建筑企业提供生产技术，将产品的生产过程分解到材料生产企业，所生产的产品由建筑企业负责全部或部分包销。

产销联合，是指建筑企业与材料生产企业之间对生产和销售的协作联合，一般是由建筑企业实行有计划的包购，这样不仅可以保证材料生产企业专心生产，而且成为建筑企业长期稳定的供应基地。

技术协作，指企业间有偿地转让科技成果，工艺技术、技术咨询、培训人员，以资金或建材产品偿付其劳动支出的合作形式。

4. 调剂与协作组织资源

企业之间本着互惠互利的原则，对短缺材料的品种规格进行调剂和串换，以满足临时、急需和特殊用料。一般通过以下几种形式进行：

（1）全国性的物资调剂会；

（2）地区性的物资调剂会；

（3）系统内的物资串换；

（4）各部门设立的积压物资处理门市；

（5）委托商业部门代为处理和销售；

（6）企业间相互调剂、串换及支援。

第四节　建设工程材料、设备采购的询价

对于大型机电设备和成套设备，为了确保产品质量，获得合理报价，一般选用竞争性的招投标作为采购的常用方式。而对于小批量建筑材料或价值较小的标准规格产品，则可以简化采购方式，用询价的方式进行采购。由于市场上的销售渠道有进出口商、批发商、零售商和代理商等多层次，材料设备的生产制造厂家众多，其质量和性能规格差别很大，而且交货状态和付款方式也各有不同，要通过正式询价、对比和议价才能作出决策。在正式询价之前，应首先搞清楚材料、设备的计价方式，其次要讲究询价的方法。

一、材料、设备报价的计价方式和常用的交货方式

货物的实际支付价格往往与货物来源、交货状态、付款方式以及销售和购买方承担

的责任、风险有关。总的来说，材料设备的采购来源可分为两大类：国内采购和国外进口。按照采购货物的特点又可分为标准设备（或标准规格材料）和非标准设备（或非标准规格材料）。根据以上的划分，材料、设备采购价的组成内容和计价方式也有所不同，但基本均由几大部分组成，即材料、设备原价（或进口材料、设备到岸价）和运杂费。

1．国内采购标准材料、设备的计价

国产标准材料、设备是指按照主管部门颁布的标准图纸和技术要求，由我国生产厂批量生产的，符合国家质量检验标准的材料、设备。国产标准材料、设备原价一般指的是材料、设备制造厂的交货价，即出厂价。如设备系由设备成套公司供应，则由其报价作为原价。有的设备有两种出厂价，即带有备件的出厂价和不带有备件的出厂价，在计算设备原价时，一般按带有备件的出厂价计算。

如果交货方式是在卖方所在地交货，则货物计价中不含买方支付的运杂费；相反，如果交货方式为运抵买方指定的交货地点，则货物计价中应含从生产厂到目的地的运杂费。运杂费包括运输费和装卸费等。

2．国内采购非标准材料、设备的计价

非标准材料、设备是指国家尚无定型标准，各生产厂不可能在工艺过程中采用批量生产方式，只能按每一次订货提供的具体设计图纸制造的材料、设备。非标准材料、设备原价有多种不同的计算方法，如成本计算估价法、系列设备插入估价法、分部组合估价法、定额估价法等。如按成本计算估价法，非标准设备的原价由以下费用组成。

（1）材料费。材料费=材料净重×（1+加工损耗系数）×每吨材料综合价

（2）加工费。包括生产工人工资和工资附加费、燃料动力费、设备折旧费、车间经费、按加工费计算的企业管理费等。

其计算公式为：加工费=设备总重量（t）×设备每吨加工费

（3）辅助材料费。包括焊条、焊丝、氧气、氩气、氮气、油漆、电石等的费用，按设计重量的辅助材料费指标计算。

其计算公式为：辅助材料费=设备总重量×辅助材料费指标

（4）专用工具费。按（1）～（3）项之和乘以合同约定的百分比计算。

（5）废品损失费。按（1）～（4）项之和乘以合同约定的百分比计算。

（6）外购配套件费。按设备设计图纸所列的外购配套件的名称、型号、规格、数量、重量，按双方商定的价格加运杂费计算。

（7）包装费。按以上（1）～（6）项之和乘以合同约定的百分比计算。如订货单位和承制厂在同一厂区内，则不计包装费。如在同一城市或地区，距离较近，包装可简化，则可适当地减少包装费用。

（8）利润。可按（1）～（5）项加（7）项之和的10%计算。

（9）税金。现为增值税，基本税率为17%。

其计算公式为：

增值税=当期销项税额－进项税额

当期销项税额=税率×销售额

（10）非标准设备设计费。按国家规定的设计费收费标准另行计算。

综上所述，单台非标准设备出厂价格可用下面的公式计算，即

单台设备出厂价格=[（材料费+辅助材料费+加工费）×（1+专用工具费率）×（1+废品损失费率）+外购配套件费]×（1+包装费率）×（1+利润率）+增值税+非标准设备设计费

运杂费的计算同标准材料、设备。

3．国外进口材料、设备的计价

（1）进口材料、设备的交货方式。

进口材料、设备的交货方式可分为内陆交货类、目的地交货类和装运港交货类。

内陆交货类即卖方在出口国内陆的某个地点完成交货任务。在交货地点，卖方及时提交合同规定的货物和有关凭证，并负担交货前的一切费用和风险；买方按时接受货物，交付货款，负担接货后的一切费用和风险，并自行办理出口手续和装运出口。货物的所有权也在交货后由卖方转移给买方。

目的地交货类即卖方要在进口国的港口或内地交货，包括目的港船上交货价，目的港船边交货价（FOS）和目的港码头交货价（关税已付）及完税后交货价（进口国目的地的指定地点），它们的特点是：买卖双方承担的责任、费用和风险是以目的地约定交货点为分界线，只有当卖方在交货点将货物置于买方控制下方算交货，方能向买方收取货款，这类交货价对卖方来说承担的风险较大，在国际贸易中卖方一般不愿采用这类交货方式。

装运港交货类即卖方在出口国装运港完成交货任务，主要有装运港船上交货价（FOB）、运费在内价（C&F）和运费、保险费在内价（CIF）。它们的特点主要是：卖方按照约定的时间在装运港交货，只要卖方把合同规定的货物装船后提供货运单据便完成交货任务，并可凭单据收回货款。

装运港船上交货价（FOB）是我国进口材料、设备采用最多的一种货价。采用船上交货价时，卖方的责任是：负责在合同规定的装运港口和规定的期限内，将货物装上买方指定的船只，并及时通知买方；负责货物装船前的一切费用和风险；负责办理出口手续；提供出口国政府或有关方面签发的证件；负责提供有关装运单据。买方的责任是：负责租船或订舱，支付运费，并将船期、船名通知卖方；负担货物装船后的一切费用和风险；负责办理保险及支付保险费，办理在目的港的进口和收货手续；接受卖方提供的有关装运单据，并按合同规定支付货款。

（2）进口材料、设备到岸价的构成。

我国进口材料、设备采用最多的是装运港船上交货价（FOB），其到岸价构成可概括为：

进口设备到岸价货价+国外运费+运输保险费+银行财务费+外贸手续费+关税+增值税

1）进口材料、设备的货价。一般可采用下列公式计算：

货价=外币金额×银行牌价（卖价）

式中的外币金额一般是指引进设备装运港船上交货价（FOB）。

2）进口材料、设备的装运费。我国进口材料、设备大部分采用海洋运输方式，小部分采用铁路运输方式，个别采用航空运输方式。

海洋运输就是利用商船在国内外港口之间通过一定航区和航线进行货物运输的方式，它不受道路和轨道的限制，运输能力大，运费比较低廉。铁路运输一般不受气候条件的影响，可保证全年正常运输，速度较快，运量较大，风险较小。航空运输是一种现代化的运输方式，特别是交货速度快，时间短，安全性高，货物破损率小，能节省保险费、包装费和储藏费，但运输费用较高。

3）运输保险费。对外贸易货物运输保险是由保险人（保险公司）与被保险人（出口人或进口人）订立保险契约，在被保险人交付议定的保险费后，保险人根据保险契约的规定对货物在运输过程中发生的承保责任范围内的损失给予经济上的补偿。

4）银行财务费。一般指中国银行手续费，可按离岸货价的0.5%计算，以简化计算。

5）外贸手续费。是指按对外经济贸易部规定的外贸手续费率计取的费用，可按下式简化计算，即

外贸手续费=（离岸货价+国外运费+运输保险费）×1.5%

6）关税。关税是由海关对进出国境或关境的货物和物品征收的一种税，属于流转性课税。对进口材料、设备征收的进口关税实行最低和普通两种税率，普通税率适用于产自与我国未订有关税互惠条款的贸易条约或协定的国家与地区的进口材料、设备；最低税率适用于产自与我国订有关税互惠条款的贸易条约或协定的国家与地区的进口材料、设备。

进口材料、设备的完税价格是指设备运抵我国口岸的到岸价格。

7）增值税。增值税是我国政府对从事进口贸易的单位和个人，在进 1∶3 商品报关进口后征收的税种。我国增值税条例规定，进口应税产品均按组成计税价格，依税率直接计算应纳税额，不扣除任何项目的金额或已纳税额，即：

进口产品增值税额=组成计税价格×增值税率

组成计税价格=关税完税价格+关税+消费税

增值税基本税率为17%。

（3）进口材料、设备的运杂费。

进口材料、设备的运杂费是指我国到岸港口、边境车站起至买方的用货地点发生的运费和装卸费，由于我国材料、设备的进口常采用到岸价交货方式，故国内运杂费不计入采购价内。

4．材料、设备计价的其他影响因素

除了上述以货物来源和交货方式计价外，还应考虑卖方的计价可能与其他一些因素有关。

（1）一次购货数量对价格的影响。许多供应商常根据买方的购货量不同而划分为：

1）零售价（某一最低货物数量限额以下）；

2）小批量销售价；

3）批发价；

4）出厂价；

5）特别优惠价等。

（2）支付条件对价格的影响。不同的支付条件对卖方的风险和利息负担有所不同，因而其价格自然也就不一样，如：

1）即期支付信用证；

2）迟期（60天、90天或180天）付款信用证；

3）付款交单；

4）承兑交货；

5）卖方提供出口信贷等。

（3）支付货币对价格的影响。在国际承包工程的物资采购中，可能业主（工程合同的付款方）、承包商（物资采购合同的付款方）和供货商（物资采购的收款方），以及制造商（物资的生产和最后受益方）属于不同国别，习惯于采用各自的计价货币；或者他们受到某些汇兑制度的约束，对计价货币有各自的要求，因而究竟是用何种货币支付货款，应当事先约定，这是一个最终由何方承担汇率变化风险的问题，在迟期付款的情况下，汇率风险可能是很大的。

二、材料、设备采购的询价步骤

在国内外工程承包中，对材料和设备的价格要进行多次调查和询价。

1. 为投标报价计算而进行的询价活动

这一阶段的询价并不是为了立即达成货物的购销交易，作为承包商，只是为了使自己的投标报价计算比较符合实际；作为业主，是为了对材料、设备市场有更深入的了解。因此，这一阶段的询价属于市场价格的调查性质。

价格调查有多种渠道和方式。

（1）查阅当地的商情杂志和报刊。这种资料是公开发行的，有些可以从当地的政府专门机构或者商会获得。应当注意有些商情资料的价格是指零售价格，这种价格对于大量使用材料的承包商或业主来说，可能只是参考而已，甚至是毫无实际使用价值的，因为这种价格包括了从生产厂商、出口商、进口商、批发商和零售商好几个层次的管理费和利润，它们可能比承包商或业主自己成批订货进口价格要高出1倍以上。

（2）向当地的同行（建筑工程公司或建设单位）调查了解。这种调查要特别注意同行们在竞争意识作用下的误导。因此，最好是通过当地的代理人进行这类调查。

（3）向当地材料的制造厂商直接询价。

（4）向国外的材料设备制造厂商或其当地代理商询价。

在上述（3）和（4）中的直接询价，因为属于投标阶段的一般询价，并非为达成实际交易的询盘，通常称为“询问报价”。它可以采取口头方式（例如电话、约谈等），也可以采取书面方式（例如电传、传真和信函等），这种报价对需求方和供应方均无任何法律上的约束力。

2. 实际采购中的询价程序

（1）根据“竞争择优”的原则，选择可能成交的供应商。由于这是选定最后可能成交的供货对象，不一定找过多的厂商询价，以免造成混乱。通常对于同类材料设备等物资，找一两家最多三家有实际供货能力的厂商询价即可。

（2）向供应厂商询盘。这是对供货厂商销售货物的交易条件的询问，为使供货厂商了解所需材料设备的情况，至少应告知所需的品名、规格、数量和技术性能要求等，这种询盘可以要求对方作一般报价，还可以要求作正式的发盘。

（3）卖方的发盘。通常是应买方（承包商或业主）的要求而作出的销售货物的交易条件。发盘有多种，如果对于形成合同的要约内容是含糊的、模棱两可的，它只是属于一般报价，属于“虚盘”性质。例如，价格注明为“参考价”或者“指示性价格”等，这种发盘对于卖方并无法律上的约束力。通常的发盘是指发出“实盘”，这种发盘应当是内容完整、语言明确，发盘人明示或默示承受约束的。一项完整的发盘通常包括货物的品质、数量、包装、价格、交货和支付等主要交易条件。卖方为保护自身的权益，通常还在其发盘中写明该项发盘的有效期，即在此有效期内买方一旦接受，即构成合同成立的法律责任，卖方不得反悔或更改其重要条件。

（4）还盘、拒绝和接受。买方（承包商或业主）对于发盘条件不完全同意而提出变更的表示，即是还盘，也可称为还价。如果供应商对还盘的某些更改不同意，可以再还盘。有时可能经过多次还盘和再还盘进行讨价还价，才能达成一致，而形成合同。买方不同意发盘的主要条件，可以直接予以“拒绝”，一旦拒绝，即表示发盘的效力已告终止。此后，即使仍在发盘规定的有效期内，买方反悔而重新表示接受，也不能构成合同成立，除非原发盘人（供应商）对该项接受予以确认。

如果承包商或业主完全同意供应商发盘的内容和交易条件，则可予以“接受”。构成在法律上有效的“接受”，应当具备：

1）应当是原询盘人作出的决定，原询盘人应是有签约权力的人；

2）“接受”应当以一定的行为表示。例如，用书面形式（包括信函或传真）通知对方；

3）这项通知应当在发盘规定的有效期内送达给发盘人（关于“接受”的通知是以发出的时间生效，还是收到的时间生效，国际上不同法系的规则不尽一致）；

4）“接受”必须与发盘完全相符，有些法系规定，应当符合“镜像规则”，即“接受”必须像照镜子一样丝毫不差地反映发盘内容。但在有些法系或实际业务中，只要“接受”中未对发盘的条件作实质性的变更，也应被认为是有效的。所谓“实质性”是指该项货物的价格、质量（包括规格和性能要求）、数量、交货地点和时间、赔偿责任等条件。

三、材料、设备采购的询价方法和技巧

1. 充分做好询价准备工作

从以上程序可以看出，在材料、设备采购实施阶段的询价，已经不是普通意义的市场商情价格的调查，而是签订购销合同的一项具体步骤——采购的前奏。因此，事前必须做好准备工作。

（1）询价项目的准备。首先要根据材料、设备使用计划列出拟询价的物资的范围及其数量和时间要求。特别重要的是，要整理出这些拟询价物资的技术规格要求，并向专家请教，搞清楚其技术规格要求的重要性和确切含义。

例：某公司采购人员向几家不同国别的供应商就铝合金型材询价，这批材料是用于做门窗的，数量较大，尽管详细列出了型材规格并附有型材剖面图和尺寸，但对型材的技术要求未给予足够重视。在询价中，韩国某公司在同等交货条件下的报价最低，而且差额达 30 多万美元。采购人员迅速与之签订了购销合同，到货后立即按图纸加工为铝合金门窗，并在数十栋承包的住宅中进行了安装。但是监理工程师在验收时，用仪器对铝合金门窗的表面氧化层进行测定后发出通知，要求将已安装的铝合金门窗全部拆除更换。监理工程师在其通知中指出，合同文件明确规定门窗铝合金型材的氧化层厚度不得小于 18μm，而实测结果表明，承包商安装的铝合金门窗的型材氧化层仅 8～11μm，完全不符

合合同要求。尽管后来经过与工程业主反复磋商谈判，部分铝合金门窗拆换和另一部分降价后予以保留，但该承包商不仅没有赚到该项差价 30 余万美元，相反还损失了约 40 万美元。这类由于忽视合同中对材料的技术性能的要求而询价并购货失误的事件，在工程承包中并不鲜见。

（2）对供应商进行必要和适当的调查。在国内外找到各类物资的供应商的名单及其通信地址和电传、电话号码等并非难事，大量的宣传材料、广告、商家目录，或者电话号码簿中都可以获得一定的资料，甚至会收到许多供应商寄送的样品、样本和愿意提供服务的意向信等自我推荐的函电。应当对这些潜在的供应商进行筛选，那些较大的和本身拥有生产制造能力的厂商或其当地代表机构可列为首选目标；而对于一些并无直接授权代理的一般性进口商和中间商则必须进行调查和慎重考核。

（3）拟订自己的成交条件预案。事先对拟采购的材料设备采取何种交货方式和支付办法要有自己的设想，这种设想主要是从自身的最大利益（风险最小和价格在投标报价的控制范围内）出发的。有了这样成交条件预案，就可以对供应商的发盘进行比较，迅速作出还盘反应。

2．选择最恰当的询价方法

前面介绍了由承包商或业主发出询盘函电邀请供应商发盘的方法，这是常用的一种方法，适用于各种材料设备的采购。但还可以采用其他方法，比如招标办法、直接访问或约见供应商询价和讨论交货条件等方法，可以根据市场情况、项目的实际要求、货物的特点等因素灵活选用。

3．注意询价技巧

（1）为避免物价上涨，对于同类大宗物资最好一次将全工程的需用量汇总提出，作为询价中的拟购数量。这样，由于订货数量大而可能获得优惠的报价，待供应商提出附有交货条件的发盘之后，再在还盘或协商中提出分批交货和分批支付货款或采用“循环信用证”的办法结算货款，以避免由于一次交货即支付全部货款而占用巨额资金。

（2）在向多家供应商询价时，应当相互保密，避免供应商相互串通，一起提高报价；但也可适当分别暗示各供应商，他可能会面临其他供应商的竞争，应当以其优质、低价和良好的售后服务为原则作出发盘。

（3）多采用卖方的“销售发盘”方式询价，这样可使自己处于还盘的主动地位。但也要注意反复地讨价还价可能使采购过程拖延过长而影响工程进度，在适当的时机采用“递盘”，或者对不同的供应商分别采取“销售发盘”和“购买发盘”（“递盘”），也是货物购销市场上常见的方式。

（4）对于有实力的材料设备制造厂商，如果他们在当地有办事机构或者独家代理人，不妨采用“目的港码头交货（关税已付）”的方式，甚至采用“完税后交货（指定目的地）”的方式。因为这些厂商的办事处或代理人对于当地的港口、海关和各类税务的手续和税则十分熟悉，他们可能提货快捷、价格合理，甚至由于对税则熟悉而可能选择优惠的关税税率进口，比起另外委托当地的有关代理商办理各项手续更省时、省事和节省费用。

（5）承包商应当根据其对项目的管理职责的分工，由总部、地区办事处和项目管理组分别对其物资管理范围内材料设备进行询价活动。例如，属于现场采购的当地材料（砖瓦、砂石等）由项目管理组询价和采购；属于重要的机具和设备则因总部的国际贸易关系网络较多，可由总部统一询价采购。

第五节 招标采购

一、建设工程物资采购招投标概述

在市场竞争中，为了保证产品质量、缩短建设工期、降低工程造价、提高投资效益，对建设工程中使用的金额巨大的大型机电设备和大案材料等均采用招标的方式进行采购。在国际上，机电设备的招标采购十分常见，并且也形成了一整套规范的招标程序与方法。我国于 1999 年 8 月 30 日颁布了《中华人民共和国招标投标法》，规范我国境内建设项目的勘察、设计、施工、监理和工程建设重要设备、材料采购等的招标投标活动。

1．设备、材料招标的范围

设备、材料招标的范围大体包含以下 3 种情况：

（1）以政府投资为主的公益性、政策性项目需采购的设备、材料，应委托有资格的招标机构进行招标。

（2）国家规定必须招标的进口机电产品等货物，应委托国家指定的有资格的招标机构进行招标。

（3）竞争性项目等采购的设备、材料招标，其招标范围另行规定。

属于下列情况之一者，可不进行招标：

1）采购的设备、材料只能从唯一制造商处获得的；

2）采购的设备、材料需方可自产的；

3）采购活动涉及国家安全和秘密的；

4）法律、法规另有规定的。

各省、市、自治区对建设工程设备、材料招标的范围一般均有明确的规定。

2．招标方式

招标方式有多种多样，招标的方式不同，其工作程序也随之不同。当前最常见的具体招标方式有国际竞争性招标、国际有限竞争性招标和国内竞争性招标 3 种。

（1）国际竞争性招标。这种招标方式也叫国际公开招标，其基本特点在于业主对其拟采购设备、材料的供货对象，没有民族、国家、地域、人种或信仰上的限制，只要制造商、供货商能按标书要求，提供质量上乘、价格低廉、充分满足招标文件要求的设备、材料，均可参加投标竞争。经过开标、询标等阶段，评出性能价格比最佳的为中标者，这种招标的特点就是它不受限制，只要能供货，都可参加竞争，所以它又叫无限竞争性招标。它要求将招标信息公开发表，便于世界各国有兴趣的潜在投标者及时得到信息。这类招标方式要求组织完善，涉及环节多，时间较长。故要求有相当数量的标的，使中标金额的服务费足以抵消这期间发生的费用支出，招标金额在 200 万美元以上的，大多采用这种方式。

国际竞争性招标是国际上常见的一种方式，我国招标活动与国际惯例接轨，主要是向这种招标方式过渡。

（2）国际有限竞争性招标。这种招标方式在下面几种情况下采用：其一，该采购的设备、材料生产制造厂商在国际上不是很多；其二，对拟采购设备、材料的生产制造商、供应商的情况比较了解，对其设备、材料性能，供货周期，以及他们在世界上特别在中国的履约能力都较为熟悉，潜在投标者资信可靠；其三，由于项目的采购周期很短，时间紧迫。或者由于对外承诺（由于资金原因，或技术条款保密等因素造成的），不宜于进行公开竞争招标。

有限竞争招标，就是邀请招标，是在上述条件下，由招标机构向有制造能力的制造商或有供货能力的供货商发出专门邀请函，邀请其前来参加投标的一种招标方式。

（3）国内竞争性招标。这种招标方式包括两种情况：一是利用国内资金；二是利用国外资金条件下，对允许进行区域采购的那一部分，在中国各地区的设备、材料生产制造商或代理商中采购设备、材料的一种公开竞争招标。

采用国内竞争性招标方式，首先，要特别掌握投标者的资信和制造或供应设备、材料的能力，必要时可组织专人到现场考察。其次，要核实招标方资金到位的情况，对国内签约比较注意履约情况。最后，要注意使投标者有利可图，不允许暴利，但也要有薄利。

3．招标程序

招标的一般程序如下：

（1）办理招标委托；

（2）确定招标类型和方式；

（3）编制实施计划筹建项目评标委员会；

（4）编制招标文件；

（5）刊登招标公告或寄发投标邀请函；

（6）资格预审；

（7）发售招标文件；

（8）投标；

（9）公开开标；

（10）阅标、询标；

（11）评标、定标；

（12）发中标或落标通知书；

（13）组织签订合同；

（14）项目总结归档、标后跟踪服务。

4．招标单位应具备的条件

目前建设工程中的设备采购，有的是建设单位负责，有的是施工单位负责，还有的是委托中介机构（或称代理机构）负责。由于采购和招标工作人员素质良莠不齐，很难保证物资质量和工作质量。因此，招标单位一般应具备如下条件：

（1）具有法人资格，招标活动是法人之间的经济活动，招标单位必须具有合法身份；

（2）具有与承担招标业务和物资供应工作相适应的技术经济管理人员；

（3）有编制招标文件、标底文件和组织开标、评标、决标的能力；

（4）有对所承担的招标设备、材料进行协调服务的人员和设施。

上述（2）、（3）、（4）项，主要是对招标单位人员素质、技术、经济管理水平、组织管理能力和招标工作经验以及协调、服务的能力所作的规定，目的是为了确保招标工作的顺利进行和取得良好的效果，保证招标单位能正确地编制招标文件和标底文件，组织签订设备、材料供货合同，避免无效劳动，减少漏洞和纠纷。

不具备上述条件的建设单位，应委托经招投标管理机构核准的代理机构进行招标。代理机构除应具备上述 4 项条件外，还应当具有与所承担的招标任务相适应的经济实力，保证代理机构因自身原因给招标、投标单位造成经济损失时，能承担相应的民事责任。

5. 投标单位应具备的条件

凡实行独立核算、自负盈亏、持有营业执照的国内生产制造厂家、设备公司（集团）及设备成套（承包）公司，具备投标的基本条件，均可参加投标或联合投标，但与招标单位或设备需方有直接经济关系（财务隶属关系或股份关系）的单位及项目设计单位不能参加投标。采用联合投标，必须明确一个总牵头单位承担全部责任，联合各方的责任和义务应以协议形式加以确定，并在投标文件中予以说明。

二、建设工程物资采购招投标工作内容

1. 招标前的准备工作

在进入正式招标工作之前，尚需完成一些前期准备工作。

（1）作为招标机构，要了解与掌握本建设项目立项的进展情况、项目的目的和要求，了解国家关于招标投标的具体规定。作为招标代理机构，则应向业主了解工程进展情况，并向项目单位介绍国家招标投标的有关政策，介绍招标的经验和以往取得的效果，介绍招标的工作方法、招标程序和招标周期内时间的安排等。

（2）根据招标的需要，要对项目中涉及的设备、工程和服务等的一系列的要求，开展信息咨询，收集各方面的有关资料，做好准备工作。这种工作一是要做早；二是要做细。做早，就是招标工作要尽早地介入，一般在项目建议书上报或主管单位审批项目建议书时就要介入。这样在将来编制标书时可以对项目中的各种需要和应坚持的原则问题做到心领神会，配合紧密，也会取得好的效果。招标机构从这时起，就应指定业务人员专门负责这一项目，人员一经确定，就不宜变动，放手让这一专门小组与用户、信息中心多接触，多联系，发挥这些专门人员的积极性。

2. 招标前的分标工作

由于材料、设备的种类繁多，不可能有一个能够完全生产或供应工程所用材料、设备的制造商或供货商存在，所以，不管是以询价、直接订购还是以公开招标方式采购材料、设备，都不可避免地要遇到分标的问题。这里主要介绍机电设备招标的分标工作内容，材料或其他机电设备的询价、直接订购分标可参照此方法。

分标的原则是：有利于吸引更多的投标者参加投标，以发挥各个供货商的专长，降低机电设备价格，保证供货时间和质量，同时，要考虑便于招标工作的管理。机电设备采购分标和工程招标不同，一般是将一个工程有关的机电设备采购分为若干个标；也就是说将机电设备招标内容按工程性质和机电设备性质划分为若干个独立的招标文件，而

每个标又分为若干个包，每个包又分为若干项。每次招标时，可根据货物的性质只发一个合同包或划分成几个合同分别发包，如电气设备包、电梯包等。供货商投标的基本单位是包，在一次招标时其可以投全部的合同包，也可以只投一个或其中几个包，但不能仅投一个包中的某几项。

机电设备采购分标时需要考虑的因素主要有：

（1）招标项目的规模。根据工程项目中各设备之间的关系，预计金额大小等来分标。每一个标如果分得太大，则要求技术能力强的供货商来单独投标或由其他组织投标，一般中小供货商则无力问津。由于投标者数量会减少，从而可能引起投标报价的增加。反之，如果标分得比较小，可以吸引众多的供货商，但很难引起大型供货商的兴趣。同时，招标评标工作量会加大。因此，分标时要大小适当，以吸引众多的供货商，这样有利于降低报价、便于买方挑选。

（2）机电设备品质和质量要求。如果分标时考虑到大部分或全部机电设备由同一厂商制造供货，或按相同行业划分（例如大型起重机械可划分为一个标），则可减少招标工作量，吸引更多竞争者。有时考虑到某些技术要求国内完全可以达到，则可单列一个标向国内招标，而将国内制造有困难的设备单列一个标向国外招标。

（3）工程进度与供货时间。如果一个工程所需供货时间较长，而在项目实施过程中对各类设备、材料的需要时间不同，则应从资金、运输、仓储等条件来进行分标，以降低成本。

（4）供货地点。如果一个工程地点分散，则所需机电设备的供货地点也势必分散，因而应考虑外部供货商、当地供货商的供货能力，运输、仓储等条件来进行分标，以利于保证供应和降低成本。

（5）市场供应情况。有时一个大型工程需要大量的建筑材料和设备，如果二次采购，势必引起价格上涨，应合理计划、分批采购。

（6）货款来源。如果买方资金是由一个以上单位提供货款的，各单位对采购的限制条件有不同要求，则应合理分标，以吸引更多的供货商参加投标。

3．招标文件的编制

招标文件是招标活动的重要内容，是投标和评标的主要依据。招标文件由招标单位编制，招标文件编制的质量，直接关系到下一步招标工作的成败。招标文件的内容应做到完整、准确，招标条件应该公平、合理，符合国家有关法律、法规的要求。

（1）我国设备、材料采购的招标文件。招标文件由招标书、投标须知、招标货物清单和技术要求及图纸、投标书格式、合同条款、其他需要说明的问题等内容组成。

1）招标书。包括招标单位名称、建设工程名称及简介、招标货物简要内容（设备主要参数、数量、要求交货期等），投标截止日期和地点、开标日期和地点。

2）投标须知。包括对招标文件的说明及对投标者投标文件的基本要求，评标、定标的基本原则等内容。

3）招标货物清单和技术要求及图纸：

① 招标文件中技术条款是举足轻重的，对货物的技术参数和性能要求应根据实际情况确定，要求过高就会增大费用。主要技术参数要写全、具体、准确，不能有太大的响应幅度，否则将会使投标报价差异过大，不利评标。

② 应明确货物的质量要求，交货期限、方式、地点和验收标准等，专用、非标准设备应有设计技术资料说明及齐全的图纸，以及可提供的原材料清单、价格、供应时间、地点和交货方式。

③ 投标单位应提供的货物的备品、备件数量和价格要求。

④ 售前、售后服务要求。

4）主要合同条款。包括价格及付款方式、交货条件、质量验收标准以及违约罚款等内容。条款要详细、严谨，防止以后发生纠纷。

5）投标书格式、投标货物数量及价目表格式。

6）其他需要说明的事项。招标文件一经发出，不得随意修改或增加附加条件。如确需修改或补充，一般应在投标截止日期前 10 天以信函或电报等书面方式通知到投标单位。

（2）国际货物的招标文件。国际货物招标文件的内容则较为具体全面，包括投标邀请书、投标者须知、货物需求一览表、技术规格、合同条件、合同格式、各类附件 7 大部分。

1）投标邀请书。投标邀请书是招标人向投标人发出的投标邀请，号召供货商对项目所需的货物进行密封式投标。

在投标邀请书中一般明确所附的全部招标文件，买方回答投标者咨询的地址、电传、传真，投标书送交的地点、截止日期和时间，以及开标的时间和地点。

2）投标须知：

① 对建设工程的简要说明。

② 招标文件的主要内容，招标文件的澄清、修改。

3）投标文件的编写：

① 投标语言。与工程采购招标文件相同。

② 组成投标书的文件。投标者准备的投标文件应包括按投标须知要求填写的投标书格式（包含单独装在一个信封内的开标一览表）、投标价格表和货物说明一览表；投标者的资格和能力的证明文件：证明投标者提供的货物及辅助服务合格的资料；投标保证等。

③ 投标书格式。

④ 投标报价。投标者应在招标文件附件中适用的投标价格表中报价，指明不同填表要求，说明如果单价与总价有出入以单价为准。说明按投标文件分组报价只适用于评标时比较，但并不限制买方以不同条件签订合同。投标者的报价为履行合同的固定价格，不得随意改动，按可调价格的报价将被拒绝。

⑤ 投标的货币。在投标书格式和投标价格表中应按以下货币报价：国内货物用人民币报价；国外货物用一种国际贸易货币或投标者所在国货币报价，如投标者希望用多种货币报价，则应在投标文件中声明。

⑥ 投标者资格证明文件。投标者应提交证明其有资格进行投标和有能力履行合同的文件，作为投标文件的一部分。

这些证明文件应使买方满意，并能充分证明：

a. 若投标者按合同要求提供的货物不是投标者制造或生产的，投标者必须得到货物制造商或生产商的充分授权，向买方所在国提供该货物。

b. 投标者具有履行合同所需的财务、技术和生产能力。

c. 如投标者不在买方所在国营业，应让有能力的代理人履行合同条件规定的、由卖方承担的各种服务性（如维修保养、修理、备件供应等）义务。

投标者应填写和提交附在招标文件中的“资格预审文件”。

⑦ 货物合格并符合招标文件规定的证明文件。例如，货物主要技术和性能特点的详细描述；一份说明所有细节的清单，包括使货物在特定时间（如 2 年）内所需要的所有零备件、特殊工具的货源和价格情况表。

⑧ 投标保证。

⑨ 投标有效期。

⑩ 投标文件格式。

⑪ 投标文件的密封和标记。在有的招标文件中要求投标者在投标时填写附件中规定的“开标一览表”，与投标保证单独装在一个信封内密封送交。“开标一览表”包括投标者名称、投标者国别、制造商国别、标号或包号、总 CIF 价或出厂价、有无投标保证等。

⑫ 投标文件递交截止日期。

⑬ 迟到的投标文件。

⑭ 投标文件的修改和撤销。

⑮ 开标。

⑯ 对投标文件的初审和确定其符合性。

对投标文件初步审查的目的是为了确定投标文件是否符合招标文件的要求，在供货范围、质量与性能等方面是否响应了招标文件的要求，有没有重要的、实质性的不符之处。

⑰ 评标。说明评标的方法以及在评标时考虑的因素等。

⑱ 投标文件的澄清。

⑲ 保密程序。

⑳ 授予合同的准则。买方将把合同授予能基本符合招标文件要求的最低标，并且是买方认为能圆满地履行合同的投标者。

㉑ 授予合同时变更数量的权利。买方在授予合同时有权在招标文件事先规定的一定幅度内对“货物需求一览表”中规定的货物数量或服务予以增加或减少。

㉒ 买方有权接受任何投标和拒绝任何或所有的投标。

㉓ 授予合同的通知。

㉔ 签订合同及合同格式。

㉕ 履约保证。

4）货物需求一览表。格式如表 4-4 所示。

表 4-4　货物需求一览表

项目号	货物名称	规格	数量	交货物	目的港

5）技术规格。技术规格文件一般包括以下内容：总则、说明和评标准则、技术要求和检验。

① 总则、说明和评标准则：

a. 前言。提醒投标者仔细阅读全部招标文件，使投标文件能符合招标要求。如承包商有替代方案，应在投标价格表中单独列出并说明。前言要规定货物生产厂家的制造经验与资格，说明投标商要在技术部分投标文件中编列的文件资料格式、内容和图纸等。

b. 供货内容。对单纯的货物采购，其供货范围和要求在货物需求一览表中说明即可，还应说明要求供货商承担的其他任务（如设计、制造、发运、安装、调试、培训等），要注意供货商承担的任务与土建工程承包商任务的衔接。

供货内容按分项开列，还应包括备件、维修工具及消耗品等。

c. 与工程进度的关系。对单纯的货物采购，在货物需求一览表中规定交货期即可，但对工程项目的综合采购，则应考虑与工程进度的关系，以便考虑安装和土建工程的配合以及调试等环节。对交货期应有明确规定，包括是否允许提前交货。

d. 备件、维修工具和消耗材料。备件可以分为三大类：第一类是按照标准或惯例应随货物提供的标准备件，这类备件的价格包括在基本报价之内，投标者应在投标文件中列表填出标准备件的名称、数量和总价。第二类是招标文件中规定可能需要的备件，这类备件不计入投标价格，但要求投标者按每种备件规格报出单价。如果中标，买方根据需要数量算出价格，加到合同总价中去。第三类是保证期满后需要的备件，投标者可列出建议清单，包括名称、数量和单价，以备买方考虑选购。

维修工具和消耗材料也分类报价，第一类是随货物提供的标准成套工具和易耗材料，逐个填出名称、数量、单价和总价，此总价应计入投标报价内。第二类是招标文件中提出要求的工具内容，由投标者在投标文件中进行报价，在中标后根据选择的品种和数量计算价格后再计入合同总价中。

e. 图纸和说明书。

f. 审查、检验、安装、测试、考核和保证，这些工作是指货物交货前的一些有关技术规定和要求。

g. 通用的技术要求。指各分包和分项共同的技术要求，一般包括：使用的标准、涂漆、机械、材料和电气设备通用技术要求。

招标文件中应规定货物需符合的总的标准体系，如投标者在设计、制造时采用独自的标准，应事先申请买方审查批准。

h. 评标准则。

② 技术要求。技术要求有时也称特殊技术条件，这部分详细说明采购货物的技术规范。货物的技术规格、性能是判断货物在技术上是否符合要求的重要依据，应在招标文件中规定得详细、具体、准确。对工程项目综合采购中的主体设备和材料的规格及与其关联的部件，也应叙述得明确、具体，这些说明加上图纸，就可反映出工程设计及其中准备安装的永久设备的设计意图和技术要求，这也是鉴别投标者的投标文件是否作出实质性响应的依据。

编写技术要求时应注意以下几点：

a. 应写明具体订购货物的形式、规格和性能要求、结构要求、结合部位的要求、附属设备以及土建工程的限制条件等。

b. 在保证货物的质量和与有关设备布置相协调的前提下，要使投标者发挥其专长，不宜对结构的一般形式和工艺规定得太死。

c. 综合的工程项目采购中，应注意说明供应的辅助设备、装备、材料与土建工程和其他相关工程项目的分界面，必要时用图纸作为辅助手段进行解释。

d. 替代方案。要说明买方可以接受的替代方案的范围和要求，以便投标者作出响应。

e. 注意招标文件的一致性。如技术要求说明应与供货范围，招标文件技术要求应与投标书格式中的一致等。

③ 合同条件、合同格式。

④ 各类附件。

4．标底文件的编制

标底文件由招标单位编制，非标准设备招标的标底文件应报招投标管理机构审查，其他设备、材料招标的标底文件报招投标管理机构备案。

标底文件应当依据设计单位出具的设计概算和国家、地方发布的有关价格政策编制，标底价应当以编制标底文件时的全国设备、材料市场的平均价格为基础，并包括不可预见费、技术措施费和其他有关政策规定的应计算在内的各种费用。

5．资格预审

设备、材料采购的招标程序中，对投标人的资格审查，包括投标人资质的合格性审查和所提供货物的合格性审查两个方面。

（1）对投标人资质的审查。投标人填报的“资格证明文件”表明他有资格参加投标和具有履约能力。如果投标人是生产厂家，则必须具有履行合同所必需的财务、技术和生产能力；若投标人按合同提供的货物不是自己制造或生产的，则应提供制造厂家或生产厂家正式授权同意提供该货物的证明资料。要求投标人提交供审查的证明资格的文件，包括以下几方面内容：

1）营业执照的复印件。

2）法人代表的授权书或制造厂家的授权信。

3）银行出具的资信证明。

4）产品鉴定书。

5）生产许可证。

6）产品荣获国优、部优的荣誉证书。

7）制造厂家的资格证明。除了厂家的名称、地址、注册或成立的时间、主管部门等情况外还应有以下内容：

① 职工情况调查，主要指技术工人、管理人员的数量调查。

② 近期资产负债表。

③ 生产能力调查，包括生产项目、年生产能力，哪些货物可以自己生产、哪些自己不能生产而需从其他厂家购买主要零部件。

④ 近 3 年该货物主要销售给国内外单位的情况。

⑤ 近 3 年的年营业额。

⑥ 易损件的供应条件。

⑦ 其他情况。

⑧ 贸易公司（作为代理）的资格证明。

⑨ 审定资格时需提供的其他证明材料。

（2）对所提交货物的合格性审查。投标人应提交根据招标要求提供的所有货物及其附属服务的合格性证明文件，这些文件可以是手册、图纸和资料说明等。证明资料应说明以下情况：

1）表明货物的主要技术指标和操作性能。

2）为使货物正常、连续使用，应提供货物使用 2 年期内所需零配件和特种工具等清单，包括货源和现行价格情况。

3）资格预审文件或招标文件中指出的工艺、材料、设备等参照的商标或样本目录号码仅作为基本要求的说明，并不作为严格的限制条件。投标人可以在标书说明文件中选用替代标准，但替代标准必须优于或相当于技术规范所要求的标准。

6. 解答标书疑问，发送补充文件

在向通过资格预审的投标单位发售招标文件后，投标人如发现合同条件、招标文件或其他文件中有任何不符或遗漏，或发现某些条文意图和含义不清时，应在投标前及时以书面形式提请招标管理机构解释、澄清或更正。对于上述投标人的请求，招标单位只能以补遗的形式予以答复。

招标单位可以在开标日期以前，对已发售的招标文件进行补遗、修订或更改招标文件的任何部分。每一次补遗、修订或更改均应同时发给已购买招标文件的每一位投标人。

7. 投标单位编报投标书

投标书是评标的主要依据之一，其内容和形式都应符合招标文件的要求，基本内容包括：

（1）投标书；

（2）投标设备、材料数量及价目表；

（3）偏差说明书（对招标文件某些要求有不同意见的说明）；

（4）证明投标单位资格的有关文件；

（5）投标企业法人代表授权书；

（6）投标保证金（根据需要）；

（7）招标文件要求的其他需要说明的事项。

投标书的有效期应符合招标文件的要求，其期限应能满足评标和定标要求。投标单位投标时，如招标文件有要求是应在投标文件中向招标单位提交投标保证金，金额一般不超过投标设备金额的 2%，招标工作结束后（最迟不得超过投标文件有效期限），招标单位应将投标保证金及时退还给投标单位。

投标单位对招标文件中某些内容不能接受时，应在投标文件中声明。

在投标书编写完毕后，应由投标单位法人代表或法人代表授权的代理人签字，并加盖单位公章，密封后递送招标单位。

投标单位投标后，在招标文件规定的时间内，可以用补充文件的形式修改或补充投标内容，补充文件作为投标文件的一部分，具有同等效力。

8. 评标和定标

评标工作由招标单位组织的评标委员会秘密进行。

评标委员会应具有一定的权威性，一般由招标单位邀请有关的技术、经济、合同等方面的专家组成。为了保证评标的科学性和公正性，评标委员会成员由 5 人以上的单数人员组成，其中的技术经济专家不得少于总人数的 2/3。

不得邀请与投标单位有直接经济业务关系的人员参加。评标过程中有关评标情况不得向投标人或与招标工作无关的人员透露。凡招标申请公证的，评标过程应在公证部门的监督下进行，招标投标管理机构派人参加评标会议，对评标活动进行监督。

设备、材料招标的评标工作一般不超过 10 天，大型项目设备承包的评标工作最多不超过 30 天。评标过程中，如有必要可请投标单位对其投标内容作澄清解释，澄清时不得对投标内容作实质性修改。澄清解释内容必要时可做局部纪要，经投标单位授权代表签字后，作为投标文件的组成部分。

机电设备采购的评标不仅要看采购时所报的现价是多少，还要考虑设备在使用寿命期内可能投入的运营和管理费高低。尽管投标人所报的货物价格较低，但运营费很高时，仍不符合业主以最合理的价格采购的原则，下面就评标阶段的工作加以介绍。

（1）评标主要考虑的因素：

1）投标价。对投标人的报价，既包括生产制造的出厂价格，还包括他所报的安装、调试、协作等售后服务的价格。

2）运输费。包括运费、保险费和其他费用，如超大件运输时对道路、桥梁加固所需的费用等。

3）交付期。以招标文件中规定的交货期为标准，如投标书中所提出的交货期早于规定时间，一般不给予评标优惠，因为当施工还不需要时要增加业主的仓储管理费和货物的保养费。如果迟于规定的交货日期，但推迟日期尚属于可以接受的范围之内，则在评标时应考虑这一因素。

4）设备的性能和质量。主要比较设备的生产效率和适应能力，还应考虑设备的运营费用，即设备的燃料、原材料消耗、维修费用和所需运行人员费等。如果设备性能超过招标文件要求，使业主得到收益时，评标时也应将这一因素予以考虑。

5）备件价格。对于各类备件，特别是易损备件，考虑在 2 年内取得的途径和价格。

6）支付要求。合同内规定了购买货物的付款条件，如果标书中投标人提出了付款的优惠条件或其他的支付要求，尽管与招标文件规定偏离，但业主可以接受，也应在评标时加以计算和比较。

7）售后服务。包括可否提供备件、进行维修服务，以及安装监督、调试、人员培训等可能性和价格。

8）其他与招标文件偏离或不符合的因素等。

（2）评标方法：

设备、材料采购的评标方法通常有以下几种形式。

1）低投标价法。采购简单商品、半成品、原材料，以及其他性能质量相同或容易进行比较的货物时，价格可以作为评标时考虑的唯一因素，以此作为选择中标单位的尺度。国内生产的货物报价应为出厂价，出厂价包括为生产所提供的货物购买的原材料和支付的费用，以及各种税款，但不包括货物售出后所征收的销售税以及其他类似税款。如果所提供的货物是投标人早已从国外进口、目前已在国内的，则应报仓库交货价或展室价，该价格应包括进出口货物时所交付的进口关税，但不包括销售税。

2）综合评标价法。综合评标价法是指以报价为基础，将其他评标时所考虑的因素也折算为一定价格而加到投标价上，去计算评标价，然后再以各评标价的高低决出中标人。

对于采购机组、车辆等大型设备时，大多采用这种方法。评标时具体的处理办法如下：

① 运费、保险及其他费用。按照铁路（公路、水运）运输、保险公司以及其他部门公布的费用标准，计算货物运抵最终目的地将要发生的运费、保险费及其他费用。

② 交货期。以招标文件中“供货一览表”规定的具体交货时间作为标准，若标书中的交货时间早于标准时间，评标时不给予优惠；如果迟于标准时间时，每迟交货 1 个月，可按报价的一定百分比（货物一般为 2%）计算折算价，将其加到报价上。

③ 付款条件。投标人必须按照招标文件中规定的付款条件来报价，对于不符合规定的投标，视为非响应性投标而予以拒绝。但采购大型设备的招标中，如果投标人在投标致函中提出若采用不同的付款条件可使其报价降低而供业主选择时，这一付款要求在评标过程中也应予以考虑。当投标人提出的付款要求偏离招标文件的规定不是很大，尚属可接受的范围时，应根据偏离条件给业主增加的费用，按招标文件中规定的贴现率换算成评标时的净现值，加到投标人在致函中提出的修改报价中作为评标价格。

④ 零配件和售后服务。零配件的供应和售后服务费用要视招标文件的规定而异，当这笔费用已要求投标人包括在报价之内，则评标时不再考虑这一因素，若要求投标人单报这笔费用，则应将其加到报价中。如果招标文件中没有作出上述两种规定中的任何一种，那么在评标时要按技术规范附件中开列由投标人填报的，该设备在运行前两年可能需要的主要部件、零配件的名称、数量，计算可能需支付的总价格，并将其加到报价中去。售后服务费用如果需要业主自己安排的话，这笔费用也应加到报价中去。

⑤ 设备性能、生产能力。投标设备应具备技术规范中规定的基本生产效率，评标时应以投标设备实际生产效率单位成本为基础。投标人应在标书内说明其所投设备的保证运营能力或效率，若设备的性能、生产能力没有达到技术规范要求的基准参数，凡每种参数比基准参数降低 1%时，将在报价中增加若干金额。

⑥ 技术服务和培训。投标人在标书中应报出设备安装、调试等方面以及有关培训费，如果这些费用未包括在总报价内，评标时应将其加到报价中作为评标价来考虑。

计算出各标书的评标价后，再进行标书间的比较，最后选出最低评标价者。

3）以寿命周期成本为基础的评标价法。在采购生产线。成套设备、车辆等运行期内各种后续费用（零配件、油料及燃料、维修等）很高的货物时，可采用以设备的寿命周期成本为基础的评标价法。评标时应首先确定一个统一的设备运行期，然后再根据各标书的实际情况，在标书报价中加上一定年限运行期间所发生的各项费用，再减去一定年限运行期后的设备残值（扣除这几年折旧费后的设备剩余值）。在计算各项费用或残值时，都应按招标文件中规定的贴现率折算成现值。

这种方法是在综合评标价法的基础上，进一步加上运行期内的费用，这些以贴现值计算的费用包括 3 个部分：

① 估算寿命期内所需的燃料费。

② 估算寿命期内所需零件及维修费用。零配件费用可以在投标人技术规范的答复中提供的担保数字，或过去已用过可作参考的类似设备实际消耗数据为基础，并以运行时间来计算。

③ 估算寿命期末的残值。

4）打分法。打分法是指评标前将各评分因素按其重要性确定评分标准，按此标准对各投标人提供的报价和各种服务进行打分，得分最高者中标。

货物采购评分的因素包括以下几个方面：

① 投标价格；

② 运输费、保险费和其他费用；

③ 投标所报交货期；

④ 偏离招标文件规定的付款条件；

⑤ 备件价格和售后服务；

⑥ 设备的性能、质量、生产能力；

⑦ 技术服务和培训。

采用打分法时，首先要确定各种因素所占的比例，再以计分评标。下面是世界银行贷款项目通常采用的比例：

投标价	65～70 分
零配件价格	0～10 分
技术性能、维修、运行费	0～10 分
售后服务	0～5 分
标准备件等	0～5 分
总计	100 分

打分法简便易行，能从难以用金额表示的各个标书中，将各种因素量化后进行比较，从中选出最好的投标。但其缺点是各评标人独立给分，对评标人的水平和知识面要求高，否则主观随意性较大。另外，难以合理确定不同技术性能的有关分值和每一性能应得的分数，有时会忽视一些重要的指标。若采用打分法评标，评分因素和各个因素的分数分配均应在招标文件中说明。

评标定标以后，招标单位应尽快向中标单位发出中标通知，同时通知其他未中标单位。

9．签订合同

中标单位从接到中标通知书之日起，一般应在 30 日内，与需方签订设备、材料供货合同。如果中标单位拒签合同，则投标保证金不予退还；招标单位拒签合同，则按中标总价的 2%的款额赔偿中标单位的经济损失。

合同签订后 10 日内，由招标单位将一份合同副本报招投标管理部门备案，以便实施监督。

第六节 建设工程物资采购合同管理

一、建设工程物资采购合同

1. 建设工程物资采购合同概述

（1）建设工程物资采购合同的概念：建设工程物资采购合同是指具有平等主体的自然人、法人、其他组织之间为实现建设工程物资买卖，设立、变更、终止相互权利义务关系的协议。依照协议，出卖人（简称卖方）转移建设工程物资的所有权于买受人（简称买方），买受人接受该项建设工程物资并支付价款。

（2）建设工程物资采购合同的分类：建设工程物资采购合同一般分为材料采购合同和设备采购合同，两者的区别主要在于标的不同。

材料采购合同是指平等主体的自然人、法人、其他组织之间，以工程项目所需材料为标的、以材料买卖为目的，出卖人（简称卖方）转移材料的所有权于买受人（简称买方），买受人支付材料价款的合同。

设备采购合同是指平等主体的自然人、法人、其他组织之间，以工程项目所需设备为标的、以设备买卖为目的，出卖人（简称卖方）转移设备的所有权于买受人（简称买方），买受人支付设备价款的合同。

（3）建设工程物资采购合同管理的重要性：建设工程物资采购在建设工程项目实施中具有举足轻重的地位，是建设工程项目建设成败的关键因素之一。从某种意义上讲，采购工作是项目的物质基础，这是因为在一个项目中，设备、材料等费用占整个项目费用的主要部分。

同时，项目的计划和规划必须体现在采购之中，如果采购到的设备、物资不符合项目设计或规划要求，必然降低项目的质量或导致项目的失败。

物资采购对工程项目的重要性可概括为以下几个方面：

1）能否经济有效地进行采购，直接影响到能否降低项目成本，也关系到项目建成后的经济效益。如果采购计划订得周密、严谨，不但采购时可以降低成本，而且在设备和货物制造、交货等过程中可以尽可能地避免各种纠纷。

2）良好的采购工作可以通过招标方式，保证合同的实施，使供货方按时、按质交货。

3）健全的物资采购工作，要求采购前对市场情况进行认真调查分析，充分掌握市场的趋势与动态，因而制订的采购计划切合实际，预算符合市场情况并留有一定的余地，可以有效地避免费用超支。

4）由于工程项目的物资采购涉及巨额资金和复杂的横向关系，如果没有一套严密而周全的程序和制度，可能会出现浪费、受贿等现象，而严格周密的采购程序可以从制度上最大限度地抑制贪污、浪费等现象的发生。

合同管理从法律上约束当事人双方在物资采购执行中严格履行双方的权利和义务，认真地完成采购工作，依照合同价格成交，从根本上保证物资采购工作的顺利进行。因此，建设工程物资采购合同管理在建设工程项目的实现过程中具有重要地位。

2．建设工程物资采购合同的特征

（1）买卖合同的特征：建设工程物资采购合同属于买卖合同，它具有买卖合同的一般特点：

1）买卖合同以转移财产的所有权为目的。出卖人与买受人之所以订立买卖合同，是为了实现财产所有权的转移。

2）买卖合同中的买受人取得财产所有权，必须支付相应的价款；出卖人转移财产所有权，必须以买受人支付价款为代价。

3）买卖合同是双务、有偿合同。所谓双务、有偿是指买卖双方互负一定义务，卖方必须向买方转移财产所有权，买方必须向卖方支付价款，买方不能无偿取得财产的所有权。

4）买卖合同是诺成合同。除法律有特别规定外，当事人之间意思表示一致买卖合同即可成立，并不以实物的交付为成立条件。

5）买卖合同是不要式合同。当事人对买卖合同的形式享有很大的自由，除法律有特别规定外，买卖合同的成立和生效并不需要具备特别的形式或履行审批手续。

（2）建设工程物资采购合同的特征：建设工程物资采购合同除具有买卖合同的一般特征外，由于其自身的特点，又具有如下特征：

1）建设工程物资采购合同应依据施工合同订立。施工合同中确立了关于物资采购的协商条款，无论是发包方供应材料和设备，还是承包方供应材料和设备，都应依据施工合同采购物资。根据施工合同的工程量来确定所需物资的数量，根据施工合同的类别来确定物资的质量要求。因此，施工合同一般是订立建设工程物资采购合同的前提。

2）建设工程物资采购合同以转移财物和支付价款为基本内容。建设工程物资采购合同内容繁多，条款复杂，涉及物资的数量和质量条款、包装条款、运输方式、结算方式等，但最为根本的是双方应尽的义务，即卖方按质、按量、按时地将建设物资的所有权转归买方；买方按时、按量地支付货款，这两项主要义务构成了建设工程物资采购合同的最主要内容。

3）建设工程物资采购合同的标的品种繁多，供货条件复杂。建设工程物资采购合同的标的是建筑材料和设备，它包括钢材、木材、水泥和其他辅助材料以及机电成套设备，这些建设物资的特点在于品种、质量、数量和价格差异较大，根据建设工程的需要，有的数量庞大，有的要求技术条件较高。在合同中必须对各种所需物资逐一明细，以确保工程施工的需要。

4）建设工程物资采购合同应实际履行。由于物资采购合同是根据施工各同订立的，物资采购合同的履行直接影响到施工合同的履行，建设工程物资采购合同一旦订立，卖方义务一般不能解除，不允许卖方以支付违约金和赔偿金的方式代替合同的履行，除非合同的迟延履行对买方成为不必要。

5）建设工程物资采购合同采用书面形式。根据《合同法》的规定，订立合同依照法律、行政法规的规定或当事人约定采用书面形式的，应当采用书面形式。建设工程物资采购合同的标的物用量大，质量要求复杂，且根据工程进度计划分期分批均衡履行，同时还涉及售后维修服务工作，合同履行周期长，应当采用书面形式。

二、建设工程物资采购合同的订立及履行

1. 合同管理的原则和规则

（1）合同管理的原则：

1）合同当事人的法律地位平等，一方不得将自己的意志强加给另一方；

2）当事人依法享有自愿订立合同的权利，任何单位和个人不得非法干预；

3）当事人确定各方的权利与义务应当遵守公平原则；

4）当事人行使权利、履行义务应当遵循诚实信用原则；

5）当事人应当遵守法律、行政法规和社会公德，不得扰乱社会经济秩序，不得损害社会公共利益。

（2）合同履行的原则：

1）全面履行的原则：

① 实际履行：按标的履行合同。

② 适当履行：按照合同约定的品种、数量、质量、价款或报酬等履行。

2）诚实信用原则：当事人要讲诚实，守信用，要善意，不提供虚假信息等。

3）协作履行原则：根据合同的性质、目的和交易习惯善意地履行通知、协助和保密等随附义务，促进合同的履行。

4）遵守法律法规，不损害社会公共利益。

（3）合同履行的规则：

1）对约定不明条款的履行规则：约定不明条款是指合同生效后发现的当事人订立合同时，对某些合同条款的约定有缺陷。为了便于合同的履行，应当按照对约定不明条款的履行规则，妥善处理。

① 补充协议。合同当事人对订立合同时没能约定或者约定不明确的合同内容，通过协商，订立补充协议。

② 按照合同有关条款或者交易习惯履行。当事人不能就约定不明条款达成或补充协议时，可以依据合同的其他方面的内容确定，或者按照人们在同样的合同交易中通常采用的合同内容（交易习惯），予以补充或加以确定后履行。

③ 执行合同法的规定。合同内容不明确，既不能达成补充协议，又不能按交易习惯履行的，可适用《合同法》第61条的规定。

a. 质量要求不明确的，按照国家标准、行业标准履行；没有国家标准、行业标准的，按照通常标准或者符合合同目的的特定标准履行。

b. 价款或者报酬不明确的，按照订立合同时的市场价格履行；应当依法执行政府定价或者政府指导价的，按照规定执行。

c. 履行地点不明确的：给付货币，在接受货币一方所在地履行；交付不动产的，在不动产所在地履行；其他标的，在履行义务一方所在地履行。

d. 履行期限不明确的：债务人可以随时履行；债权人可以随时要求履行，但应当给对方必要的准备时间。

e. 履行方式不明确的：按照有利于实现合同目的的方式履行。

f. 履行费用的负担不明确的，由履行义务一方负担。

2）价格发生变化的履行规则：

① 执行政府定价或者政府指导价的，在合同约定的履行期限内政府价格调整时，按照交付时的价格计价。

② 逾期交付标的物的，遇价格上涨时，按照原价格执行；价格下降时，按照新价格执行。

③ 逾期提取标的物或者逾期付款的，遇价格上涨时按照新价格执行，价格下降时按照原价格执行。

2. 材料采购合同的订立及履行

（1）材料采购合同的订立方式：一般可采用以下几种方式：

1）公开招标。即由招标单位通过新闻媒介公开发布招标广告，以邀请不特定的法人或者其他组织投标，按照法定程序在所有符合条件的材料供应商、建材厂家或建材经营公司中择优选择中标单位的一种招标方式。大宗材料采购通常采用公开招标方式进行材料采购。

2）邀请招标。即招标人以投标邀请书的方式邀请特定的法人或者其他组织投标，只有接到投标邀请书的法人或其他组织才能参加投标的一种招标方式。其他潜在的投标人则被排除在投标竞争之外。一般的，邀请招标必须向3个以上的潜在投标人发出邀请。

3）询价、报价、签订合同。物资买方向若干建材厂商或建材经营公司发出询价函，要求他们在规定的期限内作出报价，在收到厂商的报价后，经过比较，选定报价合理的厂商或公司并与其签订合同。

4）直接订购。由材料买方直接向材料生产厂商或材料经营公司报价，生产厂商或材料经营公司接受报价、签订合同。

（2）材料采购合同的主要条款：依据《合同法》规定，材料采购合同的主要条款如下：

1）双方当事人的名称、地址，法定代表人的姓名。委托代理订立合同的，应有授权委托书并注明委托代理人的姓名、职务等。

2）合同标的。它是供应合同的主要条款，主要包括购销材料的名称（注明牌号、商标）、品种、型号、规格、等级、花色、技术标准等，这些内容应符合施工合同的规定。

3）技术标准和质量要求。质量条款应明确各类材料的技术要求、试验项目、试验方法、试验频率以及国家法律规定的国家强制性标准和行业强制性标准。

4）材料数量及计量方法。材料数量的确定由当事人协商，应以材料清单为依据，并规定交货数量的正负尾差、合理磅差和在途自然减（增）量及计量方法，计量单位采用国家规定的度量标准。计量方法按国家的有关规定执行，没有规定的，可由当事人协商执行。一般建筑材料数量的计量方法有理论换算计量、检斤计量和计件计量，具体采用何种方式应在合同中注明，并明确规定相应的计量单位。

5）材料的包装。材料的包装是保护材料在储运过程中免受损坏不可缺少的环节。材料的包装条款包括包装的标准和包装物的供应及回收，包装标准是指材料包装的类型、规格、容量以及印刷标记等。材料的包装标准可按国家和有关部门规定的标准签订，当事人有特殊要求的，可由双方商定标准，但应保证材料包装适合材料的运输方式，并根据材料特点采取防潮、防雨、防锈、防震、防腐蚀等保护措施。同时，在合同中规定提供包装物的当事人及包装品的回收等。除国家明确规定由买方供应外，包装物应由建筑材料的卖方负责供应。包装费用一般不得向需方另外收取，如买方有特殊要求，双方应当在合同中商定。如果包装超过原定的标准，超过部分由买方负担费用；低于原定标准的，应相应降低产品价格。

6）材料交付方式。材料交付可采取送货、自提和代运 3 种不同方式。由于工程用料数量大、体积大、品种繁杂、时间性较强，当事人应采取合理的交付方式，明确交货地点，以便及时、准确、安全、经济地履行合同。

7）材料的交货期限。材料的交货期限应在合同中明确约定。

8）材料的价格。材料的价格应在订立合同时明确，可以是约定价格，也可以是政府指定价或指导价。

9）结算。结算指买卖双方对材料货款、实际交付的运杂费和其他费用进行货币清算和了结的一种形式。我国现行结算方式分为现金结算和转账结算两种，转账结算在异地之间进行，可分为托收承付、委托收款、信用证、汇兑或限额结算等方法；转账结算在同城进行，有支票、付款委托书、托收无承付和同城托收承付等方式。

10）违约责任。在合同中，当事人应对违反合同所负的经济责任作出明确规定。

11）特殊条款。如果双方当事人对一些特殊条件或要求达成一致意见，也可在合同中明确规定，成为合同的条款。当事人对以上条款达成一致意见形成书面后，经当事人签名盖章即产生法律效力，若当事人要求鉴证或公证的，则经鉴证机关或公证机关盖章后方可生效。

12）争议的解决方式。

（3）材料采购合同的履行：材料采购合同订立后，应当依照《合同法》的规定予以全面地、实际地履行。

1）按约定的标的履行。卖方交付的货物必须与合同规定的名称、品种、规格、型号相一致，除非买方同意，不允许以其他货物代替履行合同，也不允许以支付违约金或赔偿金的方式代替履行合同。

2）按合同规定的期限、地点交付货物。交付货物的日期应在合同规定的交付期限内，实际交付的日期早于或迟于合同规定的交付期限，即视为提前或延期交货。提前交付，买方可拒绝接受，逾期交付的，应当承担逾期交付的责位如果逾期交货，买方不再需要，应在接到卖方交货通知后 15 天内通知卖方，逾期不答复的，视为同意延期交货。

交付的地点应在合同指定的地点。合同双方当事人应当约定交付标的物的地点，如果当事人没有约定交付地点或者约定不明确，事后没有达成补充协议，也无法按照合同有关条款或者交易习惯确定，则适用下列规定：标的物需要运输的，卖方应当将标的物交付给第一承运人以便运交给买方；标的物不需要运输的，买卖双方在订立合同时知道标的物在某一地点的，卖方应当在该地点交付标的物；不知道标的物在某一地点的，应当在卖方合同订立时的营业地交付标的物。

3）按合同规定的数量和质量交付货物。对于交付货物的数量应当当场检验，清点账目后，由双方当事人签字。对质量的检验，外在质量可当场检验；对内在质量，需作物理或化学实验的，实验的结果为验收的依据。卖方在交货时，应将产品合格证随同产品交买方据以验收。

材料的检验，对买方来说既是一项权利也是一项义务，买方在收到标的物时，应当在约定的检验期间内检验，没有约定检验期间的，应当及时检验。

当事人约定检验期间的，买方应当在检验期间内将标的物的数量或者质量不符合约定的情形通知卖方。买方怠于通知的，视为标的物的数量或者质量符合约定。当事人没有约定检验期间的，买方应当在发现或者应当发现标的物的数量或者质量不符合约定的合理期间内通知卖方。买方在合理期间内未通知或者自标的物收到之日起 2 年内未通知卖方的，视为标的物的数量或者质量符合约定，但对标的物有质量保证期的，适用质量保证期，不适用该 2 年的规定。卖方知道或者应当知道提供的标的物不符合约定的，买方不受前两款规定的通知时间的限制。

4）买方的义务。买方在验收材料后，应按合同规定履行支付义务，否则承担法律责任。

5）违约责任：

① 卖方的违约责任。卖方不能交货的，应向买方支付违约金；卖方所交货物与合同规定不符的，应根据情况由卖方负责包换、包退，包赔由此造成的买方损失；卖方承担不能按合同规定期限交货的责任或提前交货的责任。

② 买方违约责任。买方中途退货，应向卖方偿付违约金；逾期付款，应按中国人民银行关于延期付款的规定或合同的约定向卖方偿付逾期付款违约金。

（4）标的物的风险承担：所谓风险，是指标的物因不可归责于任何一方当事人的事由而遭受的意外损失。一般情况下，标的物损毁、灭失的风险，在标的物交付之前由卖方承担；交付之后由买方承担。

因买方的原因致使标的物不能按约定的期限交付的，买方应当自违反约定之日起承担其标的物损毁、灭失的风险。卖方出卖交由承运人运输的在途标的物，除当事人另有约定的以外，损毁、灭失风险自合同成立时起由买方承担。卖方按照约定未交付有关标的物的单证和资料的，不影响标的物损毁、灭失风险的转移。

（5）不当履行合同的处理：卖方多交标的物的，买方可以接收或者拒绝接收多交部分，买方接收多交部分的，按照合同的价格支付价款；买方拒绝接收多交部分的，应当及时通知出卖人。

标的物在交付之前产生的利息，归卖方所有；交付之后产生的利息，归买方所有。

因标的物的主物不符合约定而解除合同的，解除合同的效力及于从物，因标的物的从物不符合约定被解除的，解除的效力不及于主物。

（6）监理工程师对材料采购合同的管理：

1）对材料采购合同及时进行统一编号管理。

2）监督材料采购合同的订立。工程师虽然不参加材料采购合同的订立工作，但应监督材料采购合同符合项目施工合同中的描述，指令合同中标的质量等级及技术要求，并对采购合同的履行期限进行控制。

3）检查材料采购合同的履行。工程师应对进场材料作全面检查和检验，对检查或检验的材料认为有缺陷或不符合合同要求，工程师可拒收这些材料，并指示在规定的时间内将材料运出现场。工程师也可指示用合格适用的材料取代原来的材料。

4）分析合同的执行。对材料采购合同执行情况的分析，应从投资控制、进度控制或质量控制的角度对执行中可能出现的问题和风险进行全面分析，防止由于材料采购合同的执行原因造成施工合同不能全面履行。

3．设备采购合同的订立及履行

（1）建设工程中的设备供应方式主要有3种：

1）委托承包。由设备成套公司根据发包单位提供的成套设备清单进行承包供应，并收取一定的成套业务费，其费率由双方根据设备供应的时间、供应的难度，以及需要进行技术咨询和开展现场服务范围等情况商定。

2）按设备包干。根据发包单位提出的设备清单及双方核定的设备预算总价，由设备成套公司承包供应。

3）招标投标。发包单位对需要的成套设备进行招标，设备成套公司参加投标，按照中标价格承包供应。

（2）设备采购合同的内容：设备采购合同通常采用标准合同格式，其内容可分为3部分：

1）约首。即合同的开头部分，包括项目名称、合同号、签约日期、签约地点、双方当事人名称或姓名和地址等条款。

2）正文。即合同的主要内容，包括合同文件、合同范围和条件、货物及数量、合同金额、付款条件、交货时间和交货地点、验收方法、现场服务和保修内容，以及合同生效等条款，其中合同文件包括合同条款、投标格式和投标人提交的投标报价表、要求一览表（含设备名称、品种、型号、规格、等级等）、技术规范、履约保证金、规格响应表、买方授权通知书等；货物及数量（含计量单位）、交货时间和交货地点等均在要求在一览表中明确；合同金额指合同的总价，分项价格则在投标报价表中确定。

3）约尾。即合同的结尾部分，规定本合同生效条件。具体包括双方的名称、签字盖章及签字时间、地点等。

（3）设备采购合同的条款：

1）定义。对合同中的术语作统一解释，主要有：

①"合同"系指买卖双方签署的，合同格式中载明的买卖双方所达成的协议，包括所有的附件、附录和构成合同的所有文件。

②"合同价格"系指根据合同规定，卖方在完全履行合同义务后买方应付给的价款。

③"货物"系指卖方根据合同规定须向买方提供的一切设备、机械、仪表、备件、工具、手册和其他技术资料。

④"服务"系指根据合同规定，卖方承担与供货有关的辅助服务，如运输、保险及其他服务，如安装、调试、提供技术援助、培训和其他类似义务。

⑤ "买方"系指根据合同规定支付货款的需方的单位。

⑥"卖方"系指根据合同提供货物和服务的具有法人资格的公司或其他组织。

2）技术规范。除应注明成套设备系统的主要技术性能外，还要在合同后附各部分设备的主要技术标准和技术性能的文件。提供和交付的货物和技术规范应与合同文件的规定相一致。

3）专利权。若合同中的设备涉及某些专利权的使用问题，卖方应保证买方在使用该货物或其他任何一部分时不受第三方提出侵犯其专利权、商标权和工业设计权的起诉。

4）包装要求。卖方提供货物的包装应适应于运输、装卸、仓储的要求，确保货物安全无损运抵现场，并在每份包装箱内附一份详细装箱单和质量合格证，在包装箱表面作醒目的标志。

5）装运条件及装运通知。卖方应在合同规定的交货期前 30d 以电报或电传形式将合同号、货物名称、数量、包装箱号、总毛重、总体积和备妥交货日期通知买方。同时，应用挂号信将详细交货清单以及对货物运输和仓储的特殊要求和注意事项通知买方。如果卖方交货超过合同的数量或重量，产生的一切法律后果由卖方负责。卖方在货物装完 24h 内以电报或电传的方式通知买方。

6）保险。根据合同采用的不同价格，由不同当事人办理保险业务。出厂价合同，货物装运后由买方办理保险。目的地交货价合同，由卖方办理保险。

7）支付。合同中应规定卖方交付设备的期限、地点、方式，并规定买方支付货款的时间、数额、方式。卖方按合同规定履行义务后，可按买方提供的单据，交付资料一套寄给买方，并在发货时另行随货物发运一套。

8）质量保证。卖方须保证货物是全新的、未使用过的，并完全符合合同规定的质量、规格和性能的要求，在货物最终验收后的质量保证期内，卖方应对由于设计、工艺或材料的缺陷而发生的任何不足或故障负责，费用由卖方负担。

9）检验与保修。在发货前，卖方应对货物的质量、规格、性能、数量和重量等进行准确而全面的检验，并出具证书，但检验结果不能视为最终检验。成套设备的安装是一项复杂的系统工程，安装成功后，试车是关键。因此，合同中应详细注明成套设备的验收办法，买方应在项目成套设备安装后才能验收。某些必须安装运转后才能发现内在质量缺陷的成套设备，除另有规定或当事人另行商定提出的异议的期限外，一般可在运转之日起 6 个月内提出异议。成套设备是否保修、保修期限、费用负担者都应在合同中明确规定。

10）违约罚款。在履行合同过程中，如果卖方遇到不能按时交货或提供服务的情况，应及时以书面形式通知买方，并说明不能交货的理由及延误时间。买方在收到通知后，经分析可通过修改合同，酌情延长交货时间。如果卖方毫无理由地拖延交货，买方可没收履约保证金，加收罚款或终止合同。

11）不可抗力。发生不可抗力事件后，受事故影响一方应及时书面通知另一方，双方协商延长合同履行期限或解除合同。

12）履约保证金。卖方应在收到中标通知书 30d 内，通知银行向买方提供相当于合同总价 10%的履约保证金，其有效期到货物保证期满为止。

13）争议解决。执行合同中发生的争议，双方应通过友好的协商解决或请第三方调解解决，不能解决时，可以仲裁解决或诉讼解决，具体解决方式应在合同中明确规定。

14）破产终止合同。卖方破产或无清偿能力时，买方可以书面形式通知卖方终止合同，并有权请求卖方赔偿有关损失。

15）转让或分包。双方应就卖方能否完全或部分转让其应履行的合同义务达成一致意见。

16）其他。包括合同生效时间、合同正副本份数、修改或补充合同的程序等。

（4）设备采购合同的履行：

1）交付货物。卖方应按合同规定，按时、按质、按量地履行供货义务，并做好现场服务工作，及时解决有关设备的技术质量、缺损件等问题。

2）验收交货。买方对卖方交货应及时进行验收，依据合同规定，对设备的质量及数量进行核实检验，如有异议，应及时与卖方协商解决。

3）结算。买方对卖方交付的货物检验没有发现问题，应按合同的规定及时付款；如果发现问题，在卖方及时处理达到合同要求后，也应及时履行付款义务。

4）违约责任。在合同履行过程中，任何一方都不应借故延迟履约或拒绝履行合同义务，否则，应追究违约当事人的法律责任。

① 由于卖方交货不符合合同规定，如交付的设备不符合合同标的，或交付设备未达到质量技术要求，或数量、交货日期等与合同规定不符时，卖方应承担违约责任。

② 由于卖方中途解除合同，买方可采取合理的补救措施，并要求卖方赔偿损失。

③ 买方在验收货物后，不能按期付款的，应按中国人民银行有关延期付款的规定或合同约定交付违约金。

④ 买方中途退货，卖方可采取合理的补救措施，并要求买方赔偿损失。

（5）监理工程师对设备采购合同的管理：

1）对设备采购合同及时编号，统一管理。

2）参与设备采购合同的订立。工程师可参与设备采购的招标工作，参加招标文件的编写，提出对设备的技术要求及交货期限的要求。

3）监督设备采购合同的履行。在设备制造期间，工程师有权对根据合同提供的全部工程设备的材料和工艺进行检查、研究和检验，同时检查其制造进度。根据合同规定或取得承包方的同意，检验单位可将工程设备的检查和检验授权给一名独立的工程师。

工程师认为检查、研究或检验的结果是设备有缺陷或不符合合同规定时，可拒收此类工程设备，并就此立即通知承包方。任何工程设备必须得到工程师的书面许可后方可运至现场。

三、国际工程货物采购合同

1. 国际货物采购合同简介

（1）国际货物采购合同的概念和种类：国际货物采购合同是指营业地在不同国家境内的当事人之间关于一方提供出口物资、收取货款；另一方接收进口货物并支付货款的协议。

国际货物采购合同可以从不同的角度进行分类：

1）从一方当事人或一个国家的观点看，可分为进口合同和出口合同，一个国家往往对进口合同与出口合同规定不同的法律和政策。

2）从交易货物的种类分，有大宗商品买卖合同、一般商品买卖合同和成套设备买卖合同。

3）按交货地点的不同，可分为内陆交货合同（指在原产地或货源地交货合同）、目的地交货合同和起运地交货合同（如装运港交货合同）。

4）从货物的价格构成和当事人的责任分，装运港交货合同又可分为离岸价合同（FOB 合同）、到岸价合同（CIF 合同）、成本加运费合同（C&F 合同）、到岸和佣金价合同（CIFC 合同）等。

（2）调整国际货物采购合同关系的法律和惯例：

1）国内立法。我国有关调整涉外经济法律关系的法律，主要是指《合同法》，同时还包括国内与涉外经济合同有关的法律、法规等。

2）国际立法。由于国际贸易的特殊性，必然使双方当事人在适用法律上发生纠纷或争议，从而兴起了国际贸易法统一化运动，这种统一化的结果是出现了一些国际条约，这些条约可分为两类，一类是统一实体法条约；另一类是统一冲突法条约。下面主要介绍两个条约。

① 1980 年《联合国国际货物销售合同公约》。1980 年 3 月 10 日～4 月 11 日，在维也纳外交会议上通过了《联合国国际货物销售合同公约》，简称《维也纳公约》，该公约规定：

a. 本公约适用于营业地在不同国家的当事人之间所订立的货物销售合同。

b. 本公约的适用国家主要是依据当事人所属国家是否是缔约国、当事人意思表示是否选用、各种冲突规范是否适用某缔约国的法律。

c. 关于合同形式，可以是书面的、口头的或其他任何证明合同存在的方式。

d. 合同自收到承诺时成立。

e. 卖方的基本义务是按照公约和合同的约定交付货物，移交一切与货物有关的单据并转移货物所有权；买方的基本义务是按照公约和合同的约定支付货物价款和收取货物。

f. 此公约于 1980 年 1 月 1 日生效。

我国于 1986 年 12 月 11 日加入该公约，并对其中合同形式条款提出保留。

② 1985 年《国际货物销售合同法律适用性公约》。该公约规定：

a. 当事人可以选择适用于合同的法律，但选择须是明示的，所选法律可适用于合同的全部或部分，当事人可协议改变已选择的法律。

b. 如果作出选择时双方当事人在同一国家没有营业所，则对外国法律的选择不得影响其营业所所在国的强制性法律规范的适用。

c. 当事人未选择准据法时，依合同订立时卖方营业所所在地国家的法律。但是，如果双方是在买方国家谈判和签订合同，或卖方在买方国家交货，或合同依买方所定条款和应买方招标订立，则合同受买方营业地国家的法律支配。但如果另一国家法律与合同有更加密切的关系，则合同依该国法律。

d. 如无相反约定，货物检验的形式和程序依检验地国家法律。

e. 拍卖依拍卖举行地国家法律。

f. 合同的形式，符合合同订立地国法律或依公约确定的合同准据法的规定，均认为有效。

g. 合同的准据法主要用于对合同的解释、履行，买方取得或卖方保留所有权的时间，买方承担货物风险时间，不履行合同的后果，合同的无效及其后果，合同的终止与时效。

h. 依公约确定适用的法律，只有在其使用将违反公共政策时方可予以拒绝。

3）国际贸易惯例。国际工程货物采购不同于一般意义上的货物采购，它具有复杂性及自身的特点，是一项复杂的系统工程，它不但应遵守一定的采购程序，还要求采购人员或机构了解国际市场的价格情况和供求关系、所需货物的供求来源、外汇市场情况、国际贸易支付方式、保险、运输等与采购有关的国际贸易惯例与商务知识。

① 国际贸易惯例的形成。国际贸易惯例是在长期的国际贸易业务中反复实践并经国

际组织或权威机构加以编纂和解释的习惯做法。国际贸易活动环节繁多，在长期的贸易实践中，在交货方式、结算、运输、保险等方面形成了某些习惯做法，但由于国别差异，必然导致这些习惯做法上的差异，这些差异的存在显然不利于国际贸易的顺利发展。为解决这一问题，一些国际组织经过长期努力，根据这些习惯做法，制定出解释国际贸易交货条件、货款收付等方面的规则，并在国际上被广泛采用，因而形成一般的国际贸易惯例。由此可见，习惯做法与国际贸易惯例是有区别的。国际经济贸易活动中反复实践的习惯做法只有经过国际组织加以编纂与解释才形成国际贸易惯例。

② 国际贸易惯例与法律及合同条款的关系。国际贸易惯例并不是法律，而是人们共同信守的事实和规则，这些规则的存在和延续是因为它能够满足人们的实际需要，而不是因为国家机器的强制。因此，国际贸易惯例不是法律的组成部分，但可以补充法律的空缺，使当事人的利益达到平衡。

关于国际贸易惯例与合同条款之间的关系，国际经济贸易活动中的各方当事人通过订立合同来确定其权利和义务。在具体交易中，虽然当事人在合同中对各项主要交易条件及要求等作出规定，但不可能对合同履行中可能出现的所有问题都事先想到。对于在合同中未明确规定的许多问题，或合同条款本身的效力问题，都有可能涉及习惯做法和惯例的使用。因此，国际贸易惯例与合同条款之间存在解释与被解释、补充与被补充的关系。国际贸易惯例可以明示或默示约束合同当事人，而合同条款又可以明示地排除国际贸易惯例的适用，此外，国际贸易惯例可以解释或补充合同条款的不足。

③ 运用国际惯例应遵循的原则

a. 适用国际贸易惯例不得违背法院或仲裁地所在国的社会公众利益。由于惯例仅对法律具有补充或解释作用，在适用某项国际贸易惯例时，所适用的惯例不应与同争议案同时适用的某国法律的具体规定相冲突。

b. 由于国际贸易惯例仅在合同的含义不明确或内容不全面时才对合同有解释或补充作用，因此国际贸易惯例的规则不得与内容明确无误的合同条款相悖。如果根据法律规定合同条款无效，则仍适用有关的国际惯例。

c. 对于同一争议案，如果有几个不同的惯例并存，应考虑适用与具体交易有最密切联系的国际贸易惯例。

2. 国际货物采购合同的订立及履行

（1）国际货物采购合同的订立方式：

1）国际货物采购竞争性招标。国际货物采购中，大型复杂设备的采购一般通过竞争招标方式进行。具体程序为：准备招标文件、刊登招标广告、发放招标文件、投标准备和投标、开标、评标与授标、签订合同。

2）国际货物采购的贸易方式。国际货物采购中，小宗设备器材及材料的采购一般按国际贸易程序进行，具体程序可归纳为。询盘、发盘、还盘、接受、签订合同 5 个步骤。

① 询盘。询盘是指采购合同的一方向另一方询问买卖该项商品的各项交易条件，询盘可以是口头的，也可以是书面的，询盘没有法律效力。

② 发盘。国家贸易进出口业务中的发盘是订立合同的意思表示。发盘分为虚盘和实盘两种，如果发盘是肯定的、明确的，条件是完备的、无保留的，则构成法律上的要约，这样的要约对要约人有约束力。在发盘有效期内，要约人不得撤回发盘，也不得拒绝对

方的接受，除非在对方发生“接受”之前发出撤回发盘的通知，否则须负法律责任。虚盘对发盘人没有约束力，它只是一项要约邀请。

③ 还盘。还盘是指受盘人向发盘人作出不同意或不完全同意发盘人提出的各项条件，并提出自己的修改意见或条件的答复。还盘还可以看做是对发盘的拒绝，实际上它是一种反要约或新要约。

④ 接受。接受是指受盘人无条件地同意发盘人所提出的交易条件，并且愿意按此条件订立合同的表示即为接受。接受实际上是一种承诺，它必须符合以下 3 个条件才发生法律效力：

a. 接受必须由受盘人作出；

b. 接受必须是无条件地完全同意发盘人所提出的全部交易条件；

c. 接受的时间符合发盘所规定的有效期限。

⑤ 签订合同。在交易双方达成协议后，应签订书面合同，合同适用于合同签订地所在国的法律规定。

（2）国际货物采购合同的主要条款：

1）货物的名称、品质、数量：

① 货物的名称。在合同中规定合同标的物的名称关系到买卖双方在货物交接方面的权利和义务，是合同的首要交易条件，也是交易赖以进行的物质基础和前提条件。规定品名条款应做到内容确切具体，实事求是，要使用国际上通行的名称，确定品名时还要考虑其与运费的关系，以及有关国家海关税则和进出口限制的有关规定。对于译成英文的名称要正确无误，符合专业术语的习惯要求。

② 货物的品质。在国际货物采购合同中，品质条款是重要条款之一，是由货物品质的重要性决定的。它既是构成商品说明的重要组成部分，也是买卖双方交易货物时对货物品质进行评定的主要依据。根据《联合国国际货物销售合同公约》的规定，卖方交付的货物必须与合同规定的数量、质量和规格相符，如卖方违反合同规定，交付与合同品质条款不符的货物时，买方可根据违约的程度，提出损害赔偿，要求修理，交付替代货物或拒收货物，宣告合同无效。

在国际工程货物采购合同中，货物的品质一般是以技术规格等方法表示的。货物的技术规格按其性质通常包括 3 方面的内容：

a. 性能规格，说明买方对货物的具体要求；

b. 设计规格；

c. 化学性能和物理特性。

总的来说，货物品质的表达方法虽然多种多样，有的仅写明国际标准代号即可，有些较为复杂的设备、材料则需要专门的附件详细说明其技术性能要求和检测标准。但无论是采取哪种形式，都要求对货物的质量作出具体规定。

③ 货物的数量。合同的数量条件是买卖双方交接货物的依据，也是制定单价和计算合同总金额的依据，是其他交易条件的重要因素。按照《联合国国际货物销售合同公约》的规定，卖方所交货物的数量如果多于合同规定的数量，买方可以收取也可以拒绝收取全部多交货物或部分多交货物，如果卖方短交，允许卖方在规定交货期届满之前补齐，但不得使买方遭受不合理的不便或承担不合理的开支，买方保留要求损害

赔偿的权利。

在合同的数量条款中，必须首先约定货物的数量，要准确使用计量单位。各国度量衡制度不同，所使用的计量单位各异，要了解不同度量衡制度之间的折算方法。目前，国际贸易中通常使用的有米制、英制、美制，以及在公制基础上发展起来的国际单位制。签约时，应明确规定采用何种度量衡制度，以免引起纠纷。

2）国际贸易货物交货与运输：货物敝货条件包括交货时间、批次、装运港（地）、目的港（地）、交货计划、大件货物或特殊货物的发货要求、装运通知等内容。

① 交货时间。在 CIF 条件下，卖方在装运港将货物装上开往约定目的港船只上即完成交货义务，海运提交单日期即为卖方的实际交货日期。

在 FOB 条件下，卖方在装运港将货物装入买方指派船只上即完成交货义务，海运提交单的签发日期为卖方交货日期。

② 装运批次、一装运港（地）、目的港（地）。买卖双方在合同中应对是否允许分批、分几批装运及装运港（地）、目的港（地）名称作出明确规定。

分批装运是指一笔成交的货物分若干批次装运。但一笔成交的货物，在不同时间和地点分别装在同一航次、同一条船上，即使分别签发了若干不同内容的提单，也不能按分批装运论处，因为该货物是同时到达目的港的。装运港和目的港由双方商定，在通常情况下，只规定 1 个装运港和 1 个目的港，并列明其港口名称。在大宗货物交易条件下，可酌情规定 2 个或 2 个以上装运港或目的港，并分别列明其港口名称。在磋商合同时，如明确规定 1 个或几个装运港或目的港有困难，可以采用选择港的方法，即从 2 个或 2 个已经列明的港口中任选一个或从某一航区的港口中任选一个，如中国主要港口。在规定装运港和目的港时，应注意考虑国外装运港和目的港的作业条件，以 CIF 或 FOB 条件成交，不能接受内陆城市作为装运港或目的港的条件，应注意国外港口是否有重名。

③ 交货计划。买卖双方应在合同中规定每批货物装运前卖方应向买方发出装运通知。一般在 CIF 条件下，实际装运前 60d，卖方应将合同号、货物名称、装运日期、装运港口、总毛重、总体积、包装和数量、货物备妥待运日期以及承运船的名称、国籍等有关货物装运情况，以电传、电报方式通知买方。同时，卖方应以空邮方式向买方提交货物详细清单，注明合同号、货物名称、技术规格简述。数量、每件毛重、总毛重、总体积和每包的尺寸（长×宽×高）、单价、总价、装运港、目的港、货物备妥待运日期、承运船预计到港口日期，以及货物对运输、保管的特别要求和注意事项。

④ 大件及特殊货物的发货要求。关于大件货物（即重 30t 以上或长 9m 以上的货物），卖方应在装运前 30d 将该货物包装草图（注明重心、起吊点）一式两份邮寄至买方，并随船将此草图一式两份提交给目的港运输公司，作为货到目的港后安排装卸、运输、保管的依据。对于特大件货物（重 60t 以上或长 15m 以上，或宽 3.4m 以上，或高 3m 以上的货物），卖方应将另行包装草图，吊挂位置、重心等，至迟随初步交货计划提交买方，经买方同意后才能安排制造。关于货物中的易燃品，卖方至少在装运前 30d 将注明货物名称、性能、预防措施及方法的文件一式两份提交买方。

⑤ 装运通知。在货物（包括技术资料）装运前 10d，卖方应将承运工具、预计装运日期、预计到达目的地日期、合同号、货物名称、数量、重量、体积及其他事项以电报

或电传方式通知买方，在每批货物（包括技术资料）发货后 48h 内，卖方应将合同号、提单、空运单日期、货物名称、数量、重量、体积、商业发票金额、承运工具名称以电报或电传方式通知买方，以及目的地运输公司，对于装运单据，卖方应将装运单据（包括提单、发票、质量证书、装箱单）一式三份随承运工具提交目的地运输公司。同时，在每批货物（包括技术资料）发运后 48h 内将装运单据一式两份邮寄买方。

⑥ 运输方式。国际贸易中有多种运输方式，如海洋运输、内河运输、铁路运输、公路运输、航空运输、管道运输以及联合运输，其中以海洋运输为主要运输方式。

a. 海洋运输。海洋运输主要有班轮运输、租船运输两类。在海运条件下，由承运人签发提单，海运提单是承运人或其代理人在收到货物后签发给托运人的一种证据。它既是承运人或其代理人出具的证明货物已经收到的收据，也是代表货物所有权的凭证，同时又是承运人和托运人之间的运输契约的证明。提单可以从不同角度分类，货物采购中经常使用的提单有：按签发提单时货物是否已装船划分，有已装船提单和备运提单；按提单有无不良批注，可分清洁提单和不清洁提单；按收货人抬头分类，有记名提单、不记名提单和指示提单。

b. 国际多式联运。国际多式联运是指利用各种不同的运输方式来完成各项运输任务，如陆海联运、陆空联运和海空联运等。在国际贸易中，主要是以集装箱为主的国际多式联运，这有利于简化货运手续，加快货运速度，降低运输成本和节省运杂费。在货物采购中，如果采用多式联运，应考虑货物性质是否适宜装箱，注意装运港和目的港有无集装箱航线，有无装卸及搬运集装箱的机械设备，铁路、公路、沿途桥梁、隧洞的负荷能力如何等。多式联运条件下使用的单据是多式联运单据，这种单据与海运中使用的联运单据有相似之处，但其他性质与联运单据有区别。多式联运单据可根据托运人的选择，作成可转让或不可转让的单据，在可转让条件下，单据可作为指示性抬头或空白抬头。在不可转让条件下，则应作成记名抬头。

c. 航空运输。航空运输与海运、铁路运输相比，具有运输速度快、货运质量高、不受地面条件限制等特点。采用航空运输需要办理一定的货运手续，航空公司办理货运在始发机场的揽货、接货、报关、订舱以及在目的地机场接货或运货上门的业务。航空运单是承运人与托运人之间签订的运输契约，也是承运人或其代理人签发的货物收据，同时可作为承运人核收运费的依据和海关查验放行的基本依据。但航空运单不是代表货物所有权的凭证，不能随意转让。收货人不能凭航空运单提货，而是凭航空公司的通知单。航空运单收货人抬头不能作成指示性抬头，必须详细填写收货人全称和地址。

3）国际货物采购中的运输保险：国际货物采购中，货物往往要经过长距离运输，在此期间，由于遭遇各种风险而导致货物损坏或灭失的情况是经常发生的。为了补偿国际货物在运输过程中遭到损坏或灭失所造成的经济损失，买方或卖方都要向保险公司投保货物运输保险。

保险条款的规定方法与合同所采用的价格有着直接的联系。按 FOB 和 C&F 条件成交时，在保险条款中只需规定："保险由买方负责办理"。但如果按照 CIF 条件成交时，除了说明保险由卖方办理外，还须规定保险金额和保险险别以及所依据的保险公司的保险条款。

① 保险险别。保险险别是保险人与被保险人履行权利和义务的依据，也是确定保险人所承保责任范围的依据，又是被保险人缴纳保险费数额的依据。在办理货物运输保险时，当事人应依据货物的性质、包装情况、运输方式、运输路线以及自然气候等因素全面考虑，选择合理的险别，做到既使货物得到充分的保险保障，又节约保险费开支。

货物运输保险种类很多，有海运保险、陆运保险和空运保险等。其中海运保险主要有平安险、水渍险、一切险等；陆运保险主要有陆运一切险；空运保险主要有空运一切险等。依据国际惯例，卖方的责任一般仅限于按平安保险条款办理投保。除买卖双方另有约定外，买方需加保其他特种险或战争险，卖方可以协助办理，但费用由买方自行负担。

② 保险金额。在进出口货运保险业务中，通常都采用定值保险的做法，这就要求在合同的保险条款中规定保险金额。按照货运保险的习惯做法，投保人为了取得充分的保险保障，一般都把货值、运费、保险费以及转售货物的预期利润和费用的综合作为保险金额。因此，保险金额一般都高于合同的 CIF 价值，国际上习惯按 CIF 价值的 110%办理投保。国际货物运输保险必须逐笔投保，且保险单的签发日期不得晚于装运单据的签发日期。

在 CIF 合同中，卖方是为了买方的利益保险的，卖方在取得保险单后，应把保险单转让给买方。如果货物在运输途中遇到了承保范围内的风险而遭受损坏或灭失，买方依据卖方转让给他的保险单，以自己的名义要求保险公司给予赔偿。

4）价格条款和价格调整条款：

① 价格条款。价格条款是国际货物采购合同的核心条款，其内容对合同中的其他条款会产生重大影响。国际货物采购合同价格条款包括单价、总价及与价格有关的运费、保险费、仓储费、各种捐税手续费、风险责任的转移等内容。由于价格的构成不同，价格证（价格条件）也各不相同。一般情况下，国际货物采购合同常用的价格条件有离岸价（FOB），到岸价（CIF），成本加运费价格（C&F）。单价必须写明计量单位，包括价格条件在内的单位价格金额、计价货币。

② 价格调整条款。合同中的定价方法一般有固定价格、非固定价格两种。国际货物采购合同主要采用固定价格的定价方法，即在执行合同期间，合同价格不允许调整。如果所采购的货物或设备不能在 1 年内交付，则可考虑使用调整价格，即在合同中规定价格调整公式以补偿在合同执行期间因物价变动成本增加而给卖方带来的损失，其调整公式为：

$$P=P_0（A+B\times M/M_0+C\times W/W_0）$$

式中，P——调整后价格；

P_0——合同价；

M_0——原料的基础价格指数；

M——合同执行期间相应原料价格指数；

W_0——特定行业工资指数；

W——合同执行期间有关工资指数；

A、B、C——签订合同时确定的有关价格中各要素所占百分比。其中，A 为合同价格中承包商的管理费和利润百分比，这部分价格一般不予调整；B 为合同价格中原材料的百分比；C 为工资百分比。

式中固定部分 A 的权值取决于货物的性质。由于在大多数情况下价格指数趋于上涨的趋势，卖方一般希望 A 的数值越小越好。B 部分通常根据主要材料的价格指数进行调整，虽然货物在生产过程中需要多种材料，但在价格调整时通常以主要材料的价格指数为代表，如果有两三种原材料的价格对于产品的总成本影响较大，则可以分别采用这些原材料的价格指数作为材料部分的分项。工资指数的调整只选择一种行业，但为使调整更精确，也可同时选用两个或两个以上有关行业的劳动力成本指数。有时，买方在合同的价格调整条款中规定价格调整的起点和上限，或规定价格调整不得超过原合同价的一定百分比。

5）国际货物采购合同的支付条款：在国际工程货物采购合同中，当事人双方除一部分货款需要通过政府间采用记账方式结算外，大部分需要通过银行以现汇结算。合同中的支付条款主要包括：支付工具、支付时间、支付地点和支付方式。

① 支付工具。支付工具主要包括货币和票据。

a. 货币。国际工程货物采购合同中使用的货币主要有：买方所在国货币、卖方所在国货币或第三国货币，或若干种货币同时使用。一般情况下使用国际贸易中广泛使用的货币，通常由买方选择优先使用哪一种货币。如果合同中规定使用一种以上的货币，则应在合同中同时规定折算方法和汇率以及每种货币在合同价格中所占的百分比。为减少汇率变动给当事人带来的风险，亦可在合同中明确计价货币与另一种货币的汇率，付款时若汇率有变动，则按比例调整合同价格。

b. 票据。国际货物采购合同中使用的票据主要有汇票、本票和支票。其中，以使用汇票为主。汇票是卖方履行交货义务后向买方签发的，要求其即期或定期或在将来可以确定的时间，对其指定人或持票人支付一定金额的无条件的书面支付命令。本票是出口方在履行交货义务后，由买方向其签发的，保证即期或定期或在将来可以确定的时间，对卖方或其指定人或持票人支付一定金额的无条件的书面承诺。

② 支付方式。支付方式因合同买卖的内容、合同价格、交货期、市场条件的不同而不同。对于初级产品合同，常用 CIF 及 FOB 形式，卖方希望交单时取得全部货款，买方在货物装船前对货物实施检验。这类合同使用不可撤销跟单信用证方式，如果合同中规定了货物的保证期，则买方可要求卖方提供银行担保，以保证卖方在保用期内履行合同义务。对于制成品合同，买方希望在卖方交单时先付款 90%，余下货款待货到检验后支付。买方也可要求卖方为履行保证期内的合同义务而提供银行担保。对于大型设备采购合同，由于其交货期较长，而卖方在执行合同时亦需大量资金周转，一般在签订合同时，买方向卖方支付合同金额 10%～15%的预付定金，以后买方可按货物生产的进度付款，一般为合同款的 50%。卖方交单时，支付合同金额 10%，货到目的地后，买方验收合格并安装调试完毕后，买方再支付合同金额的 10%，余下金额待保证期期满时，卖方履行全部合同义务后支付。

为保证向卖方付款并确保卖方履行合同义务，国际货物采购合同一般都规定采用信用证方式进行支付或由卖方提供银行担保。

6）国际货物采购合同中的检验条款：商品检验条款是国际货物采购合同中的重要条款。商品检验是指对卖方交付或拟予交付的合同货物的品质、数量、包装进行检验和鉴定。商品检验机构出具的商品检验证明是买卖双方交付货物、支付价款和索赔、解决纠纷的依据。

商品检验的条款主要包括检验权、检验机关、检验时间及地点、检验证明、检验方法和检验依据等。国际货物采购合同的通常做法主要有出口国检验和进口国检验。我国在建设物资国际采购合同中，商检条款是：“双方同意某公证行出具的品质或质量检验证明作为信用证的一部分。但货到目的港××天内经中国商品检验局复检，如发现品质或质量与本合同不符，除属于保险公司或船舶公司负责者外，买方凭中国商品检验局出具的品质或质量检验证书，向卖方提出索赔。所有因索赔引起的费用，包括复检费及损失，均由卖方负责。”

7）国际货物采购合同中的保证及索赔条款：

① 保证条款。合同中保证条款的基本要点：卖方应保证其所提供的货物质量优良，设计、材料和工艺均无缺陷，符合合同规定的技术规范和性能，并能满足正常、安全运行的要求，否则，买方有权提出索赔。卖方的保证期应为货物检验后，即检验证书签发后 12 个月。在保证期内，由于卖方责任需要更换、修理有缺陷的货物，而使买方停止生产或使用时，货物保证期应相应延长。新更换或修复货物的保证期应为这些货物投入使用后 12 个月。但在有些合同中，12 个月的保证期不足以保护买方免受因设计或生产缺陷而可能产生的损失，如有必要，买方亦可要求卖方继续对设计缺陷造成的损失负责。有些采购合同中，卖方实际交货与货物安装使用之间间隔时间较长，这种情况下可考虑货物的保证期应从实际投入使用时算起 12 个月。

卖方应保证在对货物进行性能考核检验时，货物的全部技术指标和保证值都能达到合同规定的要求。经检验，由于卖方的原因，有出项或若干项技术指标和保证值未达到要求，卖方应向买方支付罚款，其金额应为合同金额的若干百分比。卖方的另一项保证是按合同规定时间交货，否则，卖方应向买方支付迟交罚款。

卖方应在合同中保证其提供的技术资料正确、完整和清晰，符合货物设计、检验、安装、调试、考核、操作和维修的要求。如卖方提供的技术资料不能满足要求时，必须在收到买方通知后规定时间内，免费向买方重新提供正确、完整和清晰的技术资料。技术资料运抵目的地机场前的一切费用和风险由卖方承担。

② 索赔条款。索赔条款主要包括索赔依据、索赔手续、索赔期限、索赔方式等。索赔依据必须与商检条款、保证条款及法律事实等相一致。货物索赔期一般为货物到达目的地后 30 天或 40 天，机电设备可以更长一些，一般为货物到达目的地 60 天或 60 天以上。通常索赔方式分两种，一种是签订索赔条款；另一种是违约金，由当事人双方在合同中约定，如果发生合同所规定的违约事件时，受害方可按合同规定索取违约金或罚金。至于罚金的数额，应视违约情况，由当事人商定，但最多不得超过全部货价。

8）不可抗力条款：不可抗力是指当事人在订立合同时不能预见、人的力量不可抗拒、对其发生的后果不能克服和无法避免的当事人主观意志以外的客观意外事件。不可抗力条款主要包括：免责规定；不可抗力事故范围；不可抗力事故的通知和证明；受不可抗力影响的当事人延迟履行合同的最长期限。

合同当事人任何一方，由于发生不可抗力事故而影响履行合同时，应根据不可抗力事故影响的时间相应延长履行合同的期限。不可抗力事故的范围一般有两种规定方法：一种方法是列明不可抗力事故，如战争、火灾、水灾、风灾、地震等；另一种方法是除明确列明某些不可抗力事故外，还加上“以及双方同意的其他不可抗力事故”。当不可抗力事故发生后，遭受到不可抗力事故影响的一方应尽快将发生的不可抗力事故情况以电报或电传方式通知另一方，并在 14d 内向另一方提交有关当局出具的书面证明，供另一方确认。在不可抗力事故终止或清除后，遭受事故影响的一方应尽快以电报或电传方式通知另一方，并以航空挂号函方式予以确认。遭受不可抗力事故影响的一方延迟履行合同的期限一般规定为 90d，最长不超过 120d，如逾期，双方应尽快通过友好协商解决合同的执行问题。

应当注意的是，合同中订立不可抗力条款是一般的商业惯例，但在不可抗力事故范围问题上凡自然力量事故，各国认识比较一致，而社会异常事故则解释上经常产生分歧。

因此，双方应慎重对待不可抗力条款，特别是对一些含义不清或没有确定标准的概念，不应作为不可抗力对待。对于一些属于政治性的事件，可由买卖双方于事件发生时根据具体情况，另行协商解决。

9）仲裁条款：仲裁是国际贸易中解决争议的一种习惯做法，仲裁是由双方当事人在自愿基础上把他们之间的争议提交给中立的第三者进行裁决。

在国际货物采购合同中，通常订有仲裁条款，其内容包括：仲裁地点、仲裁机构、仲裁程序、仲裁裁决的效力等。其中，仲裁地点和仲裁机构的选择是关键。通常在我国与外商签订仲裁条款时，仲裁地点首先力争选择在我国，由我国涉外仲裁机构仲裁；其次，也可以选择第三国的常设仲裁机构或选择某个程序规则，依照该仲裁程序规则仲裁。无论选择哪一种仲裁机构或仲裁地点，仲裁裁决都是终局的，对双方当事人都有约束力。

10）法律适用条款：合同的法律适用条款就是“合同的准据”问题，即当事人双方发生争议后，就实体法部分适用何国法律的问题。

依据国际惯例，允许当事人通过协议指明合同争议适用何国法律，在国际司法上成为“意思自治”原则。根据这一原则，双方当事人可以选择所适用的法律。当事人在选择适用法律时，只允许在“与合同有实际联系的国家的法律”中选择，否则，被选择的法律将视为无效。

（3）监理工程师对工程项目国际货物采购合同的管理：

监理工程师对工程项目国际货物采购合同的管理，除应接受国内物资采购合同管理外，还应做到：

1）监理工程师有权要求买方提供合理证明，证明其已履行付款义务。否则，除买方有理由扣留或拒绝支付并以书面通知卖方外，监理工程师应出具证书，由业主直接向卖方付款。

2）监理工程师应及时审批买方进口物资申请书，并向业主出具支持信，督促业主及时向海关发出有关公函。可令施工单位将这批钢材运出工地，由此发生的损失，由施工单位承担。

【例 4-2】某工程建筑面积 3 300m^2，计划每平方米需用的主要材料的名称、数量、单价如下：水泥：0.21t，350 元/t；钢材 0.036t，3 200 元/t；砖：130 块，0.28 元/块；黄砂：0.54t，35 元/t；石子：0.61t，33 元/t；木材：0.005m^3，1 500 元/m^3；另外，需用石灰、玻璃等其他材料，金额共约 92 500 元。

问题：

（1）估算该工程所需的材料费？

（2）提出材料采购资金的管理方法及各种方法的适用条件。

【分析】

（1）工程材料费预测：

水泥资金额=3 300×0.21×350=242 550（元）

钢材资金额=3 300×0.036×3 200=380 160（元）

砖资金额=3 300×130×0.28=120 120（元）

黄砂资金额=3 300×0.54×35=62 370（元）

石子资金额=3 300×0.61×33=66 429（元）

木材资金额=3 300×0.005×1 500=24 750（元）

工程材料费=242 550+380 160+120 120+62 370+66 429+24 750+92 500=988 879（元）

（2）材料采购资金管理方法：

① 品种采购量管理法，适用于分工明确、采购任务量确定的企业或部门；

② 采购金额管理法，一般综合性采购部门采取这种方法；

③ 费用指标管理法，为鼓励采购人员负责完成采购业务的同时，注意采购资金使用，降低采购成本的方法。

【例 4-3】某施工企业经营规模较大，施工力量较强，在 H 市承揽的施工任务较多。在材料采购方面，主要材料分散到项目经理部采购，一般材料由公司材料设备处统一采购供应，项目经理部承建某校宿舍楼，主要建筑材料预计需用品种及数量如下；水泥 693t，钢材 120t，砖 429 000 块，黄砂 1 782t，木材 16.5m^3，项目经理准备根据工程进度和资金情况，分期分批组织采购，保证供应。

问题：

（1）该施工企业的材料采购管理模式是否合理，为什么？

（2）项目经理自行负责采购工程所需的主要材料，应采用哪种采购方式？

（3）采用什么方式签订合同？主要内容有哪些？

【分析】

（1）该企业采用的采购管理模式不合理。由于该企业属于城市型施工企业，主要材料、重要物资应统一筹划，形成较强的采购能力和开发能力。一般材料可分散采购，调动基层的积极性。

（2）项目经理可采用询价采购方式，以降低材料的采购成本。

（3）通过采购业务谈判订立合同，以保证供应。谈判的内容主要有：

① 明确采购材料的名称、品种、规格和型号；

② 确定采购材料的数量和价格；

③ 确定采购材料的质量标准和验收方法；

④ 确定采购材料的交货地点、方式、办法、交货日期以及包装等要求；

⑤ 确定材料的运输方法等。

【例 4-4】某工程建筑面积 5 436m^2，所需材料由项目经理部自行采购。项目经理部为提高供应水平，保证供应，根据资金情况，计划按基础工程、框架结构工程、砌筑工程、装饰工程、屋面工程等几个大分部，分期分批进行所需材料配套供应。

问题：

（1）项目经理部是否可以选用询价采购方式？

（2）简述材料实际采购中询价的程序。

（3）提出材料采购询价的技巧。

【分析】

（1）不宜全部材料实行询价采购，而应改为主要材料询价采购，一般材料直接采购。

（2）询价程序：

① 根据竞争择优原则，选择可能成交的供应商；

② 向供应厂商询盘；

③ 卖方发盘；

④ 还盘、拒绝或接受。

（3）询价的技巧：

① 同类大宗物资一次汇总提出，争取获得数量大的优惠；订立合同时提出实行分批交货分批结算，以避免占用巨额资金；

② 向多家供应商询价，要防止供应商串通抬价；

③ 采用让卖方发盘的询价方式，使自己处于还盘的主动地位；

④ 对于有实力的供应商，可采用“目的港码头交货”或“完税后交货（目的地）”的方式；

⑤ 施工企业应根据管理职责的分工，分别对所管范围的物资开展询价工作。

【例 4-5】某工程建设单位委托工程总承包单位按业主的要求招标采购工程所需的机电设备，业主提出的招标要求的主要内容有：

（1）由工程总承包单位作为机电设备招标的代理机构；

（2）采用公开招标方式；

（3）评标采用低投标价法，由评标委员会负责评标，推荐中标候选人；

（4）评标委员会由建设单位派 1 人，总承包单位派 2 人。再聘请技术、经济专家各 1 人，共由 5 人组成；

（5）投标应提交设备投标价的 3%作为投标保证金。

问题：

（1）业主的招标要求中，有哪些不妥？为什么？

（2）总承包单位是否可以作为招标代理机构？

（3）设备评标主要应考虑哪些因素？

【分析】

（1）业主提出的招标要求中，下列内容与法律法规的规定不符：

① 采用低投标价法评标不妥，这种方法只适用于简单商品和原材料等情况的评标，机电设备采购招标宜采用综合评标价法等方法。

② 评标委员会的组成不妥，招投标法规定评标委员会中，技术、经济专家人数不得少于评标委员会总人数的 2/3。

③ 投标保证金要求 3%不妥，应为 2%，并且最高不得超过 80 万元。

（2）总承包单位具备下列条件的可以进行工程所需的设备招标采购，但并不是招标代理机构，而是接受业主委托的招标人：

① 具有法人资格；

② 具有与承担招标业务和设备配套工作相适应的技术经济管理人员；

③ 有编制招标文件、标底和组织开标、评标、决标的能力；

④ 有对所承担的招标设备进行协调服务的人员和设施。

（3）设备评标主要考虑下列因素：

① 投标价；

② 运输费；

③ 交付期；

④ 设备的性能和质量；

⑤ 备件价格；

⑥ 支付要求；

⑦ 售后服务；

⑧ 其他与招标文件偏离或不符合的因素。

第五章　材料仓储管理

材料仓储管理是指对仓库全部材料的收、储、管、发业务和核算活动实施的管理。

第一节　概　述

仓储管理是材料从流通领域进入企业的“监督关”；是材料投入施工生产消费领域的“控制关”；材料储存过程又是保质、保量、完整无缺的“监护关”。所以，仓储管理工作负有重大的经济责任。

一、仓储管理在施工企业生产中的地位和作用

（1）仓储管理是保证施工生产顺利进行的必不可少的条件，是保证材料流通不致中断的重要环节。

施工生产的过程，就是材料不断消耗的过程，储存一定量的材料，是施工生产正常进行的物质保证。各种材料需经订货、采购、运输等环节，才能到达施工企业。为防止供需脱节，企业必须依靠合理的材料储备，来进行平衡和调剂。

（2）仓储管理是材料管理的重要组成部分。仓储管理是联系材料供应、管理、使用三方面的桥梁，仓储管理得好坏，直接影响材料供应管理工作目标的实现。

（3）仓储管理是保持材料使用价值的重要手段。材料在储存期间，从物理化学角度看，在不断地发生变化。这种变化虽然因材料本身的性质和储存条件的不同而有差异，但一般都会造成不同程度的损害。仓储中的合理保管，科学保养是防止或减少损害、保持其使用价值的重要手段。

（4）加强仓储管理，可以加速材料的周转，减少库存，防止新的积压，减少资金占用，从而可以促进物资的合理使用和流通费用的节约。

二、仓储管理工作的特点

（1）仓储工作不创造使用价值，但创造价值。材料仓储是施工生产过程中为使生产不致中断，而解决材料生产与消费在时间与空间上的矛盾必不可少的中间环节。材料处在储存阶段虽然不能使材料的使用价值增加。但通过仓储保管可以使材料的使用价值不受损失，从而为材料使用价值的最终实现创造条件。因此，材料仓储工作是产品的生产过程在流通领域的继续，是为实现产品的使用价值服务的。仓储劳动是社会的必要劳动，它同样创造价值。仓储管理工作创造价值这一特点，要求仓储管理必须提高水平。尽可能地减少材料的损耗，使其使用价值得以实现；必须依靠科学，努力提高生产率，缩短

社会必要劳动时间。

（2）仓储工作具有不平衡和不连续的特点。这个特点给仓储管理工作带来一定的困难，这就要求管理人员在储存保管好材料的前提下，掌握各种不同材料的性能特点、运输特点，安排好进出库计划，均衡使用人力、设备及仓位，以保证仓储管理工作的正常进行。

（3）仓储管理工作具有服务性质，直接为生产服务。仓储管理工作必须从生产出发，先保证生产需要，同时要注意扩大服务项目，把材料的加工改制、综合利用和节约代用、组装、配套等提到管理工作的日程上来，使有限的材料发挥更大的作用。

三、仓储管理的基本任务

仓储管理是以优质的储运劳务，管好仓库物资，为按质、按量、及时、准确地供应施工生产所需的各种材料打好基础，确保施工生产的顺利进行。其基本任务是：

（1）组织好材料的收、发、保管、保养工作。要求达到快进、快出、多储存、保管好、费用省的目的，为施工生产提供优质服务。

（2）建立和健全合理的、科学的仓库管理制度，不断提高管理水平。

（3）不断改进仓储技术，提高仓库作业的机械化、自动化水平。

（4）加强经济核算，不断提高仓库经营活动的经济效益。

（5）不断提高仓储管理人员的思想、业务水平，培养一支仓储管理的专职队伍。

四、仓库的分类

1. 按储存材料的种类划分

（1）综合性仓库：仓库建有若干库房，储存各种各样的材料。如在同一仓库中储存钢材、电料、木料、五金、配件等。

（2）专业性仓库：仓库只储存某一类材料：如钢材库、木料库、电料库等。

2. 按保管条件划分

（1）普通仓库：储存没有特殊要求的一般性材料。

（2）特种仓库：某些材料对库房的温度、湿度、安全有特殊要求，需按不同要求设保温库、燃料库、危险品库等。水泥由于粉尘大，防潮要求高，因而水泥库也是特种仓库。

3. 按建筑结构划分

（1）封闭式仓库：指有屋顶、墙壁和门窗的仓库。

（2）半封闭式仓库：指有顶无墙的料库、料棚。

（3）露天料场：主要储存不易受自然条件影响的大宗材料。

4. 按管理权限划分

（1）中心仓库：指大中型企业（公司），设立的仓库。这类仓库材料吞吐量大，主要材料由公司集中储备，也叫做一级储备。除远离公司独立承担任务的工程处核定储备资金控制储备外，公司下属单位一般不设仓库，避免层层储备，分散资金。

（2）总库：指公司所属项目经理部或工程处（队）所设施工备料仓库。

（3）分库：指施工队及施工现场所设的施工用料准备库，业务上受项目经理部或工程处（队）直接管辖，统一调度。

五、仓库规划

1．材料仓库位置的选择

材料仓库的位置是否合理，直接关系到仓库的使用效果。仓库位置选择的基本要求是，“方便、经济、安全”。仓库位置选择的条件是：

（1）交通方便：材料的运送和装卸都要方便。材料中转仓库最好靠近公路（有条件的设专用线）。以水运为主的仓库要靠近河道码头；现场仓库的位置要适中，尽量缩短到各施工点的距离。

（2）地势较高，地形平坦，便于排水、防洪、通风、防潮。

（3）环境适宜，周围无腐蚀性气体、粉尘和辐射性物质。危险品库和一般仓库要保持一定的安全距离，与民房或临时工棚也要有一定的安全距离。

（4）有合理布局的水电供应设施，利于消防、作业、安全和生活之用。

2．材料仓库的合理布局

材料仓库的合理布局，能为仓库的使用、运输、供应和管理提供方便，为仓库各项业务费用的降低提供条件。合理布局的要求是：

（1）适应企业施工生产发展的需要。应根据施工生产规模、材料资源供应渠道、供应范围、运输和进料间隔等因素，考虑仓库规模。

（2）纳入企业环境的整体规划。按企业的类型来考虑，如按城市型企业、区域型企业、现场型企业不同的环境情况和施工点的分布及规模大小来合理布局。

（3）企业所属各级各类仓库应合理分工。根据供应范围、管理权限的划分情况来进行仓库的合理布局。

（4）根据企业耗用材料的性质、结构、特点和供应条件，并结合新材料、新工艺的发展趋势，按材料品种及保管、运输、装卸条件等进行布局。

3．仓库面积的确定

仓库和料场面积的确定，是规划和布局时需要首先解决的问题。可根据各种材料的最高储存数量、堆放定额和仓库面积利用系数进行计算。

（1）仓库有效面积的确定：有效面积是实际堆放材料的面积或摆放货架货柜所占的面积，不包括仓库内的通道、材料架与架之间的空地面积。计算公式为；

$$F=P/V$$

式中，F——仓库有效面积，m^2；

P——仓库最高储存材料的数量，t/m^3；

V——每平方米面积定额堆放数量，见表 5-1。

表 5-1　材料堆放面积定额

材料名称	单位	每平方米存储量	堆放高度/m	包装类别	储存方法	备注
钢筋	t	2～3	0.8～1		棚库	
角钢	t	1.5～2	0.5～0.8		棚库	
工字钢	t	1～1.5	0.5		露天	

材料名称	单位	每平方米存储量	堆放高度/m	包装类别	储存方法	备注
大径铁管	t	0.5～0.8	0.8～1		露天	
小径铁管	t	0.8～1	0.8～1		棚库	
铸铁管	t	0.3～1.1	0.8～1		露天	
盘条	t	1.5～2	1		棚库	
原木	m^3	1.6～2.2	2		露天	
成材	m^3	1.6～2.2	2		露天	
层板	张	200～300	1.5～2		棚库	
门扇	扇	12～15	1.5～1.8		棚库	
窗扇	扇	60～70	1.5～1.8		棚库	
门框	樘	12	1.5		棚库	
窗框	樘	12	1.5		棚库	
模板	m^3	1～1.2	1.5		露天	
刨花板	张	40～50	1～1.5		棚库	
水泥	t	2～2.8	1.5～1.6		仓库	
水泥瓦	张	130～200	1		露天	
石棉瓦	张	大 25、小 17	0.5		棚库	
砖	块	700	1.5		露天	
砂、砾石	m^3	1.5～2	1.6～2		露天	人工堆放
砂、砾石	m^3	3～4	5～6		露大	机械堆放
毛石	m^3	1	1		露天	
石灰	t	1.6	1.5		露天	
玻璃	箱	6～10	0.8～1.5		仓库	
油毡	卷	15～30	1～2		仓库	
沥青	t	1.2	1.2		露天	
金属结构	t	0.2	—		露天	
小五金	t	1.2～1.5	1.8		仓库	
暖气片	片	100	0.7		棚库	
油漆	桶/t	50～100/0.3～0.6	1.5		仓库	
小型构件	m^3	0.5～0.6	0.5～0.7		露天	
电线	t	0.9	2.2		仓库	
电缆	t	0.4	1.4		棚库	
……						

（2）仓库总面积计算：仓库总面积为包括有效面积、通道及材料架与架之间的空地面积在内的全部面积。计算公式

$$S=F/\alpha$$

式中，S——仓库总面积，m^2；

F——有效面积，m^2；

α——仓库面积利用系数，见表 5-2。

表 5-2　仓库面积利用系数

项次	仓库内容	系数α值
1	密封通用仓库（内装货架、每两排货架之间留 1m 通道，主通道宽 2.5～3.5m）	0.35～0.4
2	罐式密封仓库	0.6～0.9
3	堆置桶装或袋装的密封仓库	0.45～0.6
4	堆置木材的露天仓库	0.4～0.5
5	堆置钢材棚库	0.5～0.6
6	堆置砂、石料露天库	0.6～0.7

某建设工地规划材料仓库面积计算如表 5-3 所示。

表 5-3　某建设工地规划材料仓库面积计算

材料品种	单位	年最大需用量	计划储备天数/d	不均衡系数	最高存储量	每平方米堆放定额	有效使用面积/m²	库房利用系数	仓库总面积/m²	仓库种类
甲	乙	360×（1）	（2）	（3）	（4)=(1）×（2）×（3）	（5）	（6）=（4）/（5）	（7）	（8）=（6）/（7）	丙
钢筋	t	1 200	60	1.3	260	3	87	0.6	145	棚库
角钢等	t	1 500	80	1.3	433	2	217	0.7	310	棚库
水泥	t	9 500	30	1.3	1 029	2.8	368	0.6	613	仓库
砂	m^3	24 000	20	1.3	1 733	2	867	0.7	1 238	露天
……										

4．仓储规划

材料仓库的储存规划是在仓库合理布局的基础上，对应储存的材料作全面、合理的具体安排，实行分区分类，货位编号，定位存放，定位管理。储存规划的原则是：布局紧凑，用地节省，保管合理，作业方便，符合防火、安全要求。

第二节　材料仓储业务管理

仓储业务流程分为三个阶段；

（1）入库阶段：包括货物接运、内部交接、验收和办理入库手续 4 项工作。

（2）储存阶段：指物资保管保养工作，包括安排保管场所、堆码苫垫、维护保养、检查与盘点等内容。

（3）发运阶段：包括出库、内部交接及运送工作。

材料的装卸搬运作业贯穿于仓储业务全过程，它将材料的入库、储存、发运阶段有机地联系起来。图 5-1 为仓储业务流程。

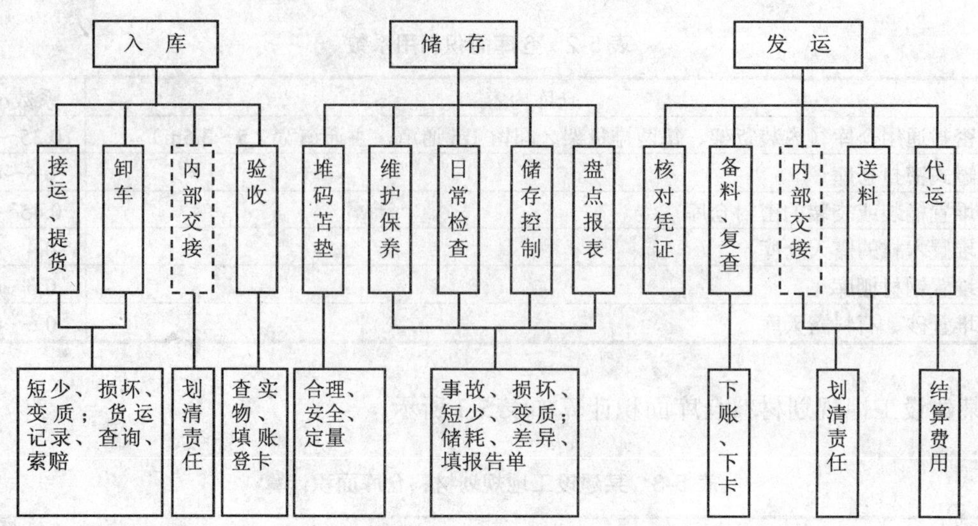

图 5-1 仓储业务流程

一、材料验收入库

材料验收入库是储存活动的开始。入库材料进行验收的作用：一是区分责任。到库材料的数量、质量状况如何，只有通过检查才能正确区分保管方和供货方及运输单位等有关方面的责任。二是维护企业权益。通过验收，保证材料在数量和质量上符合订货合同的规定。若发生不符情况，在提出索赔时，必须有验收记录作为依据。三是掌握材料及其包装状况，为保管提供依据。

国家规定保管方的正常验收项目为：货物的品名、规格、数量、外包装状况，以及无须开箱拆捆直观可见可辨的质量情况。因为它既可保证入库材料数量的准确及外包装、外观质量完好，又可节省大量劳动和时间，提高验收效率。

1. 材料验收时应注意的问题

（1）必须具备验收条件。即验收的材料全部到库，有关货物资料、单证齐全。

（2）要保证验收的准确。必须严格按照合同的规定，对入库的数量、规格、型号、配套情况及外观质量等全面进行检查，应如实反映当时的实际情况。

（3）必须在规定期限内完成验收工作，及时提出验收报告。

（4）严格按照验收程序进行验收。即按做好验收前准备、核对资料、实物验收、作出验收报告的顺序进行。

2. 材料验收程序

（1）验收前准备：搜集有关合同、协议及质量标准等资料；准备相应符合要求的检测与计量工具；确定堆放位置、堆码方法，准备苫垫材料；安排搬运人员及搬运工具；拟订并落实危险品验收入库的安全防护措施。

（2）核对资料：材料验收时要认真核对供方发货票、订货合同、产品质量证明书、说明书、检验单、装箱单、磅码单、发货明细表、承运单位的运单及货运记录等。上述资料齐全无误时，方可进行验收。

（3）检验实物：实物验收包括质量检验和数量检测。

1）质量检验。包括外观质量寸内在质量及包装的检验。外观质量以库房检验为主；内在质量（物理、化学性能）则是检查合格证或质量证明书，各项质量指标均符合相关标准者，视为合格。对没有质量证明书却又有严格质量要求的材料，则应取样检验。

2）数量检测。计重材料一律按净重计算；计件材料按件全部清点；按体积计量者检尺计方；按理论换算者检测换算计量；标准质量或件数的标准包装，除合同规定的抽验方法和比例外，一般根据情况抽查，抽查无问题少抽，有问题就多抽，问题大的全部检查。成套产品必须配套验收、配套保管。主件、配件、随机工具等必须逐一填列清单，随验收单上报业务和财务部门，发放时要抄送领料单位。

计重材料验收时，应分层或分件标明质量，自下而上累计，力求入库时一次过磅就位，为盘点、发放创造条件，以减少重复劳动和磅差。

（4）办理入库手续：材料经数量、质量验收后，按实收数及时办理材料入库验收单。入库单是划分采购人员与仓库保管人员责任的依据，也是随发票报销及记账的凭证。材料入库必须按企业内部编制的《材料目录》中的统一名称、编号及计量单位填写，同时将原发票上的名称及供货单位在验收单备注栏内注明，以便查核，防止品种材料出现多账页和分散堆放，并应及时登账、立卡。

验收单一式四联：第一联库房自存（作收入依据）；第二联交财务部门（随发票报销）；第三联交材料部门（计划分配）；第四联交采购员（存查）。

3. 验收中发现问题的处理

在材料验收中如检查出数量不足、规格型号不符、质量不合格等问题，仓库应实事求是地办理材料验收记录，并及时报送业务主管部门处理。材料验收记录是退货、调换、赔偿或追究违约责任的主要证明，应严肃、认真、如实地编制。若出现无理拒付，则按逾期付款处理，承担供方或运输部门应偿付的一切费用。

材料由于数量、规格、质量等问题不符合要求而不能验收的部分或全部，除向供方提出书面异议外，对未验收的实物应妥善保存，不得动用。提前交货的产品、多交的产品和品种、规格、质量不符合规定的产品，应即退货；若供方请求代管应办委托代管手续。在代保管期间实际支付的保管费、保养费以及非因需方保管不善而发生的损失等，应由供方承担；但代供方保管的产品因需方保养不善而造成的损失，则由需方承担。

二、材料保管保养

1. 材料保管保养基本环节

（1）严格验收入库。

（2）安排适当的保管场所。

（3）妥善地进行材料的堆码和苫垫。

（4）搞好仓库的清洁卫生。

（5）加强储存材料的日常维护保养工作。

（6）认真执行库存材料的检查制度。

（7）做好季节性的预防工作。台风、暴雨、洪水等自然灾害的侵袭，均能造成材料的巨大损失。因此，仓库应根据天气预报，在不同的季节，采取不同的预防措施。

2．材料的保管

（1）材料的保管，主要是依据材料性能，运用科学方法保持材料的使用价值。

（2）材料的保管场所

目前建筑施工企业仓库设施较简陋，不能完全满足所有材料保管的需要。建筑施工企业储存材料的场所有库房、库棚和料场 3 种，应根据材料的性能特点选择其保管场所。

1）库房是封闭式仓库。一般存放怕日晒雨淋、对温湿度及有害气体反应较敏感的材料。钢材中的镀锌板、镀锌管、薄壁电线管、优质钢材等，化工材料中的胶黏剂、溶剂、防冻剂等，五金材料中的各种工具、电线电料、零件配件等，均应在库房保管。

2）库棚是半封闭式仓库。一般存放怕日晒雨淋而对空气的温度、湿度要求不高的材料。如铸铁制品、卫生陶瓷、散热器、石材制品等，均可在库棚内存放。

3）料场是地面经过一定处理的露天堆料场地。存放料场的材料，必须是不怕日晒雨淋，对空气中的温度、湿度及有害气体反应均不敏感的材料，或是虽然受到各种自然因素的影响，但在使用时可以消除影响的材料。如钢材中的大规格型材、普通钢筋和砖、瓦、砂、石、砌块等，可存放在料场。

另外有一部分材料对保管条件要求较高的，应存放在特殊库房内。如汽油、柴油、煤油，部分胶黏剂和涂料，有毒物品等，必须了解其特性，按其要求存放在特殊库房内。

3．材料的堆码

（1）材料堆码的基本要求：

1）必须满足材料性能的要求。

2）必须保证材料的包装不受损坏，垛形整齐，堆码牢固、安全。

3）保证装卸搬运方便、安全，便于贯彻先进先出的原则。

4）尽量定量存放，便于清点数量和检查质量。

5）在贯彻上述要求的前提下，尽量提高仓库利用率。

6）有利于提高堆码作业的机械化水平。

（2）材料堆码的准备：材料堆码前必须做好准备工作。堆码的准备工作主要有以下两个方面：

1）按进货的数量、体积、质量和形状，确定货垛占地面积、垛高及垛形。对于箱装、规格整齐划一的材料，占地面积可参考下面公式计算：

占地面积=（总件数/可堆层数）×每件物资底面积

可堆层数=地坪单位面积最高负荷量/单位面积质量

单位面积质量=单件毛重/单件底面积

在计算占地面积、确定垛高时，还应注意上层物资的重量不超过底层物资或其容器可承受的压力。

2）做好机械、人力、材料准备。垛底应打扫干净，放上必备的垫墩、垫木等垫垛材料。如需苫盖、密封货垛，还需准备苫盖和封垛材料。对堆码机械应按要求安排专人检查。

（3）码垛的基本形式：

1）重叠式码垛：逐件向上重叠码高而成的货垛，如图 5-2 所示。钢板、箱状物资等，由于其质地坚硬，占地面积较大，不易倒塌，可采用这种垛形。在重叠堆码板材时，可逢十略行交错，以便计数。

2）纵横交错式码垛：将长短一致，宽度排列能与长度相等的物体，纵横交错堆垛，如图 5-3 所示。长短一致的管材、棒材和狭长的箱装材料均可采用这种垛形。

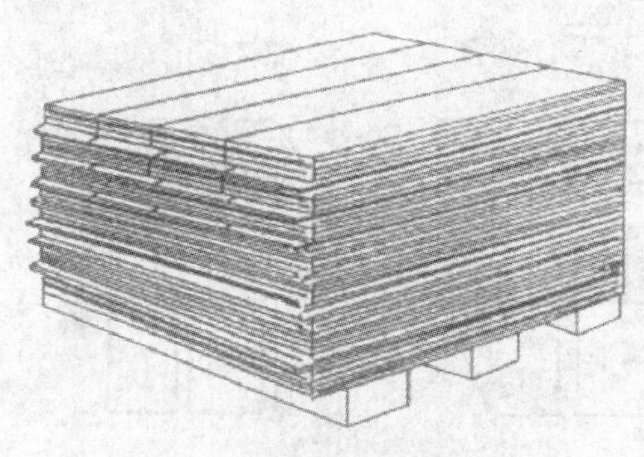

图 5-2　重叠式码垛

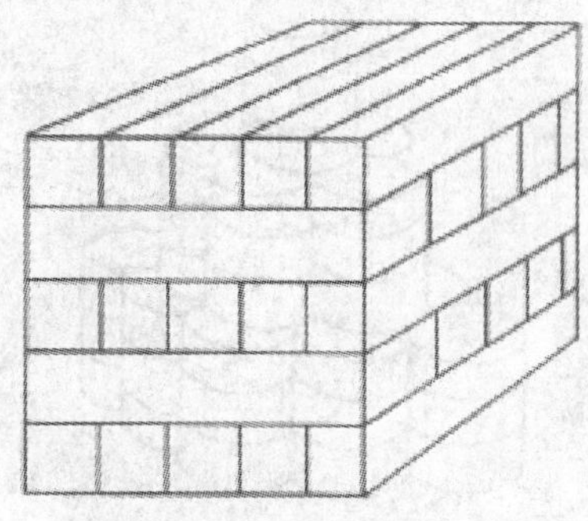

图 5-3　纵横交错式码垛

3）仰俯相间纵横交错式码垛：适用于钢轨、槽钢、角钢等材料，可一层仰放，一层俯放，仰俯相间而相扣，从而使堆垛稳固。对角钢、槽钢在露天堆放时，应寸头稍高，百头稍低，以利于排水，如图 5-4 所示。

4）压缝式码垛：将底层排列成正方形、长方形或环形，然后起脊压缝上码，如图 5-5 所示。

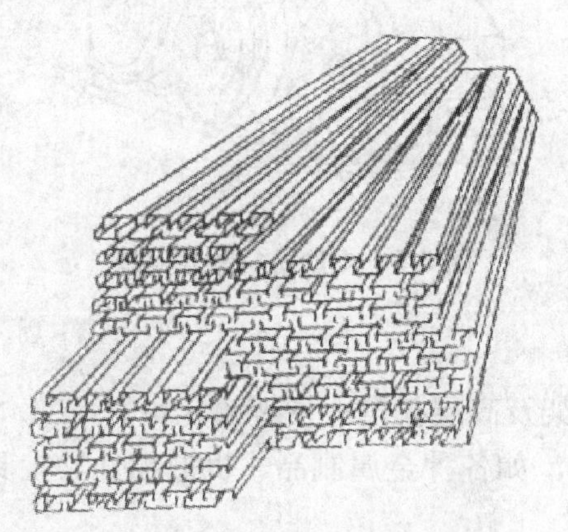

图 5-4　槽钢仰俯相间式码垛

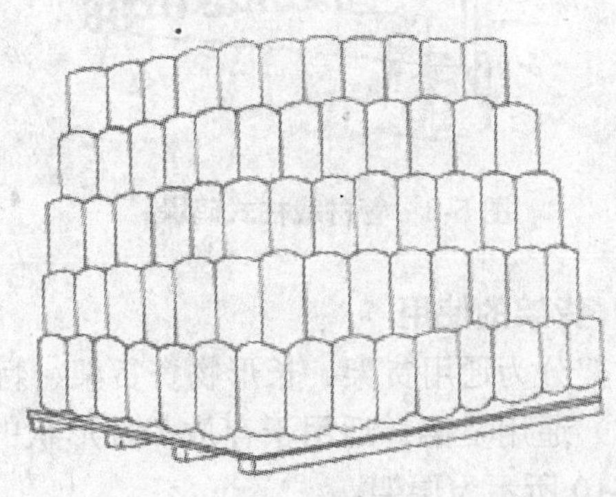

图 5-5　筒装物起脊压缝码垛

5）宝塔式码垛：宝塔式码垛和压缝式码垛类似，压缝式码垛是两件物体之间压缝上码，宝塔式则是在 4 件物体中心上码，逐层缩小，如图 5-6 所示。

6）通风式码垛：对于需要通风保管的物资，堆垛时每件物资和另一件物资之间都留有一定的空隙，以利于通风，如图 5-7 所示。

7）栽柱式码垛：在货垛两旁，各栽上 2～3 根木柱或钢棒，然后将材料平铺在柱中，每层或隔几层在两侧相对应的柱子上用铁丝拉紧，以防倒坍。这种码垛方式多用于货场，适用于金属材料中的长条形材料，如钢筋、钢管等。垛形如图 5-8 所示。

8）衬垫式码垛：这种码垛是在每层或每隔两层物资之间夹进衬垫物（如木板），利用衬垫物使货垛的横断面平整，物资互相牵制，以加强货垛的稳固性。这种堆码方式适用于四方整齐的裸装物资，如电动机等。垛形如图 5-9 所示。

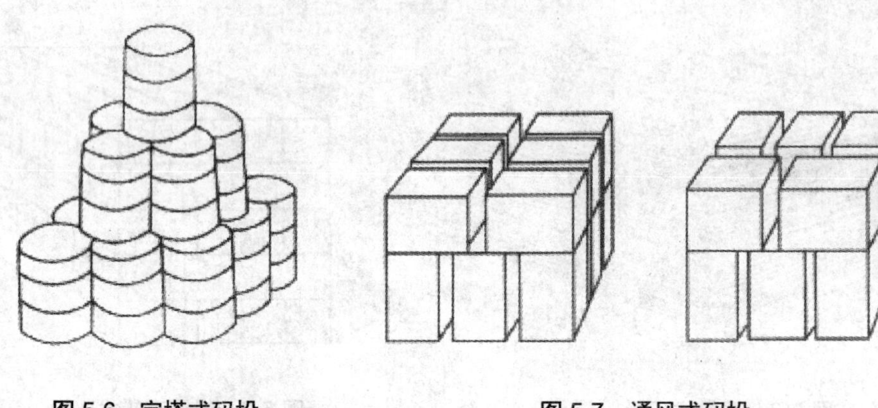

图 5-6　宝塔式码垛　　图 5-7　通风式码垛

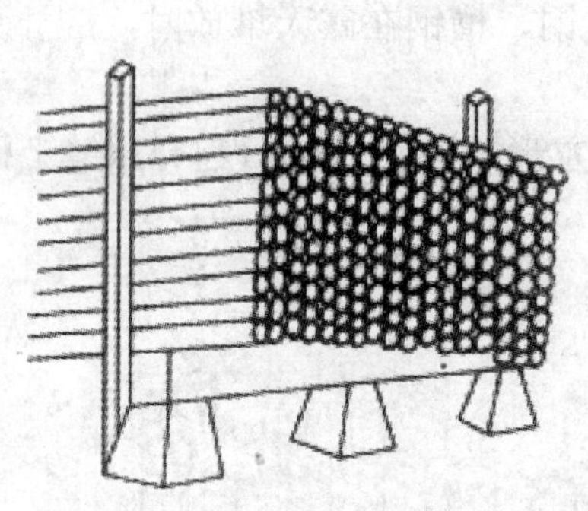

图 5-8　管材栽柱式码垛

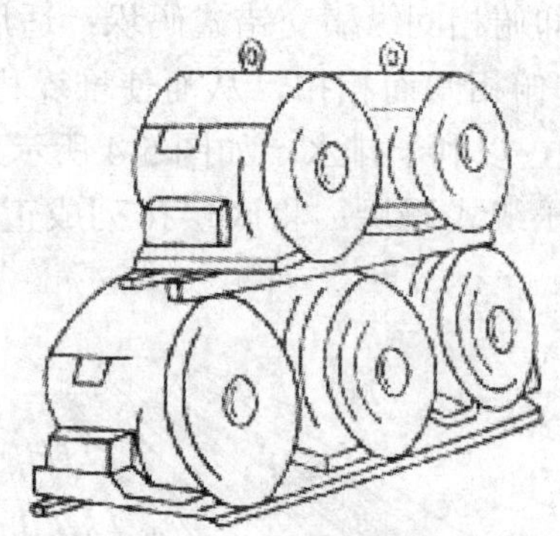

图 5-9　电动机衬垫式码垛

4．货架的使用

货架分为通用货架、长形物资货架、特种货架及高层托盘式货架等几种。

（1）通用货架：适用于存放多种形状的物资，如各种金属制品、机械零件、工具等。如图 5-10 所示为层架。

（2）长形物资货架：适用于存放长形材料，如金属管材、型材等。其中 U 形架、悬臂架、栅架等最为常用。

图 5-11 为 U 形货架，构造简单，造价低廉，适于中型和大型金属材料仓库使用，并能做到定量存放。

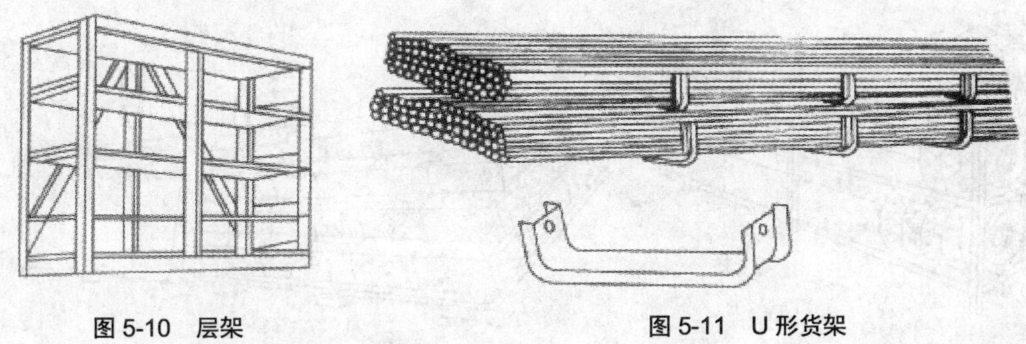

图 5-10　层架　　图 5-11　U 形货架

悬臂架是边开式货架，分为单面或双面。图 5-12 是双面悬臂架，两侧均可存放材料。

（3）特种货架：图 5-13 为金属板三角架，有单独和连续两种，采用钢木结构，用于侧立存放金属板材或混凝土墙板等。

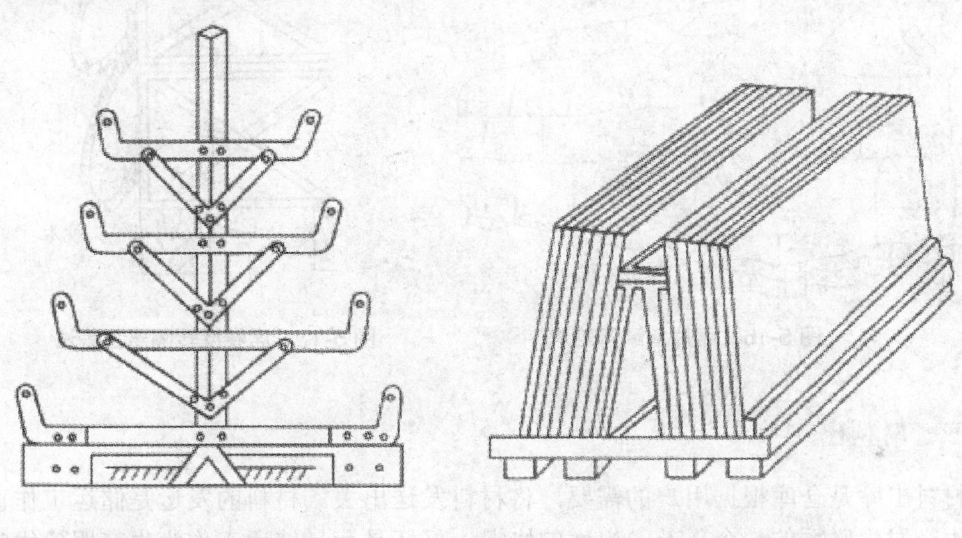

图 5-12　双面悬臂架　　图 5-13　金属板三角架

图 5-14 为轮胎架，用木材或钢材制成，专门用于存放橡胶轮胎。

目前发展的高层货架、宽货架、可调节货架、空间的装配式货架，可使仓库面积和仓库空间的利用率大幅度提高。

5．苫盖

垫垛的目的是使材料避免地面潮气自垛底侵入，并使垛底通风。露天货场存放的材料，除垫垛外，大多需要苫盖，以防止材料直接受雨、露、雪、风沙及阳光的侵蚀。苫盖用材料一般是：铁皮、席子、油毡纸、塑料布、苫布等。

苫盖方法有以下几种：

（1）就垛苫盖法：适用于屋脊形垛和大型包装物资的苫盖，如图 5-15 所示。

（2）席片鱼鳞苫盖法：将苫盖材料自货垛的底部逐渐向上围盖，如图 5-16 所示。

（3）席卷反转隔离苫盖法：当物资需要顶部或四周通风时，可将席子下部反卷来隔离苫垛，如图 5-17 所示。

图 5-14 轮胎架

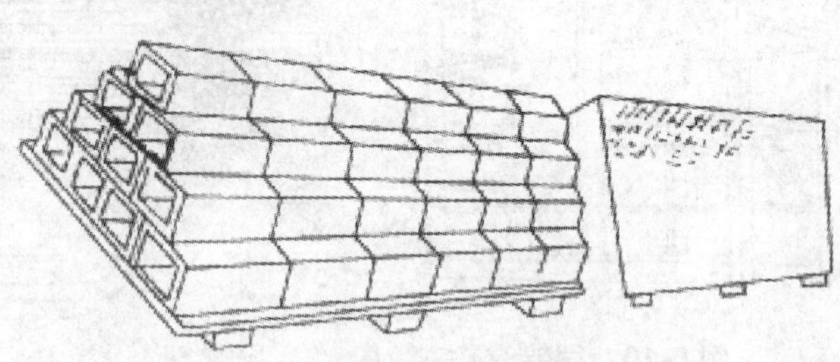

图 5-15 就垛苫盖法

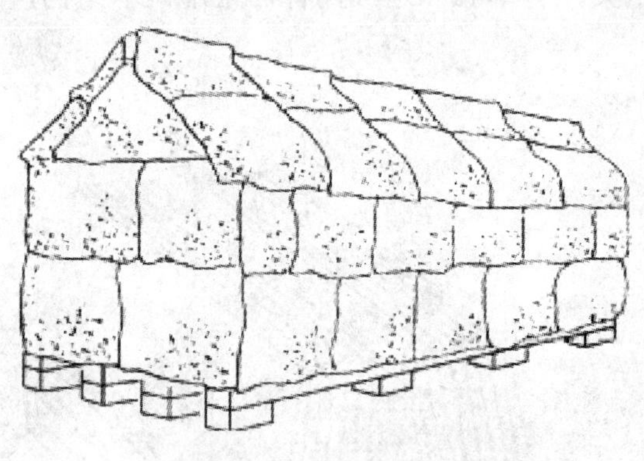

图 5-16 席片鱼鳞苫盖法

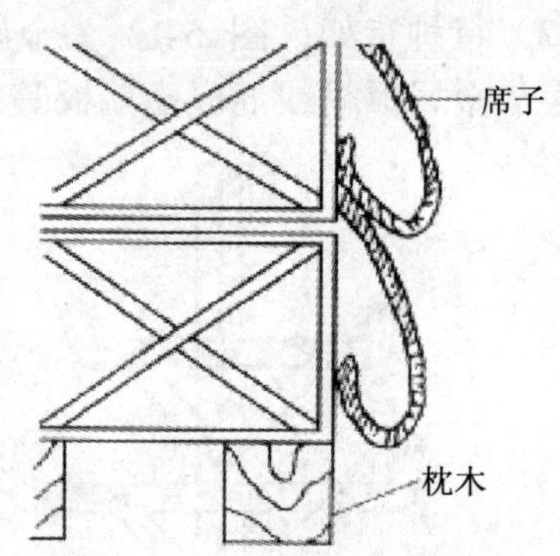

图 5-17 席卷反转隔离苫盖法

三、材料出库

材料出库是仓库根据用户的需要，将材料发送出去。材料的发运是储运工作直接与施工生产发生联系的一个环节。出库的快慢、好坏是衡量储运工作为生产服务优劣的一个重要标志。合理安排和组织发运工作，充分发挥工作人员及机械设备的能力，既能保证材料迅速、准确地出库发送，又能节约出库工作的劳动力和时间，有利于提高仓库的经济效果。

材料出库发运工作要求贯彻“先进先出”的原则：材料出库时，出库凭证和手续必须符合要求；材料的发运要及时、准确；发运材料时的包装要符合承运单位的要求。

材料出库应按下述程序和要求办理。

1. 发放准备

材料在出库前，应做好计量工具、装卸倒运设备、人力以及随货发出的有关证件的准备，提高材料的出库效率，防止忙中出错。

2. 核对凭证

材料出库凭证是发放材料的依据，要认真审核材料发往地点、单位，材料品种、规格、数量，签发人及签发部门和有效印章，确认所有凭证无误后，方可进行发放。非正式出库凭证一律不得发放。

3．备料

凭证经审核无误后，按凭证所列品种、规格、质量、数量准备材料。

4．复核

为防止发生发放差错，备料后必须复查。首先复查准备材料与出库凭证所列项目是否一致；然后复查发放后的材料实存数与账面结存数是否相符。

5．点交

无论是内部领料还是外部提料，发放人与领取人应当面点清交接。如果一次领不完的，应做出明显标记，以防差错，分清责任。

6．清理

材料发放出库后，应及时清理拆散的垛、捆、箱、盒，部分材料应恢复原包装，整理位置，登记账卡。

四、材料账务管理

1．记账凭证

（1）材料入库凭证：验收单、入库单、加工单等。

（2）材料出库凭证：调拨单、借用单、限额领料单、新旧转账单等。

（3）盘点、报废、调整凭证：盘点盈亏调整单、数量规格调整单、报损报废单等。

2．记账程序

（1）审核凭证：审核凭证的合法性、有效性。凭证必须是合法凭证，有编号，有材料收发动态指标；能完整反映材料经济业务从发生到结束的全过程情况。临时借条均不能作为记账的合法凭证。合法凭证要按规定填写齐全。如日期、名称、规格、数量、单位、单价、印章要齐全，抬头要写清楚，否则为无效凭证，不能据此记账。

（2）整理凭证：记账前先将凭证分类、分档排列，然后依次序逐项登记。

3．账册登记

根据账页上的各项指标自左至右逐项登记。已记账的凭证，应加标记；防止重复登账。记账后，对账卡上的结存数要进行验算，即上期结存+本项收入－本项发出=本项结存。

五、仓库盘点

1．盘点

仓库所保管的材料品种、规格繁多，计量、计算易发生差错，保管中发生的损耗、损坏、变质、丢失等情况都可能导致库存材料数量不符，质量下降。只有通过盘点，才能准确地掌握实际库存量，摸清质量状况，掌握材料保管中存在的各种问题，了解储备定额执行情况和呆滞、积压数量，以及利用、代用等挖潜措施的落实情况。

（1）定期盘点：指季末或年末对仓库保管的材料进行全面、彻底盘点。达到有物有账，账物相符，账账相符，并把材料数量、规格、质量及主要用途搞请楚。由于清点规模大，应先做好组织与准备工作，主要内容有：

1）划区分块，统一安排盘点范围，防止重查或漏查。

2）校正盘点用计量工具，统一印制盘点表，确定盘点截止日期和报表日期。

3）安排各现场、车间对已领未用的材料办理“假退料”手续，并清理成品、半成品、在线产品。

4）尚未验收的材料且具备验收条件的，抓紧验收入库。

5）代管材料应有特殊标志，另列报表，便于查对。

（2）永续盘点。对库房内每日有变动（增加或减少）的材料，当日复查一次，即当天对有收入或发出的材料，核对账、卡、物是否对口。这种连续进行的抽查盘点，能及时发现问题，便于清查和及时采取措施，是保证账、卡、物“三对口”的有效方法。永续盘点必须做到当天收发，当天记账和登卡。

2. 盘点中问题的处理

盘点时要对实际库存量和账面结存量进行逐项核对，并同时检查材料质量、有效期、安全消防及保管状况。编制盘点报告。

（1）盘点中数量出现盈亏，若盈亏量在国家和企业规定的范围之内时，可在盘点报告中反映，不必编制盈亏报告，经业务主管审批后，据此调整账务；若盈亏量超过规定范围时，除在盘点报告中反映外，还应填写“村料盘点盈亏报告单”（见表 5-4），经领导审批后再行处理。

表 5-4 材料盘点盈亏报告单

填报单位：　　　　年　　月　　日　　　　　　　　第　　号

材料名称	单位	账存数量	实存数量	盈（+）亏（−）数量及原因
部门意见				
领导批示				

（2）库存材料发生损坏、变质、降等级等问题时，填写“材料报损报废报告单”（见表 5-5），并通过有关部门鉴定损失金额，经领导审批后再根据批示意见处理。

表 5-5 材料报损报废报告单

填报单位：　　　　年　月　日　　　　　　编号

名称	规格型号	单位	数量	单价	金额
质量状况					
报损报废原因					
技术鉴定处理意见	负责人签章				
领导批示	签　章				

主管　　　　审核　　　　制表

（3）库房被盗或遭破坏，其丢失及损坏材料数量及相应金额，应专项报告，经保卫部门认真查核后，按上级最终批示做账务处理。

（4）出现品种规格混串和单价错误，在查实的基础上，经业务主管审批后按表 5-6 的要求进行调整。

（5）库存材料一年以上没有发出，列为积压材料。

表 5-6　材料调整单

仓库名称

项目	材料名称	规格	单位	数量	单价	金额	差额（+、－）
原列							
应列							
调整原因							
批示							

保管　　　　　　　　记账　　　　　　　　制表

六、库存量控制

建筑企业在实际施工生产过程中，材料是不均衡消耗和不等间隔、不等批量供应的。为保证施工生产有足够材料，必须对库存材料进行控制，及时掌握库存量变化动态，适时进行调整，使库存材料始终保持在合理状态下。库存量控制的主要方法有如下几种。

1．定量库存控制法

这是一种以固定订购点和订购批量为基础的库存控制法。当某种材料库存量降到规定的订购点时，立即提出订购，每次订购数量为最高储备量与订购点之间的差数。这种方法是使订购点和订购批量相对稳定，但订购周期随材料消耗情况而变化。如消耗速度增大时，订购周期缩短；消耗速度减小时，订购周期加大。这种方法的关键是确定一个合理的订购点。其计算公式

订购点=保险储备定额+备运时间材料需用量

2．定期库存控制法

这是一种以固定时间检查库存量和固定订购周期的库存量控制方法。这种方法使订购周期相对稳定，但每次的订购点都不一样，因此，订购批量也不相同。材料消耗速度增大时，订购点低，订购批量大；材料消耗速度减小时，订购点高，订购批量减小。确定订购批量的公式为

订购批量=最高储备－订购点实际库存－备运时间需用量

除上述两种控制方法外，企业也可用最高、最低储备量控制法；也可用储备资金作为衡量材料储备量的标准。

七、库存材料的装卸搬运组织

库存材料的装卸搬运是仓储作业的一个重要方面，是连接仓库各作业环节的纽带，贯穿于仓库作业的全过程。没有库存材料的装卸搬运，仓库作业的储存环节就无法实现，整个仓储生产过程就会中断，储运活动就会停止。

装卸搬运应遵循下列原则：确保质量第一；注重提高效率；组织安全生产；讲究经济效益。

1. 装卸搬运的合理化

（1）减少装卸搬运次数，提高一次性作业率。材料在储运过程中，往往要经过多道工序，需经常装卸。装卸搬运次数的增加不但不能增加材料的使用价值，反而会减少其使用价值，增加装卸搬运的费用支出，因此，要尽可能地减少装卸搬运次数。为了提高装卸搬运的一次性作业率，需要做好以下几个方面的工作：

1）对库区进行合理规划，使仓库建筑布局合理，交通专用线通到货场和主要库房，库区道路要通到每个存料地点。

2）仓库建筑物要有足够的跨度和高度，要有便于装卸搬运设备进出的库门，前后对称设置，主要库房应安装装卸设备。

3）露天货场应安装装卸设备，直接用于装卸车辆上材料，完成货场存料的一次性作业。

4）尽量选用机动灵活、适应性强的通用设备，如叉车等，既能装卸，又能搬运，可完成包装成件材料的一次性作业。

5）采用地磅或自动计量设备，如使用动态电子秤，在装卸作业的同时就能完成检斤计量工作，无须再次过磅。

6）在组织管理方面，应加强材料出入库的计划性，做好人员和设备的调度指挥。

（2）提高装卸搬运的活性指数。这就是要让材料处于容易装卸搬运的状态。一般来说，材料放在输送带上最容易装卸搬运，也就是其活性指数最高，放在车辆上次之，而放在地上的材料，其装卸搬运的活性指数量低。因此，要根据实际情况，尽可能提高材料装卸搬运的活性指数。

（3）实现装卸搬运的省力化。材料的装卸搬运是属于体力劳动，要使材料装卸搬运合理化，必须在提高机械化作业水平的同时，实现装卸搬运的省力化。如充分利用材料本身的自重，来减小搬运中的阻力；减少或消除垂直搬运等。

（4）组织文明装卸。文明装卸的核心是确保装卸质量，在货物装卸过程中尽量减少或避免损坏。要做到文明装卸，先要提高装卸人员的素质，增强他们的责任心。同时，要增加装卸设备，不断提高机械化作业水平。

2. 实现装卸搬运的机械化

实现装卸搬运机械化，可以大大提高作业效率，改善劳动条件，缩短装卸时间，加速运输工具的周转，有利于确保装卸材料的完整无损和作业安全，并可以有效地利用仓库空间。

实现装卸搬运机械化，应从企业的实际出发，必须有计划、有步骤地进行。要根据实际需要和可能，先从劳动强度大、劳动条件差的作业项目入手，认真做好设备的选型。要根据仓库作业的特点，选用机动灵活、适应性强、活动范围大、一机多能的装卸搬运设备，并配备各种不同用途的属具和索具。为使设备经常处于良好的技术状态，提高设备利用率，必须加强设备的管理，做好设备的维护保养。同时，注重设备的技术改造，提高设备的作业能力。要加强对设备使用和管理人员的培训，不断提高他们的技术业务水平。

对成件包装货物的装卸搬运，一般采用叉车和输送机，在储存大批量成件包装货物的仓库中，还可以采用巷道堆垛起重机、桥式堆垛起重机以及其他专用的装卸搬运机械。

对于长、大、笨重货物，为实现装卸搬运机械化，主要采用龙门起重机、桥式起重机、轮胎起重机和汽车起重机。在露天货场安装龙门起重机比较适宜；在库房内安装桥式起重机较适宜。此外，为完成其他地点的装卸作业，还必须配备能自由移动的轮胎式或履带式起重机，与运输机械配合使用。

对于散装货物，主要考虑装车及卸车的机械化问题。装车一般是利用滑溜化设备或利用地面装车机械。前者包括储仓和滑坡仓；后者包括抓斗起重机、装载机、胶带输送机及链斗装车机等。卸车最有效的途径是采用自卸车辆，如底开门车、漏斗车、翻斗车。对于敞车可用链斗卸车机、抓斗起重机；一侧卸载机械有螺旋卸车机、机械铲、推铲等。

对于液态货物，如油料，只要将鹤管、输油管路、油泵、过滤器、计量器及各种阀门等按照一定的要求组合起来，就能构成一个液态货物收发系统，实现装卸搬运机械化。

八、仓储管理的现代化

1. 主要内容

仓储管理现代化的内容主要包括：仓储管理人员的专业化、仓储管理方法的科学化及仓储管理手段的现代化。

2. 主要工作内容

实现仓储管理现代化应做好如下工作：

（1）重视和加强仓储管理人员的培养、教育和提高。建成一支具有现代科学知识、管理技术、专门从事仓库建设及管理的队伍，使仓储各级管理人员专业化。

（2）按照客观规律的要求和最新科技成果管理好仓储生产。针对仓储生产的特点，不断把先进的技术及管理方法应用于仓储管理，使仓储管理方法科学化。

（3）充分利用计算机及其他先进的信息管理手段，指挥、控制仓储业务管理、库存管理、作业自动化管理及信息处理等，使仓储管理手段日趋现代化。

第六章　材料核算管理

材料核算是企业经济核算的重要组成部分。所谓材料核算就是用货币或实物数量形式，按照价值规律的要求，对建筑企业材料管理工作中的申请、采购、供应、储备、消耗等项业务的经营活动进行记录、计算、控制、监督、分析、考核和比较，反映经营成果。

为了实现材料核算，首先，要建立和健全材料核算的管理体制，使材料核算的原则贯穿于材料供应和使用的全过程。要做到干什么、算什么，人人讲究经济效果，积极参加材料核算和分析活动。

其次，要建立健全核算管理制度。要明确各部门、各类人员以及基层班组的经济责任，制定材料申请、计划、采购、保管、收发、使用的办法和核算程序，把各项经济责任落实到部门、专业人员和班组。

最后，要有比较坚实的经营管理基础工作，主要包括材料消耗定额、原始记录、计量检测报告、清产核资资料和预算价格等。

第一节　工程费用组成及成本核算

一、工程费用的组成

按国家现行有关文件规定，建筑安装工程费由直接费、间接费和法定利润组成。现行的施工独立费中的各项费用属于直接费性质的并入其他直接费；属于间接费性质的并入其他间接费；属于其他费用性质的列为工程建设其他费用。

1. 直接费

直接费由人工费、材料费、施工机械使用费和其他直接费组成。

（1）人工费，是按列入预算定额的直接从事建筑安装工程的施工工人和附属生产单位工人的人工数，与其相应的基本工资、附加工资和工资性质的津贴计算出的费用。

（2）材料费，是按列入概算定额的材料、构件、零件和半成品的用量，以及周转材料的摊销量和与其相应的预算价格计算出的费用。

（3）施工机械费，是按列入概算定额的施工机械台班量和台班费用定额计算的建筑安装工程施工和机械使用费、其他机械使用费和施工机械进出场费计算出的费用。

（4）其他直接费，指概算定额分项中和间接费定额规定以外的现场施工生产用水、电，冬雨季施工，脚手架，大中小型机械使用费，高层建筑超高费，生产工具使用费，检验试验费，工程定位复测点交费及竣工清理费，排污费，预拌混凝土增加费，特殊工程技术培训费和因场地狭小等特殊情况而发生的材料二次搬运费等。

2. 间接费

间接费由施工管理费和其他间接费组成。

（1）施工管理费，包括工作人员工资，生产工人辅助工资，工资附加费，办公费，差旅交通费，固定资产折旧、修理费，工具用具摊销费，劳动保护费，劳动保险费，职工教育经费，共青团经费，利息支出，职工福利基金、工会经费，业务招待费，住房公积金，大病统筹基金，养老统筹基金，失业保险金，残疾人保障金等。

（2）其他间接费，包括临时设施费和现场经费。临时设施费，包括临时设施搭设、维修、拆除费或摊销费，施工期间专用公路养护费、维修费；现场经费，指项目经理部组织工程施工过程中所发生的费用，如工作人员工资、办公费、差旅交通费、低值易耗品摊销费、劳动保护费、业务招待费等。

3. 法定利润

法定利润是指按照国家规定计入工程造价的利润。

二、工程成本的一般分析

工程成本按其在成本管理中的作用有三种表现形式。

1. 预算成本

预算成本是根据构成工程造价的各个要素，按统一规定编制施工图预算的方法，来确定工程的预算成本和工程造价。它是考核企业成本水平的重要标尺，也是结算工程价款、计算工程收入的重要依据。

2. 计划成本

企业为了加强成本管理，在施工生产中有效地控制生产耗费，所确定的工程计划成本。计划成本是根据施工图预算，结合单位工程的施工组织设计和技术组织措施计划、管理费用计划来确定的。它是结合企业实际情况确定的工程成本控制额，是企业降低消耗的奋斗目标，是控制和检查成本计划执行情况的依据。

3. 实际成本

实际成本是企业完成建筑安装工程实际应计入工程成本各项费用的总额。它是企业生产耗费的综合反映，也是企业经济效益的综合反映。

工程成本的一般分析，首先，将工程的实际成本与预算成本比较，是节约还是超支。其次，将工程的实际成本与计划成本比较，检查企业执行成本计划的情况，考察实际成本是否控制在计划成本之内。无论是预算成本和计划成本，都要从工程成本总额和成本项目两个方面进行考核。成本项目数值的变动，是成本总额变动的原因；成本总额的变动，是成本项目数值变动的结果。在考核成本变动时，要借助成本降低额（预算成本降低额、计划成本降低额）和成本降低率（预算成本降低率、计划成本降低率）两个指标。前者用于反映成本节约与超支的绝对额；后者反映成本节约与超支的幅度。

通过对工程成本的一般分析，对企业的工程成本水平和执行成本计划的情况作出初步评价，并为深入进行成本分析，查明成本升降的原因指明方向。

三、工程成本材料费的核算

工程材料费的核算，主要依据建筑安装工程（概）预算定额和地区材料预算价格。

因而，在工程材料费的核算管理上，也反映在这两个方面：一是建筑安装工程（概）预算定额规定的材料定额消耗量与施工生产过程中材料实际消耗量之间的“量差”；二是地区材料预算价格规定的材料价格与实际采购供应材料价格之间的“价差”。工程材料成本的盈亏主要核算这两个方面。

1. 材料的量差

材料部门应按照定额供料，分单位工程记账，分析节约与超支，促进材料的合理使用，降低材料消耗水平。做到对工程用料、临时设施用料和非生产性其他用料，区别对象，划清成本项目。对于属于费用性开支的非生产性用料，要按规定掌握，不得记入工程成本。对供应两个以上工程同时使用的大宗材料，可按定额及完成的工程量进行比例分配，分别记入单位工程成本。

为了抓住重点，简化基层实物量的核算，根据各类工程用料特点，结合班组核算情况，可选定占工程材料费用比重较大的主要材料，如土建工程中的钢材、木材、水泥、砖瓦、砂、石、石灰等品种核算分析，施工队建立分工号的实物台账，一般材料则按类核算，掌握队、组用料节约与超支情况，从而找出定额与实耗的量差，为企业进行经济活动分析提供资料。

2. 材料的价差

材料价差的发生，与供料方式有关。供料方式不同，价差的处理方法也不同。由建设单位供料，按地区预算价格向施工单位结算，价格差异则发生在建设单位，由建设单位负责核算。施工单位包料、按施工图预算包干的，价格差异发生在施工单位，由施工单位材料部门进行核算，所发生的材料价格差异，按有关规定列入工程成本的预算包干费或三差费，向建设单位收取。

其他耗用材料，如属机械使用费、施工管理费、其他直接费开支用料，也由材料部门负责采购、供应、管理和核算。

第二节 材料核算内容及方法

一、材料采购核算

材料采购核算，是以材料采购预算成本为基础，与实际采购成本相比较，核算其成本的降低或超耗程度。

1. 材料采购实际价格

材料采购实际成本是材料在采购和保管过程中所发生的各项费用的总和。它由材料原价、供销部门手续费、包装费、运杂费、采购保管费构成。

通常市场供应的材料由于产地不同，造成产品成本不一致，运输距离不等，质量也不同。因此，在材料采购或加工订货时，要注意材料实际成本的核算，做到在采购材料时作各种比较，即同样的材料比质量，同样的质量比价格，同样的价格比运距，最后核算材料成本。尤其是地方大宗材料的价格组成，运费占较大比重，通常应就地取材，以减少运输费用和管理费用。

材料实际价格，是按采购（或委托加工、自制）过程中所发生的实际成本计算的单价。

通常按实际成本计算价格可采用以下两种方法：

（1）先进先出法。指同一种材料每批进货的实际成本各不相同时，按各批不同的数量及价格分别记入账册。领用时，以先购入的材料数量及价格先计价核算工程成本，按先后顺序依次类推。

（2）加权平均法。指同一种材料在发生不同实际成本时，按加权平均法求得平均单价。下批进货时，又以余额（数量及价格）与新购入材料的数量、价格作新的加权平均计算，得出新的平均价格。

2．材料预算（计划）价格

材料预算价格是由地区建筑主管部门颁布的，以历史水平为基础，并考虑当前和今后的变动因素，预先编制的一种计划价格。

材料预算价格是地区性的，是根据本地区工程分布、投资数额、材料用数，材料来源地、运输方法等因素综合考虑，采用加权平均的计算方法确定的。同时，对其使用范围也有明确规定，在地区范围以外的工程，则应按规定增加远距离的运费差价。材料预算价格由下列费用组成：材料原价、供销部门手续费、包装费、运杂费、采购及保管费。材料预算价格计算公式如下。

材料预算价格=（材料原价+供销部门手续费+包装费+运杂费运输损耗费）×（1+采购及保管费率）－包装材料回收价值

（1）材料原价的确定原则和计算。对计划分配的统配和部管物资，按国务院各主管部门规定的现行出厂价格计算。

对地方分配的工业产品，按地方主管部门批准的出厂价格计算。如地方生产的砖、瓦、砂、石、石灰以及水泥、钢材等，均按地方工业部门规定的出厂价格确定。

对国内生产的非统一调拨材料，如市场采购的门窗五金、水暖电器、化工油漆、低值易耗品等，按当地国营商业部门的现行批发价格，并根据本地区实际供应量考虑一部分零售价格确定；对企业自销产品，按主管部门批准的现行出厂价计算；对构件、成品或半成品，由建设单位、生产部门或由施工单位主管部门所属独立核算的加工企业生产供应的，均按其主管部门批准的现行计划价格计算；季节和非常年生产的产品，按全年平均现行价格计算。

由国家或地方外贸部门购进的国外材料，按国家批准的进口材料调拨价计算。单独引进的成套供应材料，对外订有合同的工程，要单独计算价格，并将海关征收的工商费和加工过程的损耗，均计入材料原价内。

对同一种材料，因产地供应单位或包装不同，有几种价格时，应按不同供应量的比例，以加权平均法计算其综合原价。

（2）供销部门手续费的计算。凡通过物资供销部门供应的材料，都要按规定的费率，计算供销部门手续费。如果供销部门已将此项手续费包括在材料原价内，就不能再计算此项费用。

目前，我国各地区大部分执行国家经委规定的收费率，供销部门手续费率见表6-1。

表 6-1 供销部门手续费率

序号	材料类别	费率/%	备注
1	金属材料	2.5	包括黑色金属、有色金属、生铁等
2	机电材料	1.8	二类机电、仪器、仪表等
3	化工材料	2	酸、碱、橡胶及制品等
4	木材	3	竹、木等及胶合板
5	轻工产品	3	
6	建筑材料	3	包括一、二、三类物资

（3）材料包装费的计算。包装费是为了便于材料的运输或为保护材料而进行包装所需要的费用，包括水运、陆运及运输中的支撑、篷布等。如由生产厂负责包装，其费用已计入材料原价内的，则不再计算，但应扣回包装的回收价值。

包装材料的回收价值，按地区主管部门规定计算，如无规定，可参照下列比率结合地区实际情况确定：

1）用木制品包装者，回收价值按包装原价的 20%计算。

2）用铁皮、铁丝制品包装的回收量：铁桶为 95%；铁皮 50%；铁丝 20%。回收价值按包装材料原价的 50%计算。

3）用纸皮、纤维品包装的，回收量为 50%，回收价值按包装材料原价的 50%计算。

4）用草绳、草袋制品包装的，不计算回收价值。

包装材料回收价值计算公式

包装材料回收价值=包装品（材料）原价×回收量（%）×回收率（%）

（4）材料运杂费的计算和确定。材料的运杂费应按所选定的材料来源地、运输工具、运输方式、运输里程和交通运输部门规定的运价费率标准进行计算。

材料运杂费包括以下内容：产地到车站、码头的短途运输费；火车、船舶的长途运费；调车及驳船费；多次装卸费；有关部门附加费；合理的运输损耗。

材料的运输费用应根据各地区建设工程分布情况，考虑材料的产地、运输距离、运输方法、运输工具和国家或地方规定的运价标准，采用加权平均法计算。工程用大宗材料，如钢材、木材、水泥、砖、瓦、砂、石等，一般应按整车计算运费，也可考虑一部分零担和汽车长途运输费用。整车和零担的比例，要结合资源分布、运输条件和供应情况，研究确定。

（5）采购及保管费确定。其计算公式是

采购及保管费=（材料原价+供销部门+包装费+运输费）×采购及保管费率

国家经济贸易委员会规定：综合采购及保管费率为 2.5%。

3. 材料采购成本的考核

材料采购成本可以从实物量和价值量两方面进行考核。单项品种的材料在考核材料采购成本时，可以从实物量形态考核其数量上的差异。但企业实际进行采购成本考核，往往是分类或按品种综合考核“节约”与“超支”。通常考核指标为材料采购成本降低率。

材料采购成本降低（超耗）率按下式计算：

材料采购成本降低（超耗）率=材料采购成本降低（超耗）额/材料采购预算成本×100%

【例 6-1】某企业第四季度从 4 个产地采购 4 批中砂，A 批 160m³，每立方米采购成本 23 元；B 批 190m³，每立方米采购成本 24 元；C 批 300m³，每立方米采购成本 22 元；D 批 220m³，每立方米采购成本 24 元。中砂的地区预算单价为 25 元/m³。求中砂采购成本的降低率。

解：

中砂平均（加权）成本（元/m³）=（160×23+190×24+300×22+220×24）/（160+190+300+220）=23.1（元/m³）

中砂采购成本降低额=（25－23.1）×870=1 653（元）

中砂采购成本降低率=（1 653/25/87）×100%=7.6%

该企业采购中砂共 4 批 870t，共节约采购费用 1 653 元，成本降低率达到 7.6%。

二、材料供应核算

材料供应计划是组织材料供应的依据。它是根据施工生产进度计划、材料消耗定额等编制的。施工生产进度计划确定了一定时间内应完成的工程量，而材料供应量是根据工程量乘材料消耗定额，并考虑库存、合理储备、综合利用等因素，经平衡后确定的。因此，按质、按量、按时、配套供应各种材料，是保证施工生产正常进行的基本条件之一。对材料供应计划执行情况的考核主要是材料的收入执行情况，以及材料对生产的保证程度。

1．检查材料收入量是否充足

这项工作是用于考核材料在某一时期供应计划的完成情况，计算公式为

材料供应计划完率=（年实际收入量/计划收入量）×100%

表 6-2 是某施工单位供应材料考核情况。

表 6-2　某施工单位供应材料考核情况

材料名称	规格	单位	进料来源	进料方式	进料数量		实际完成情况/%
					计划	实际	
水泥	42.5 级	t	××水泥厂	卡车运输	390	429	110
黄砂		t	材料公司	卡车运输	780	663	85
碎石	5～40mm	t	材料公司	航运	1 560	1 632	105

检查材料的供应量是保证生产完成和施工顺利进行的重要条件，如果供应量不足，就会在一定程度上造成施工生产的中断，影响施工生产的正常进行。

2．检查材料供应的及时性

在检查考核材料供应计划执行情况时，还可能出现材料供应数量充足，却由于材料供应不及时而影响施工生产正常进行的情况。所以，还应检查材料供应的及时性，需要把时间、数量、平均每天需用量和期初库存量等资料联系起来考察。从表 6-2 中可以看到水泥供应完成情况较好，为 110%，从供应总量上看满足了施工生产的需要。但从表 6-3

中可以看到，水泥供应时间很不及时，几乎大部分水泥的供应时间集中在中下旬，影响了上旬施工生产的正常进行。

表 6-3 某单位 7 月份水泥供应及时性考核 单位：t

进货批数	计划需用量		月初库存量	计划收入		实际收入		完成计划/%	对生产保证程度		备注
	本月	平均每日用量		日期	数量	日期	数量		按日数计	按数量计	
	390	15	30						2	30	
第一批				1	80	5	45		3	45	
第二批				7	80	14	105		7	105	
第三批				13	80	19	120		8	120	
第四批				19	80	27	159		3	45	
第五批				25	70						
					390		429	110	23	345	

注：1. 在计算全月工作天数时，一般以当月的日历天数扣除星期休假日进行计算，7 月份日历天数为 31d；7 月 2 日为星期日；全月共占 5 个休假日。

实际工作=31－5=26（d）。

2. 平均每日需用量的计算：全月需用量/实际工作天数=390/26=15（t/d）。

3. 第一批、二批、三批供货（扣除星期休假日）可延续至 27 日，第四批 27 日供货的 159t，实际起保证作用的只有 28、29 和 31 日三天（30 日为星期日）。

从表 6-3 可以看出，由于供货不均衡，月初需用的材料却集中于后期供应，其结果造成了工程发生停工待料现象，实际收入总量 429t，但能及时用于生产建设的只有 345t，停工待料 3d。材料供应及时性的计算公式如下：

本月供货及时性率=（实际供货对施工生产具有保证天数/全月实际工作天数）×100%

代入表 6-3 中的数据后得

本月供货及时性率=23/26×100%=88.46%

三、材料储备核算

为了防止材料积压或不足，保证生产的需要，以加速资金周转，企业必须经常检查材料储备定额的执行情况，分析是否超储或不足。

1. 储备实物量的核算

储备实物量的核算是对实物周转速度的核算。核算材料对生产的保证天数及在规定期限内的周转次数和每周转一次所需天数。

计算公式如下：

材料储备对生产的保证天数=期末库存量/每日平均材料消耗量

材料周转次数=材料年度消耗量/平均库存量

材料周转天数=（平均库存量×全年日历天数）/材料年度消耗量

【例 6-2】某建筑企业核定黄砂最高储备天数为 5.5d，某年度 1～12 月耗用黄砂 149 328t，其平均库存量为 3 360t，期末库存为 4 100t。计算其实际储备天数对生产的保证程度及超储或不足供应现状。

解：实际储备天数=（平均库存量×全年日历天数）/年度消耗量

=（3 360×360）/149 328=8.1（d）

对生产的保证天数=（4 100×360）/149 328=9.88（d）

黄砂超储情况：

超储天数=报告期实际储备天数－核定最高生产储备天数

= 8.1－5.5=2.6（d）

超储数量=超储天数×平均日耗量=2.6×149 328/360=1 078.48（t）

2．储备价值量的核算

价值形态检查的考核，是把实物数量乘以材料单价，用货币单位进行综合计算。其好处是能将不同质量、不同价格的各类材料进行最大限度地综合，它的计算方法除上述的有关周转速度（周转次数、周转天数）均为适用外，还可以从百元产值占用材料储备资金情况及节约使用材料资金方面进行计算考核。计算公式为：

百元产值占用材料储备资金=（定额流动资金中材料储备资金平均数/年度建安工作量）×100%

流动资金中材料资金节约使用额=（计划周转天数－实际周转天数）×（年度材料耗用总额/360）

【例 6-3】 某建筑企业全年完成建安工作量 1 168.8 万元，年度消耗材料总量为 888.29 万元，其平均库存量为 151.78 万元。核定周转天数为 70d。计算该企业实际周转次数、周转天数、百元产值占用材料储备资金及节约材料资金等情况。

解：周转次数=全年材料总耗量/平均库存量=888.29/151.78=5.85（次）

周转天数=（平均库存量×全年日历天数）/全年材料总耗量=

151.78×360/888.29=61.51d

百元产值占用材料储备资金=151.78/1 168.8×100%=12.99%

流动资金节约额=（70－61.51）×888.29/360=20.95（万元）

四、材料消耗量核算

检查材料消耗情况，主要用材料的实际消耗量与定额消耗量进行对比，反映材料节约或浪费情况。现就几种材料考核情况介绍如下。

（1）核算某项工程某种材料的定额消耗量与实际消耗量，按如下公式计算材料节约、（超耗）量：

某种材料节约（超耗）量=某种材料定额耗用量－该项材料实际耗用量

上式计算结果为正数时，则表示节约；反之，计算结果为负数时，则表示超耗。

某种材料节约（超耗）率=［某种材料节约（超耗）量/该种材料定额耗用量］×100%

同样，式中正百分数为节约率；负百分数为超耗率。

【例 6-4】某工程浇筑墙基，用 C20 混凝土，每立方米定额用 425 号水泥 245kg，共浇筑 23.6m³，实际耗用水泥 5 024kg。求水泥节约量和节约率。

解：水泥节约量=245×23.6－5 024=758（kg）

水泥节约率=（758/245/23.6）×100%=13.1%

（2）核算多项工程某种材料节约或超耗的计算式同前。

某种材料的定额耗用量的计算式为：

某种材料定额耗用量=Σ（材料消耗定额×实际完成的工程量）

【例 6-5】某工程浇筑混凝土和砌墙工程均需使用黄砂，工程资料详见表 6-4。

由表 6-4 可以看出，两项工程合计节约黄砂 0.64t，其节约率为 2.8%。如果作进一步分析检查，则砌墙工程节约黄砂 3.98%，计 0.735t，混凝土工程超耗黄砂 5.91%，计 0.095t。

核算一项工程使用多种材料的消耗情况时，由于使用价值不同，计量单位各异，不能直接相加进行考核。因此，需要利用材料价格作同度计量，用消耗量乘材料价格，然后求和对比。公式如下：

材料节约（+）或超支（－）额=Σ 材料价格×（材料定额耗量－材料实耗量）

表 6-4　工程资料

分部分项工程名称	完成工程量/m³	定额单耗/t	限额用量/t	实际用量/t	节约（+）超支（－）量/t	节约（+）超支（－）率/%
M5 砂浆砌外半墙	65.4	325	21.255	20.520	+0.735	+3.98
现浇 C20 混凝土圈梁	2.45	656	1.607	1.702	－0.095	－5.91
合计			22.862	22.222	+0.640	+2.80

【例 6-6】某施工单位以 M5 混合砂浆砌筑一个砖外墙工程，共 100m³，材料定额耗用量及实际耗用量核算情况见表 6-5。

表 6-5　材料定额耗用量及实际耗用量核算情况

材料名称规格	单位	消耗数量		材料计划价格/元	消耗金额/元		节约（+）超支（－）量/t	节约（+）超支（－）率/%
		应耗	实耗		应耗	实耗		
325 号水泥	kg	4 746	4 350	0.293	1 390.58	1 274.55	+116.03	+8.34
黄砂	kg	33 130	36 000	0.028	927.64	1 008	－80.36	－8.06
石灰膏	kg	3 386	4 036	0.101	341.99	407.64	－65.65	－19.20
标准砖	块	53 600	53 000	1.222	11 899.2	11 766	+133.2	+1.12
合计					14 559.41	14 456.19	+103.33	+0.71

检查多项分项工程使用多种材料的消耗情况时，用单位工程的材料消耗情况，综合后得出全部工程项目耗用材料的情况，详见表 6-6。

表 6-6　全部工程项目耗用材料情况

工程名称	工程量		材料		材料单耗		材料价格/元	材料费用/元	
	单位	数量	名称	单位	实际	定额		按实际计	按定额计
C10 基础加固混凝土	m³	18.1	325 号水泥	kg	187	194	0.293	991.72	1 028.84
			黄砂	kg	578	581	0.028	292.93	294.45
			5～40mm 碎石	kg	1 034	1 050	0.021 6	404.25	410.51
			大石块	kg	473	450	0.024	205.47	195.48
C20 基础钢筋混凝土	m³	36.42	325 号水泥	kg	246	254	0.293	2 625.08	2 710.45
			黄砂	kg	607	615	0.028	618.99	627.15
			5～40mm 碎石	kg	1 292	1 320	0.021 6	1 016.38	1 038.41
合计								6 154.82	6 305.29

五、周转材料的核算

由于周转材料可多次反复使用于施工过程，所以，其价值的转移方式也不同于材料的一次转移，而是分多次转移，通常称摊销。周转材料的核算是以价值量核算为主要内容，核算其周转材料的费用收入与支出的差异。

（1）费用收入。周转材料的费用收入是以施工图为基础，以概（预）算定额为标准，随工程款结算而取得的资金收入。

在概算定额中，周转材料的取费标准是根据不同材质综合编制的，在施工生产中无论实际使用何种材质，取费标准均不予调整（主要指模板）。

以脚手架和模板工程为例：

1）工业与民用建筑脚手架，分为单层建筑脚手架、现浇预制框架建筑脚手架、其他建筑脚手架。除烟囱、水塔脚手架外，其他均按建筑面积计算。定额中分为综合脚手架、单排及双排架子、满堂红架子等 9 项共 17 个子项，每个子项都规定了取费标准，分别按建筑面积和投影面积计取费用。

2）模板工程分为基础、梁、墙、台、柱等不同部位，每一操作项目规定有不同的费用标准，以每立方米混凝土量为单位计取费用。在每项费用中均已包括了板、零件和钢支撑的费用。

（2）费用支出。周转材料的费用支出是根据施工工程的实际投入量计算的。在对周转材料实行租赁的企业，费用支出表现为实际支付的租赁费用；在不实行租赁制度的企业，费用支出表现为按照上级规定的摊销率所提取的摊销额。计算摊销额的基数为全部拥有量。

（3）费用摊销。费用摊销有如下几种方法：

1）一次摊销法：指一经使用，其价值即全部转入工程成本的摊销方法。它适用于与主件配套使用并独立计价的零配件等。

2）“五五”摊销法：指投入使用时，先将其价值的一半摊入工程成本，待报废后再将另一半价值摊入工程成本的摊销方法。它适用于价值偏高，不宜一次摊销的周转材料。

3）期限摊销法：是根据使用期限和单价来确定摊销额度的摊销方法。它适用于价值较高、使用期限较长的材料。计算方法如下：

首先，计算各种周转材料的月摊销额，公式如下：

某种周转材料的月摊销额（元）=［该种周转材料采购原价－预计残余价值（元）］/（该种周转材料采购价（元）×12（月）

然后，计算各种周转材料月摊销率，公式如下：

某种周转材料的月摊销率（%）=Σ［（周转材料采购原价（元）×该种周转材料摊销率（%）］

六、工具的核算

在施工生产中，生产工具费用约占工程直接费的 2%。工具费用摊销常用以下三种方法：

（1）一次摊销法：指工具一经使用其价值即全部转入工程成本，并通过工程款收入得到一次性补偿的核算方法。它适用于消耗性工具。

（2）“五五”摊销法：与周转材料中的“五五”摊销法一样。

（3）期限摊销法：指按工具使用年限和单价确定每次摊销额度，多次摊销的核算方法。在每个核算期内，工具的价值只是部分地进入工程成本并得到部分补偿。它适用于固定资产工具及价值较高的低值易耗工具。

题 库

一、判断题（判断下列各题对错，正确的画√，错误的画×）

1. 如果材料是比较密实的（如石子、砂子等），可不必磨成细粉，而直接用排水法求得其绝对体积的近似值。这样所得的密度称为表观密度。（ ）

2. 凡含孔隙的固体材料其密实度均小于1。（ ）

3. 具有封闭或粗大孔隙的材料，它的吸水率往往较小。（ ）

4. 材料的抗冻性用软化系数表示。（ ）

5. 材料的渗透系数越大，表明材料的抗渗性越好。（ ）

6. 材料对火焰和高温的抵抗力称为材料的耐热性。（ ）

7. 材料的弹性变形与荷载成正比。（ ）

8. 石灰一般不宜单独使用，通常掺入一定量的骨料（砂）或纤维材料（纸筋、麻刀等）。以提高抗拉强度，抵抗收缩引起的开裂。（ ）

9. 我们通常用沸煮法检验水泥的体积安定性。（ ）

10. 体积安定性不合格的水泥，只能用做临时建筑的使用。（ ）

11. 粉煤灰水泥与矿渣水泥、火山灰水泥相比早期强度更低，水化热低、抗碳化能力更差。（ ）

12. 即使储存条件良好，存放6个月强度降低20%～30%。存期超过6个月为过期水泥，应重新检测决定如何使用。（ ）

13. 水泥强度的选择水泥强度应当与混凝土的设计强度等级相适应。通常水泥强度等级为混凝土强度等级的1.5～2倍为宜。（ ）

14. 一般用粗砂拌制的混凝土比用细砂所需的水泥浆多。（ ）

15. 坍落度适用于骨料最大粒径不超过40mm，维勃稠度在5～30s之间的混凝土拌合物。（ ）

16. 在混凝土拌合物中掺入不超过水泥质量10%，且能使混凝土按要求改变性质的物质，称混凝土的外加剂。（ ）

17. 减水剂是目前国内外使用量最大，效果最好的混凝土外加剂。（ ）

18. 氯盐类防冻剂适用于预应力钢筋混凝土工程。（ ）

19. 速凝剂掺入混凝土后，能使混凝土在5min内初凝，10min内终凝，1h就可产生强度，1d强度提高2～3倍，但后期强度会下降，28d强度约为不掺时的80%～90%。（ ）

20. 外加剂的掺量很少，必须保证其均匀分散，对于可溶于水的外加剂，应先配成一定浓度的溶液，随水加入搅拌机；对不溶于水的外加剂可直接加入混凝土搅拌机内搅拌。（ ）

21. 当采用非标准尺寸试件进行强度评定时，应将其抗压强度折算为标准试件抗压强度。（ ）

22. 轻钢龙骨石膏板隔墙多用在公共场所的隔墙，但是不能在轻钢龙骨石膏板隔墙上钉钉子。（ ）

23. 钢丝网架水泥夹芯板是以细陶粒为轻质硬骨料，以快硬水泥为胶凝材料，内配置双层镀锌低碳冷拔钢丝网片，采用成组立模成型，大功率振动平台集中振动，单元式蒸养窑低温蒸汽养护而成。（ ）

24. 低碳钢的屈服现象不明显，难以测定屈服点，规定产生残余变形为原标距长度的 0.2%时所对应的应力值，作为硬钢的屈服强度。（ ）

25. 钢材的屈强比越大，表示钢材受力超过屈服点时，仍有较大的储备潜力，安全可靠性大。（ ）

26. 冲击韧性指钢材抵抗冲击荷载作用而不破坏的能力，其指标为冲击功。（ ）

27. 钢材在交变荷载反复多次作用下，可在最大应力远高于屈服强度的情况下突然破坏，这种破坏称为疲劳破坏。（ ）

28. 冷拉是将光面圆钢筋通过硬质合金拔丝模孔强行拉拔。（ ）

29. Q215 号钢，强度低，塑性和韧性较好，易于冷加工，经冷加工后可代替 Q235 号钢使用。（ ）

30. 热轧、冷轧钢板均有厚板（厚度大于 4mm）和薄板（厚度小于 4mm）两种。（ ）

31. 钢筋混凝土的防锈应考虑限制水灰比和水泥用量，限制氯盐外加剂的使用，并采取措施保证混凝土的密实性，还可以采用掺加防锈剂（如重铬酸盐等）的方法。（ ）

32. 沥青中的油分决定石油沥青温度敏感性并影响黏性的大小，其含量越多，则温度敏感性越小，黏性越大，也越硬脆。（ ）

33. 对于半固态或固态的黏稠石油沥青的黏度用标准黏度计测定其黏滞度。（ ）

34. 沥青的软化点越高，表示沥青耐热性越好，温度敏感性越大，则沥青温度稳定性越差。（ ）

35. 沥青的大气稳定性可用“加热损失的百分率”表示，也可用沥青材料加热前后针入度的比值表示。（ ）

36. SBS 树脂在建筑上主要用于沥青的改性。（ ）

37. 丁腈橡胶具有良好的耐热性、耐老化性、耐磨性、耐腐蚀性和不透水性。但其耐寒性和耐酸性较差，抗拉强度和抗撕裂强度较低，且电绝缘性很差。（ ）

38. 塑性体改性沥青防水卷材的技术性质与弹性体改性沥青防水卷材基本相同，而塑性体沥青防水卷材具有更好的耐热性和较好的低温柔韧性。（ ）

39. 吸附水是存在于木材细胞腔和细胞间隙中的水分，影响木材的表观密度、保存性、抗腐蚀性和燃烧性。（ ）

40. 自由水是影响木材强度和涨缩的主要因素。（ ）

41. 木材弦向收缩总是大于径向，弦向收缩与径向收缩比率通常为 2∶1。不均匀干缩会使板材发生翘曲（包括顺弯、横弯、翘弯）和扭弯。（ ）

42. 硬质纤维板的强度高、耐磨、不易变形，可用于墙壁、地面、家具等。硬质纤维板按其物理力学性能和外观质量分为特级、一级、二级、三级 4 个等级。（ ）

43. 玻璃钢制品的最大缺点是表面不够光滑。（ ）

44. 聚碳酸酯采光板适用于遮阳棚、大厅采光天幕、游泳池和体育场馆的顶棚、大型建筑和庭院的采光通道、温室花房或蔬菜大棚的顶罩等。（ ）

45. 花岗石的耐火性较差，当温度达 800℃以上，花岗石中的二氧化硅晶体产生晶形转化，使体积膨胀，故发生火灾时花岗石会产生严重开裂而破坏。（ ）

46. 目前，乳液型涂料的光泽、流平性、附着力等性能尚不及溶剂型涂料，且不宜冬季施工。（ ）

47. 防火涂料的主要作用是阻燃，即使遇大火，防火涂料也能起到较好的作用。（ ）

48. 将胶合板、薄木板、纤维板、石膏板等的周边钉在墙或顶棚的龙骨上，并在背后留有空气层，即成悬挂空间吸声结构。该吸声结构主要吸收低频率的声波。（ ）

49. 因为二甲苯溶解力强，挥发速度适中，所以二甲苯是短油醇酸树脂、乙烯树脂、氯化橡胶和聚

氨酯树脂的主要溶剂，也是目前涂料工业和胶黏剂应用面最广，使用量最大的一种溶剂。（ ）

50. 这些异氰酸酯单体都是毒性很大的物质，对呼吸道有明显刺激，可引起头痛、气短、支气管炎及过敏性哮喘呼吸道疾病。对人的眼睛也有明显刺激，引起眼角发干、疼痛，严重时引起视力下降。（ ）

51. 室内排水常用的球墨铸铁管规格从 DN50 至 DN200。其接口形式有两种：一种是采用法兰对夹连接，橡胶圈密封；另一种是柔性平口连接排水铸铁管，这种管材没有大小头，没有承插之分，都是平口连接，用不锈钢卡箍连接，橡胶套密封。（ ）

52. 材料员应负责每月对 2 个以上供方的供货质量进行抽查和评价，每季度向材料设备管理部门反馈一次。（ ）

53. 基本建设材料计划是指施工企业所属工业企业，为完成生产计划而编制的材料计划。如机械制造、制品加工、周转材料生产和维修、建材产品生产等。所需材料按生产的产品数量和该产品消耗定额计算确定。（ ）

54. 分散采购材料，局部资金占用少，但资金分散，其总体占用额度往往高于集中采购资金占用，资金总体效益和利用率下降。（ ）

55. 塑料的刚度小，因此不宜作结构材料使用。（ ）

56. 随含碳量提高，碳素结构钢的强度、塑性均提高。（ ）

57. 设计强度等于配制强度时，混凝土的强度保证率为 95%。（ ）

58. 我国北方有低浓度硫酸盐侵蚀的混凝土工程宜优先选用矿渣水泥。（ ）

59. 体积安定性检验不合格的水泥可以降级使用或作混凝土掺合料。（ ）

60. 强度检验不合格的水泥可以降级使用或作混凝土掺合料。（ ）

61. 材料的抗渗性主要决定于材料的密实度和孔隙特征。（ ）

62. 普通混凝土的强度等级是根据 3d 和 28d 的抗压、抗折强度确定的。（ ）

63. 硅酸盐水泥的耐磨性优于粉煤灰水泥。（ ）

64. 高铝水泥的水化热大，不能用于大体积混凝土施工。（ ）

65. 低合金钢的塑性和韧性较差。（ ）

66. 比强度是材料轻质高强的指标。（ ）

67. 随含碳量提高，建筑钢材的强度、硬度均提高，塑性和韧性降低。（ ）

68. 在混凝土中加掺合料或引气剂可改善混凝土的黏聚性和保水性。（ ）

69. 普通水泥的细度不合格时，水泥为废品。（ ）

70. 碳化会使混凝土的碱度降低。（ ）

71. 提高水泥石的密实度，可以提高抗腐蚀能力。（ ）

72. 普通混凝土的用水量增大，混凝土的干缩增大。（ ）

73. 冷拉可以提高钢的抗拉强度。（ ）

74. 低合金钢比碳素结构钢更适合于高层及大跨度结构。（ ）

二、单选题（以下各题的备选答案中只有一个最符合题意，请将其选出）

1. 将材料分为无机材料、有机材料、复合材料，是按照（ ）划分的。

A. 材料的属性　　B. 材料的成分

C. 材料的作用　　D. 用于建筑物的部位

2. 材料烘干状态下的质量/材料在自然状态下的体积，得出的是（ ）。

A. 材料的密度　　B. 材料的表观密度

C. 材料的堆积密度　　D. 材料的干表观密度

3. 李氏瓶是用来测量其材料（　）的。

A. 密度　　B. 质量

C. 绝对体积　　D. 堆积密度

4. 对同种材料来说，较密实的材料，其强度____，吸水性____，导热性____。（　）

A. 较高、较大、较差　　B. 较低、较大、较差

C. 较高、较小、较好　　D. 较低、较小、较好

5. 以下说法不正确的是（　）。

A. 孔隙率越小，则材料的强度越高，容重越大

B. 孔隙按构造可分为连通孔与封闭孔两类

C. 孔隙率是指散粒材料颗粒间的空隙体积占总体积的百分率

D. 材料的密实度是指材料体积内被固体物质所充实的程度，即材料的密实体积与自然体积之比

6. 材料在空气中与水接触时，根据其能否被润湿，可把材料分为（　）两类。

A. 亲水性材料和憎水性材料　　B. 连通孔材料与封闭孔材料

C. 有机材料和无机材料　　D. 细微孔材料和粗大孔材料

7. 下图是（　）的润湿示意图。

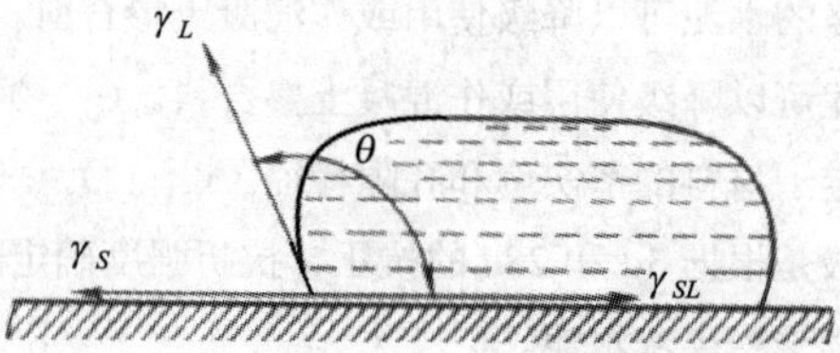

γ_L　θ　γ_S　γ_{SL}

A. 亲水性材料　　B. 憎水性材料

C. 有机材料　　D. 无机材料

8. 以下属于憎水性材料的是（　）。

A. 砖　　B. 沥青

C. 砂浆　　D. 木材

9. 以下说法不正确的是（　）。

A. 吸水率有质量吸水率和体积吸水率两种表示方法

B. 材料的吸水性与其孔隙率的大小和孔隙特征有关

C. 一般说来，孔隙率越大，吸水率越大

D. 如果材料具有细微而连通的孔隙，其吸水率就较小

10. 材料在潮湿的空气中吸收水分的性质称为吸湿性。吸湿性大小可用（　）表示。

A. 吸水率　　B. 含水率

C. 吸湿率　　D. 软化系数

11. 耐水性是指材料在长期的饱和水作用下不破坏，其强度也不显著降低的性质。耐水性的大小用（　）表示。

A. 吸水率　　B. 含水率

C. 吸湿率　　D. 软化系数

12. 以下对于软化系数的说法不正确的是（ ）。

A. 软化系数=材料在饱和水状态下的抗压强度/材料在干燥状态下的抗压强度

B. 材料的软化系数变化范围在0~1之间

C. 软化系数值越大、耐水性越好

D. 耐水性的大小用软化系数表示

13. 一般材料，随着含水率的增加，水分会渗入材料微粒间缝隙内，降低微粒之间的结合力。同时会软化材料中的不耐水成分，使强度降低。所以，用于严重受水侵蚀或潮湿环境中的重要建筑物，不宜采用软化系数小于（ ）的材料。

A. 0.9　　B. 0.85

C. 0.8　　D. 0.75

14. 抗冻等级是在材料试件浸水饱和后，在−15℃下冻结，再在20℃的水中融化（这样为一个冻融循环）。当试件承受反复冻融循环后，其质量损失不超过____，强度损失不超过____时，试件承受的最多冻融循环次数，即为该材料的抗冻等级。（ ）

A. 15%、5%　　B. 5%、15%

C. 25%、5%　　D. 5%、25%

15. 材料的抗渗性可用抗渗等级（ ）来表示。

A. K_p　　B. F

C. P_n　　D. λ

16. P_2表示材料能承受（ ）MPa水压而不渗透。

A. 0.2　　B. 2

C. 20　　D. 200

17. 通常情况下，对材料的导热系数大小的排序正确的是（ ）。

A. 有机材料＞无机非金属材料＞金属材料

B. 金属材料＞有机材料＞无机非金属材料

C. 金属材料＞无机非金属材料＞有机材料

D. 无机非金属材料＞金属材料＞有机材料

18. 经过防火处理的木材和刨花板属于（ ）。

A. 非燃烧材料　　B. 难燃材料

C. 可燃材料　　D. 易燃材料

19. 部分未经阻燃处理的塑料、纤维织物属于（ ）。

A. 非燃烧材料　　B. 难燃材料

C. 可燃材料　　D. 易燃材料

20. 石材的硬度有时按刻画法（又称莫氏硬度）测定，即将矿物硬度分为10级，以下对材料硬度的排序正确的为：（ ）。

A. 石膏＜方解石＜磷灰石＜黄玉＜金刚石

B. 石膏＜方解石＜黄玉＜磷灰石＜金刚石

C. 磷灰石＜石膏＜方解石＜黄玉＜金刚石

D. 磷灰石＜石膏＜黄玉＜方解石＜金刚石

21.（ ）指材料在冲击、振动荷载的作用下，材料能够吸收较大的能量，同时也能产生一定的变形而不致破坏的性质。

A. 弹性
B. 塑性
C. 韧性
D. 耐久性

22. 以下属于影响耐久性的内部因素的是（ ）。

A. 各种腐蚀性气体，对材料的化学腐蚀
B. 使材料产生腐朽、虫蛀等而破坏
C. 无机非金属脆性材料在温度剧变时，易产生开裂
D. 冲击、疲劳荷载、各种气体、液体及固体引起的磨损与磨耗等

23. 为保证石灰充分熟化，生石灰必须保持（ ）以上的陈伏期。陈伏期间，石灰浆表面应留有一层水，与空气隔绝，以避免石灰碳化。

A. 5d
B. 7d
C. 10d
D. 14d

24. 以下对石灰的主要技术性质说法不正确的是（ ）。

A. 强度低
B. 可塑性好
C. 耐水性差
D. 体积收缩小

25. 根据石膏生产的热处理过程（加热温度和脱水条件）不同，可制得α型、β型半水石膏和无水石膏的一系列变体，其结构和特性各不相同。而建筑工程中常用的是（ ）。

A. α型半水石膏
B. β型半水石膏
C. 无水石膏
D. A、B、C

26. 水泥的种类很多，按用途和性能，又可分为（ ）、专用水泥、特性水泥3大类。

A. 普通水泥
B. 通用水泥
C. 铝酸盐水泥
D. 硅酸盐水泥

27. 硅酸盐水泥分两种类型，不掺加混合材料的称为Ⅰ型硅酸盐水泥，代号为P·Ⅰ；掺加不超过水泥量（ ）的混合材料的称为Ⅱ型硅酸盐水泥，代号为P·Ⅱ。

A. 2%
B. 3%
C. 5%
D. 7%

28. 以下对水泥细度的描述不正确的是（ ）。

A. 水泥过细，易受潮
B. 颗粒细，生产成本也较高
C. 颗粒越细，表面积越大，水化速度越快
D. 水泥颗粒越细，后期强度越大，硬化时体积收缩较小

29. 为使水泥浆在应用时有充分的时间进行搅拌、运输、成型等施工操作，要求水泥的初凝时间不能过早。当施工完毕，则要求水泥尽快凝结、硬化、产生强度。因此，终凝时间不能太长。国家标准规定，硅酸盐水泥初凝时间不得早于（ ）min，终凝时间不得迟于390min。

A. 15
B. 30
C. 45
D. 60

30. 国家标准中还规定，水泥熟料中游离氧化镁含量不得超过（ ），水泥中石膏含量以三氧化硫计不得超过3.5%，以控制水泥的体积安定性。

A. 2%
B. 3%

C. 5% D. 7%

31. 国家标准规定，用沸煮法检验水泥的体积安定性。水泥试样沸煮（ ）后，经观察或测定未发现裂纹、变形，则体积安定性合格。

A. 2h B. 3h

C. 4h D. 5h

32. 以下对硅酸盐水泥强度的影响条件说法不正确的是（ ）。

A. 硅酸盐水泥的强度主要决定于熟料的矿物组成和细度

B. 试件的制作，养护条件等对水泥强度值也有一定的影响

C. 水泥颗粒越细，强度增长则较快，但最终强度值却较低

D. 4 种主要组成矿物的强度各不相同，它们的相对含量改变时，水泥的强度及其增长速度也随之变化

33. P·S 是（ ）的代号。

A. 矿渣硅酸盐水泥 B. 火山灰质硅酸盐水泥

C. 粉煤灰硅酸盐水泥 D. 普通硅酸盐水泥

34. P·F 是（ ）的代号。

A. 矿渣硅酸盐水泥 B. 火山灰质硅酸盐水泥

C. 粉煤灰硅酸盐水泥 D. 普通硅酸盐水泥

35. 与硅酸盐水泥相比，矿渣水泥、火山灰水泥及粉煤灰水泥所具有的特性是（ ）。

A. 抗碳化能力强 B. 抗冻性、耐磨性强

C. 耐蚀性较好 D. 水化热大

36. 复合硅酸盐水泥是由硅酸盐水泥熟料、两种或两种以上规定的混合材料、适量石膏磨细制成的水硬性胶凝材料，水泥中混合材料总掺量按质量百分比应大于 15%，不超过（ ），且不应与 GB 1344 中的规定重复。

A. 20% B. 30%

C. 40% D. 50%

37. 对于水泥，不符合（ ）的标准规定，但是不能就此将水泥列为废品。

A. 初凝时间 B. 终凝时间

C. 氧化镁含量 D. 安定性

38. 通用水泥有效期自出厂之日起为（ ），即使储存条件良好，一般存放 3 个月的水泥强度也会降低约 10%～15%，存放 6 个月强度约降低 20%～30%。

A. 3 个月 B. 4 个月

C. 5 个月 D. 6 个月

39. 国家标准《砌筑水泥》（GB/T 3183—2003）中规定，砌筑水泥对细度的技术要求：0.080mm 方孔筛筛余不得超过（ ）。

A. 10% B. 15%

C. 20% D. 25%

40. 国家标准《砌筑水泥》（GB/T 3183—2003）中规定，砌筑水泥对凝结时间的技术要求：初凝不得早于（ ）min，终凝不得迟于 12h。

A. 15 B. 30

C. 45　　D. 60

41. 国家标准《砌筑水泥》（GB/T 3183—2003）中规定，砌筑水泥对安定性的技术要求：水泥中SO_3含量不得超过（　）。

A. 2.0%　　B. 3.0%

C. 4.0%　　D. 5.0%

42. 国家标准《砌筑水泥》（GB/T 3183—2003）中规定，砌筑水泥对保水率的技术要求：保水率不低于（　）。

A. 50%　　B. 60%

C. 70%　　D. 80%

43. 白水泥技术性能应符合国标《白色硅酸盐水泥》（GB/T 2015—2005）规定，其中对凝结时间的要求：初凝时间不早于（　）min，终凝时间不迟于 12h。

A. 15　　B. 30

C. 45　　D. 60

44. 彩色硅酸盐水泥技术性质，根据标准 JC/T 870—2000 规定，细度应符合要求：0.080mm 方孔筛上的筛余量不得超过（　）。

A. 6.0%　　B. 8.0%

C. 10.0%　　D. 12.0%

45. 彩色硅酸盐水泥技术性质，根据标准 JC/T 870—2000 规定，凝结时间应符合要求：初凝时间不早于（　）min。

A. 15　　B. 30

C. 45　　D. 60

46. 彩色硅酸盐水泥技术性质，根据标准 JC/T 870—2000 规定，凝结时间应符合要求：终凝时间不迟于（　）h。

A. 8　　B. 10

C. 12　　D. 15

47. 建筑工程多采用河砂作细骨料。砂按技术要求分为Ⅰ类、Ⅱ类、Ⅲ类。Ⅰ类宜用于强度等级大于（　）的混凝土。

A. C20　　B. C30

C. C50　　D. C60

48. 建筑工程多采用河砂作细骨料。砂按技术要求分为Ⅰ类、Ⅱ类、Ⅲ类。Ⅲ类宜用于强度等级小于（　）的混凝土和建筑砂浆。

A. C20　　B. C30

C. C50　　D. C60

49. 《混凝土结构工程施工质量验收规范》（GB 50204—2002）中规定：混凝土粗骨料的最大粒径不得超过结构截面最小边长尺寸的 1/4，同时不得大于钢筋间最小净距的（　）。

A. 1/4　　B. 1/2

C. 3/4　　D. 4/5

50. 《混凝土结构工程施工质量验收规范》（GB 50204—2002）中规定：对混凝土实心板，骨料最大粒径不宜超过板厚的（　），且不得超过 40mm。

A．1/3　　B．1/2

C．3/4　　D．4/5

51.《混凝土结构工程施工质量验收规范》（GB 50204—2002）中规定：对泵送混凝土，碎石的最大粒径与输送管内径之比，不宜大于1/3，卵石不宜大于（ ）。

A．1/4　　B．1/3

C．2/5　　D．3/4

52. 按坍落度的不同可将混凝土拌合物分成不同等级，当坍落度为 120mm 时，试验混凝土属于（ ）。

A．干硬性混凝土　　B．塑性混凝土

C．流态混凝土　　D．大流动性混凝土

53. 对于干硬性混凝土拌合物，通常采用维勃稠度仪测定其稠度。该法适用于骨料最大粒径不超过40mm，维勃稠度在5～30s之间的混凝土拌合物。当维勃稠度为40s时，属于（ ）。

A．超干硬性混凝土　　B．特干硬性混凝土

C．干硬性混凝土　　D．半干硬性混凝土

54. 为使混凝土更好地硬化，施工规范中规定，在混凝土浇筑完毕后的12h以内对混凝土加以覆盖和浇水，其浇水养护时间，对硅酸盐水泥、普通水泥或矿渣水泥拌制的混凝土不得少于7d，对掺用缓凝型外加剂或有抗渗性要求的混凝土不得少于（ ）。

A．7d　　B．14d

C．21d　　D．30d

55. F10代表混凝土的（ ）。

A．抗渗等级　　B．抗冻等级

C．抗侵蚀等级　　D．抗碳化等级

56. 抗压强度与砂浆强度等级按《建筑砂浆基本性能试验方法》（JGJ 70—90）的规定，砂浆的强度等级是以边长为（ ）mm 的 6 个立方体试块，按规定方法成型并标准养护至 28d 后测定的抗压强度平均值来表示。

A．50.5　　B．60.6

C．70.7　　D．80.8

57. 烧结普通砖的外形为长方体，标准尺寸是：长240mm，宽115mm，厚53mm。其中240mm×115mm的面称为（ ）。

A．大面　　B．顶面

C．条面　　D．立面

58. 烧结多孔砖最常用的M形尺寸是（ ）。

A．240mm×115mm×53mm　　B．240mm×115mm×90mm

C．190mm×190mm×53mm　　D．190mm×190mm×90mm

59. 砌块是用于砌筑的人造块状材料，外形多为直角六面体，也有各种异形的。砌块系列中主规格的长度、宽度、高度有一项或一项以上分别大于（ ），但高度不大于长度或宽度的 6 倍，长度不超过高度的3倍。

A．365mm、115mm、90mm　　B．365mm、240mm、115mm

C．355mm、240mm、115mm　　D．355mm、115mm、90mm

60. 混凝土小型空心砌块的主规格为 390mm×190mm×190mm，最小外壁厚度不得小于（ ），最小肋厚不得小于 25mm。

A. 15mm　　B. 20mm

C. 25mm　　D. 30mm

61. 普通混凝土小型空心砌块，目前建筑上常选用的强度等级为 MU3.5、MU5.0、MU7.5、MU10 四种。等级在（ ）以上的砌块可用于 5 层砌块建筑的底层和 6 层砌块建筑的 1～2 层。

A. MU3.5　　B. MU5.0

C. MU7.5　　D. MU10

62. 普通混凝土小型空心砌块，目前建筑上常选用的强度等级为 MU3.5、MU5.0、MU7.5、MU10 四种。（ ）砌块，只限用于单层建筑。

A. MU3.5　　B. MU5.0

C. MU7.5　　D. MU10

63. 普通混凝土小型空心砌块，目前建筑上常选用的强度等级为 MU3.5、MU5.0、MU7.5、MU10 四种。5 层砌块建筑的 2～5 层和 6 层砌块建筑的 3～6 层都用（ ）小砌块建筑，也用于 4 层砌块建筑。

A. MU3.5　　B. MU5.0

C. MU7.5　　D. MU10

64. 以下对加气混凝土砌块的描述中不正确的是（ ）。

A. 加气混凝土砌块自重小，可减轻结构质量，还可提高建筑物的抗震能力

B. 砌块再加工性能好，可锯、刨、钻、钉等，施工方便，是应用较多的轻质墙体材料之一

C. 适用于多层建筑的承重墙、高层建筑的隔墙和高层框架结构的填充墙，也可用于一般工业建筑的围护墙，作为保温隔热材料也可用于复合墙板和屋面结构中

D. 该类砌块不得用于处于水中或高湿度和有侵蚀介质的环境中，也不得用于建筑物的基础和温度长期高于 80℃的部位

65. 纤维水泥平板按所用的纤维品种分：有（ ）、混合纤维水泥板与无石棉纤维水泥板三类。

A. 石棉水泥板　　B. 普通水泥板

C. 轻板　　D. 低碱度水泥板

66. 双层钢网细陶粒混凝土空心隔墙板，60mm 厚标准板圆孔为（ ）。

A. 单排 6 孔　　B. 单排 7 孔

C. 单排 9 孔　　D. 双排 9 孔

67.碳素钢，当含碳量为 0.1%时，这种钢称为（ ）。

A. 低碳钢　　B. 中碳钢

C. 高碳钢　　D. 超高碳钢

68. 合金钢中合金元素用于改善钢的性能或使其获得某些特殊性能。合金钢中合金元素含量为 8%时，属于（ ）。

A. 低合金钢　　B. 中合金钢

C. 高合金钢　　D. 超高合金钢

69. 钢按主要质量等级分类，即按钢中有害杂质的多少分类，当含硫量小于 0.03%～0.045%，含磷量小于 0.035%～0.04%，该钢属于（ ）。

A. 普通钢　　B. 优质钢

C. 高级优质钢　　D. 特级优质钢

70. 低碳钢的拉伸过程可分为四个阶段，强化阶段的应力最高点称为（　）。

A. 弹性极限　　B. 屈服强度

C. 抗拉强度　　D. 伸长率值

71. 以下选项中队冷拔工艺的说法中，不正确的是（　）。

A. 每次拉拔断面缩小应在10%以下

B. 钢筋在冷拔过程中，不仅受拉，还受到挤压作用，但冷拔的作用没有纯冷拉作用强烈

C. 多次冷拔后的钢筋，表面光洁度高，屈服强度提高40%～60%

D. 冷拔处理过的钢材塑性大大降低，具有硬钢的性质

72. 以下对钢材时效的说法不正确的是（　）。

A. 钢材经冷加工后，在常温下存放15～20d，屈服强度、抗拉强度及硬度进一步提高，而塑性及韧性继续降低的现象为自然时效

B. 钢材经冷加工后，加热至100～200℃，保温2h左右，屈服强度、抗拉强度及硬度进一步提高，而塑性及韧性继续降低的现象为人工时效

C. 钢材的时效是普遍而长期的过程，有些未经冷加工的钢材长期存放后也会出现时效，冷加工只是加速了时效的发展

D. 通常强度较高的钢筋宜采用自然时效处理；强度较低的钢筋宜采用人工时效处理

73.（　）可以用做高层及大跨度建筑（如大跨度桥梁、大型厅馆、电视塔等）的主体结构材料与其他钢相比可节约钢材，具有显著的经济效益。

A. 碳素结构钢　　B. 低合金高强度结构钢

C. A、B　　D. 都不对

74. 某钢筋生产许可证编号为：XK05—205-×××××，205代表（　）。

A. 冷轧带肋钢筋产品编号　　B. 热轧带肋钢筋产品编号

C. 预应力混凝土用带肋钢材　　D. 预应力混凝土用钢材

75. 钢筋牌号以阿拉伯数字表示，HRB335、HRB400、HRB500对应的阿拉伯数字分别为（　）。

A. 1、2、3　　B. 2、3、4

C. 3、4、5　　D. 4、5、6

76. 在沥青的组分中，使沥青具有塑性与黏性，并且其含量增加，沥青的塑性也增大的成分是（　）。

A. 油分　　B. 树脂

C. 地质沥青　　D. 石蜡

77. 黏滞度是液体沥青在一定温度（25℃或60℃）条件下，经规定直径，（3mm、5mm或10mm）的孔漏下（　）所需的秒数。黏滞度越大，表示沥青的稠度越大。

A. 30mL　　B. 40mL

C. 50mL　　D. 60mL

78. 对于半固态或固态的黏稠石油沥青的黏度是用针入度仪测定其针入度值来表示的。针入度是在温度为25℃时，质量100g的标准针，经（　）沉入沥青试样的深度，以1/10mm为1度。针入度值越小，表明黏度越大。

A. 5s　　B. 10s

C. 15s　　D. 20s

79. 沥青的延度可用延伸仪测定，将沥青制成“8”字形试件，在 25℃温度下，以（　）的速度拉至断裂时的伸长值即为延度，以 cm 为单位，延度越大，表明沥青的塑性越大，柔性和抗裂性越好。

A．2cm/min　　B．3cm/min

C．4cm/min　　D．5cm/min

80. 沥青的温度敏感性用软化点表示，采用“环与球”法测定。将沥青试样熔融后装入直径约 16mm 的铜环内，冷却后在上面放置一标准钢球（直径 9.5mm，重 3.5g），浸入水或甘油中，以规定升温速度（5℃/min）加热，使沥青软化下垂，当下垂距离为（　）时的温度即为软化点，以℃为单位表示。

A．23.4mm　　B．24.4mm

C．25.4mm　　D．26.4mm

81. 沥青的大气稳定性可用“加热损失的百分率”表示。通常用沥青材料在 160℃保温（　）损失的质量百分率表示。如损失少，则表示性质变化小，耐久性高。

A．2h　　B．3h

C．5h　　D．6h

82. 以下对沥青的使用，说法不正确的是（　）。

A．对高温地区及受日晒部位，为了防止沥青受热软化，应选用牌号较低的沥青

B．对不受大气影响的部位，可选用牌号较低的沥青

C．对寒冷地区，不仅要考虑冬季低温时沥青易脆裂，而且要考虑受热软化，故宜选用中等牌号的沥青

D．当缺乏所需牌号的沥青时，可用不同牌号的沥青进行掺配

83.（　）是由乙烯单体聚合而成，具有良好的化学稳定性及耐低温性，强度较高，吸水性和透水性很低，无毒，密度小，易加工，但耐热性较差，且易燃烧。

A．聚乙烯　　B．聚氯乙烯

C．聚丙烯　　D．丙烯腈-丁二烯-苯乙烯共聚物

84.（　）具有良好的耐热、耐湿、耐化学侵蚀性能，并具有优异的电绝缘性能。在机械性能上，表现为硬而脆，故一般很少单独作为塑料使用。除广泛用于制作各种电器制品外，在建筑上，主要用于制造各种层压板和玻璃纤维增强塑料，以及防水涂料、木结构用胶等。

A．酚醛树脂　　B．环氧树脂

C．丁基橡胶　　D．氯丁橡胶

85. 在建筑上，还用于制备聚合物混凝土，以及用于修补和维护混凝土结构的是（　）。

A．酚醛树脂　　B．环氧树脂

C．丁基橡胶　　D．氯丁橡胶

86. 以下对防水卷材的外观质量的要求中，不正确的是（　）。

A．在不影响使用的条件下，卷材中所含杂质，不得超过 $9mm^2/m^2$

B．在不影响使用的条件下，凹痕深度不得超过卷材厚度的 50%，树脂类卷材不得超过 10%

C．在不影响使用的条件下，气泡深度不得超过卷材厚度的 30%，含量不得超过 $7mm^2/m^2$，但树脂类卷材不允许

D．卷材表面应平整，边缝整齐，不能有裂纹、机械损伤、折痕、穿孔及异常黏着部分等影响使用的缺陷

87. 以下对止水带的说法不正确的是（　）。

A. 止水带也称为封缝带，是处理建筑物或地下构筑物接缝（伸缩缝、施工缝、变形缝等）用的一种定形防水密封材料

B. 橡胶止水带是以天然橡胶或合成橡胶为主要原料，掺入各种助剂及填料加工制成

C. 橡胶止水带宜用于温度过高、受强烈氧化作用或受油类等有机溶剂侵蚀的环境中

D. 塑料止水带的优点是原料来源丰富、价格低廉、耐久性好，可用于地下室、隧道、涵洞、溢洪道、沟渠等水工构筑物的变形缝的防水

88. 以下对纤维饱和点的说法不正确的是（ ）。

A. 湿木材在空气中干燥时，当吸附水蒸发完毕而自由水尚处于饱和时的状态，称为纤维饱和点

B. 纤维饱和点含水率的重要意义不在于其数值的大小，而在于它是木材许多性质在含水率影响下开始发生变化的起点

C. 在纤维饱和点之上，含水量变化是自由水含量的变化，它对木材强度和体积影响甚微

D. 在纤维饱和点之下，含水量变化即吸附水含量的变化将对木材强度和体积等产生较大的影响

89. 硬质 PVC 平板 表面光滑、色泽鲜艳、不变形、易清洗、防水、耐腐蚀，同时具有良好的施工性能，可锯、可刨、可钻、可钉。（ ）常用作墙板和潮湿环境（盥洗室、卫生间）的吊顶板。

A. 硬质 PVC 波形板　　B. 硬质 PVC 异形板

C. 硬质 PVC 格子板　　D. 玻璃钢（GRP）板

90. 硬质 PVC 平板 表面光滑、色泽鲜艳、不变形、易清洗、防水、耐腐蚀，同时具有良好的施工性能，可锯、可刨、可钻、可钉。（ ）常用作体育馆、图书馆、展览馆或医院等公共建筑的墙面或吊顶。

A. 硬质 PVC 波形板　　B. 硬质 PVC 异形板

C. 硬质 PVC 格子板　　D. 玻璃钢（GRP）板

91. 以下对聚碳酸酯采光板特点的描述中不正确的是（ ）。

A. 外观美丽，有透明、蓝色、绿色、茶色、乳白等多种色调，极富装饰性

B. 轻、薄，所以刚性较差，不能抵抗暴风雨、冰雹、大雪引起的破坏性冲击

C. 透光性好，6mm 厚的无色透明板透光率可达 80%

D. 阻燃性好，该种板材有良好的阻燃性、耐候性，板材表面经特殊的耐老化处理，长时间使用不老化、不变形、不褪色，长期使用的允许温度范围为－40～120℃

92. 装饰材料按照材质分无机装饰材料、有机装饰材料、有机-无机复合材料，人造大理石属于（ ）。

A. 无机装饰材料　　B. 有机装饰材料

C. 有机-无机复合材料　　D. 都不对

93. 装饰材料按使用部位分外墙装饰材料、内墙装饰材料、地面装饰材料、顶棚装饰材料，石膏属于（ ）。

A. 外墙装饰材料　　B. 内墙装饰材料

C. 地面装饰材料　　D. 顶棚装饰材料

94. 装饰材料按使用部位分外墙装饰材料、内墙装饰材料、地面装饰材料、顶棚装饰材料，石膏板属于（ ）。

A. 外墙装饰材料　　B. 内墙装饰材料

C. 地面装饰材料　　D. 顶棚装饰材料

95. 装饰材料按燃烧性能分 A 级材料、B1 级材料、B2 级材料、B3 级材料，油漆属于（ ）。

A. A 级材料　　B. B1 级材料

C. B2 级材料　　D. B3 级材料

96. 装饰材料按燃烧性能分 A 级材料、B1 级材料、B2 级材料、B3 级材料，玻璃属于（　）。

A. A 级材料　　B. B1 级材料

C. B2 级材料　　D. B3 级材料

97. 装饰材料按燃烧性能分 A 级材料、B1 级材料、B2 级材料、B3 级材料，装饰防火板属于（　）。

A. A 级材料　　B. B1 级材料

C. B2 级材料　　D. B3 级材料

98. 装饰材料按燃烧性能分 A 级材料、B1 级材料、B2 级材料、B3 级材料，胶合板属于（　）。

A. A 级材料　　B. B1 级材料

C. B2 级材料　　D. B3 级材料

99.（　）除可以制作成饰面人造大理石板材、人造花岗石板材和人造玉石板材外，还常制作卫生洁具，如浴缸，带梳妆台的单、双盆洗脸盆，立柱式脸盆，坐便器等，也可做成人造大理石壁画等工艺品。

A. 聚酯合成石　　B. 仿黑色大理石

C. 透光大理石　　D. 仿花岗石水磨石砖

100. 北京亚运村国际会议中心和国际文化交流中心共 5 万多平方米的外墙饰面及 5 000 多平方米的地坪，均采用了（　）装修，其装饰效果良好。

A. 劈离砖　　B. 金属光泽釉面砖

C. 玻化墙地砖　　D. 陶瓷锦砖

101.（　）是指普通玻璃经过复杂的特殊处理后，使照射到玻璃上的光线分解，得到多层次的七彩光，出现全息或其他光栅等物理衍射现象的玻璃品种。适用于商场、宾馆、迪斯科厅、酒吧等场所的门面、地面和隔断的装饰。

A. 彩色玻璃　　B. 花纹玻璃

C. 釉面玻璃　　D. 镭射玻璃

102. 按规定，铸造铝合金的牌号用汉语拼音字母“ZL”，（铸铝）和三位数字组成，如 ZL101、ZL201 等。三位数字中的第一位数（1～4）表示合金的组别，其中 2 代表（　）。

A. 硅铝合金　　B. 铝铜合金

C. 铝镁合金　　D. 铝锌合金

103. 按规定，铸造铝合金的牌号用汉语拼音字母“ZL”，（铸铝）和三位数字组成，如 ZL101、ZL201 等。三位数字中的第一位数（1～4）表示合金的组别，其中 4 代表（　）。

A. 硅铝合金　　B. 铝铜合金

C. 铝镁合金　　D. 铝锌合金

104. 铝合金门窗按其抗风压强度、气密性和（　）三项性能指标，将产品分为 A、B、C 三类，每类又分为优等品、一等品和合格品三个等级。

A. 水密性　　B. 隔声性

C. 隔热性　　D. 开闭力

105.（　）主要用于具有吸声要求的各类建筑中。如棉纺厂、各种控制室、计算机房的顶棚及墙壁，也可用于噪声大的厂房车间，更是影剧院理想的吸声和装饰材料。

A. 铝合金花纹板

B. 铝合金压型板

C. 铝及铝合金冲孔板

D. 铝质浅花纹板

106. 以下对硅酸盐无机涂料的说法中不正确的是（ ）。

A. 硅酸盐无机涂料耐污染性不好、易吸灰

B. 硅酸盐无机涂料耐候性、耐热性好，遇火不燃、无烟

C. 硅酸盐无机涂料施工中无挥发性有机溶剂产生，不污染环境

D. 硅酸盐无机涂料指以水溶性碱金属硅酸盐或水分散性二氧化硅胶体（俗称硅溶胶）为主要成膜物质的建筑涂料

107. 以下属于水溶性内墙涂料的是（ ）。

A. 乙-丙有光乳胶漆

B. 聚醋酸乙烯乳液内墙涂料

C. 丙-苯乳胶漆等

D. 聚乙烯醇水玻璃内墙涂料

108. 以下涂料中，属于常用的防腐蚀涂料的是（ ）。

A. 聚醋酸乙烯防霉涂料

B. 醇酸聚氨酯防霉涂料

C. 橡胶树脂防腐蚀涂料

D. 氯-偏共聚乳液防霉涂料

109. 以 250Hz、500Hz、1 000Hz 和 2 000Hz 四个频带实用吸声系数的算术平均值作为降噪系数（NRC）。建筑吸声材料的吸声性能按降噪系数分为（ ）级。

A. 一

B. 二

C. 三

D. 四

110.（ ）是用具有通气性能的纺织品，安装在离墙面或窗洞一定距离处，背后设置空气层。这种吸声体对中、高频都有一定的吸声效果。

A. 多孔吸声材料

B. 柔性吸声材料

C. 帘幕吸声体

D. 悬挂空间吸声体

111. 材料隔绝固体声的能力是用材料的撞击声压级来衡量的。测量时，将试件安装在上部声源室和下部受声室之间的洞口，声源室与受声室之间没有刚性连接，用标准打击器打击试件表面，受声室接受到的声压级减去环境常数，即得材料的撞击声压级。普通教室之间楼板的标准化撞击声压级应小于（ ）dB。

A. 70

B. 75

C. 80

D. 85

112. 甲醛是（ ）气体。气体相对密度 1.06，略重于空气，易溶于水，其 35%～40%的水溶液通称福尔马林。甲醛（HCHO）是一种挥发性有机化合物，污染源很多，污染浓度也较高，是室内主要污染物。

A. 黄色、无味的

B. 黄色、具有强烈气味的刺激性

C. 无色、无味的

D. 无色、具有强烈气味的刺激性

113. 苯是一种（ ）的油状液体，微溶于水，能与醇、醚、丙酮和二硫化碳等互溶。甲苯和二甲苯都属于苯的同系物，都是煤焦油分馏或石油的裂解产物。

A. 黄色、无味

B. 无色、具有特殊芳香气味

C. 黄色、具有特殊芳香气味

D. 无色、无味

114. 对于 TVOC 的定义有多种说法，一般对于室内空气，TVOC 指在一般压力条件下，沸点低于（ ）的任何有机化合物。

A. 100℃ B. 150℃

C. 200℃ D. 250℃

115. 氨是无色气体，易溶于水、乙醇和乙醚。常温下 1 体积水可以溶解（ ）体积的氨，溶于水后的氨形成氢氧化铵，俗称氨水。

A. 500 B. 600

C. 700 D. 800

116. 无缝钢管按制造方法分为热轧管和冷拔（轧）管。冷拔（轧）管的最大公称直径为 200mm。热轧管的最大公称直径为（ ）。

A. 200mm B. 400mm

C. 600mm D. 800mm

117. 无缝钢管按制造方法分为热轧管和冷拔（轧）管。在给排水管道工程中，管径超过____，常选用热轧管，管径在____以内时常选用冷拔（轧）管。

A. 55mm B. 56mm

C. 57mm D. 58mm

118. 硬聚氯乙烯（U-PVC）管硬聚氯乙烯（U-PVC）管也常用于室外埋地给排水系统，其规格公称外径从 20～630mm 不等，管材颜色一般给水管为蓝色、排水管为白色，适用于温度不低于 0℃，不高于（ ）的场合。

A. 30℃ B. 35℃

C. 40℃ D. 45℃

119. 阀门产品的型号由 7 个单元组成，第 1 单元以汉语拼音字母表示阀门类别。J 代表（ ）。

A. 截止阀 B. 节流阀

C. 止回阀 D. 减压阀

120. 阀门产品的型号由 7 个单元组成，第 2 单元以一位数字表示阀门驱动类别。5 代表的阀门驱动为（ ）。

A. 涡轮 B. 齿轮

C. 气动 D. 液动

121. 阀门产品的型号由 7 个单元组成，第 3 单元以一位数字表示阀门的连接式。法兰连接用数组（ ）表示。

A. 4 B. 6

C. 7 D. 8

122. 阀门产品的型号由 7 个单元组成，第 7 单元用汉语拼音字母表示阀体材料。K 代表的阀体材料是（ ）。

A. 高硅铸铁 B. 可锻铸铁

C. 球墨铸铁 D. 铬钼合金钢

123. 灰铸铁长翼型散热器型号表示方法为：TC×/×-×；从左至右，第一位 T 表示铸铁，C 表示长翼型，第一个×表示片长（单位 1 000mm），第二个×表示（ ）（单位 100mm）。

A. 工作压力　　B. 柱数

C. 长度　　D. 同侧进出水口中心距

124. 按照计划期限分为年度计划、季度计划、月计划、（ ）及一次性用料计划。

A. 周计划　　B. 日计划

C. 紧急计划　　D. 临时追加计划

125. 材料采购应遵循的原则中，要求要坚持“三比一算”的原则，“三比一算”是指（ ）。

A. 比成本、比价格、比运距、算质量

B. 比质量、比价格、比运距、算成本

C. 比质量、比成本、比运距、算价格

D. 比质量、比价格、比成本、算运距

126. 流通环节的不断发展，社会物资资源渠道增多，企业内部项目管理办法的普遍实施等，使材料采购受企业内、外诸多因素的影响。以下影响材料采购的因素中，属于企业外部影响因素的是（ ）。

A. 施工生产因素　　B. 储存能力因素

C. 资源渠道因素　　D. 资金的限制

127. 对分散采购材料的利弊，以下说法不正确的是（ ）。

A. 采购价格要远远高于多级多层次采购的价格

B. 可以及时满足施工需要，采购工作效率较高

C. 就某一采购部门内来说，流动资金量小，有利于部门内资金管理

D. 分散采购难以形成采购批量，不易形成企业经营规模，从而影响企业整体经济效益

128. 材料的耐水性用（ ）来表示。

A. 吸水性　　B. 含水率

C. 抗渗系数　　D. 软化系数

129. 建筑石膏凝结硬化时，最主要的特点是（ ）。

A. 体积膨胀大　　B. 体积收缩大

C. 大量放热　　D. 凝结硬化快

130. 硅酸盐水泥适用于（ ）的混凝土工程。

A. 快硬高强　　B. 大体积

C. 与海水接触　　D. 受热

131. 水泥体积安定性不良的主要原因之一是（ ）含量过多。

A. $Ca(OH)_2$　　B. $3Ca \cdot Al_2O_3 \cdot 6H_2O$

C. $CaSO_4 \cdot 2HO$　　D. $Mg(OH)_2$

132. 配制混凝土时，若水灰比（W/C）过大，则（ ）。

A. 混凝土拌合物保水性差　　B. 混凝土拌合物黏滞性差

C. 混凝土耐久性下降　　D. A、B、C

133. 试拌调整混凝土时，发现混凝土拌合物保水性较差，应采用（ ）措施。

A. 增加砂率　　B. 减少砂率

C. 增加水泥　　D. 增加用水量

134. 砂浆的保水性用（ ）表示。

A. 坍落度　　B. 分层度

C. 沉入度　　D. 工作度

135. 烧结普通砖的强度等级是按（　）来评定的。

A. 抗压强度及抗折强度　　B. 大面及条面抗压强度转自

C. 抗压强度平均值及单块最小值　　D. 抗压强度平均值及标准值

136. 普通碳素钢按屈服点、质量等级及脱氧方法分为若干牌号，随牌号提高，钢材（　）。

A. 强度提高，伸长率提高　　B. 强度降低，伸长率降低

C. 强度提高，伸长率降低　　D. 强度降低，伸长率提高

137.（　）含量过高使钢材产生热脆性。

A. 硫　　B. 磷

C. 碳　　D. 硅

138. 材料的吸湿性通常用（　）表示。

A. 吸水率　　B. 含水率

C. 抗冻性　　D. 软化系数

139. 下列关于石灰特性描述不正确的是（　）。

A. 石灰水化放出大量的热　　B. 石灰是气硬性胶凝材料

C. 石灰凝结快强度高　　D. 石灰水化时体积膨胀

140. 建筑石膏自生产之日算起，其有效储存期一般为（　）。

A. 3 个月　　B. 6 个月

C. 12 个月　　D. 1 个月

141. 做水泥安定性检验时，下列说法错误的是（　）。

A. 水泥安定性检验有“饼法”和“雷氏法”两种

B. 两种检验结果出现争议时以雷氏法为准

C. 水泥安定性检验只能检验水泥中游离氧化钙的含量

D. 水泥安定性检验只能检验水泥中氧化镁的含量

142.普通水泥中其混合材料的掺量为（　）。

A. 0～5%　　B. 6%～15%

C. 15%～20%　　D. 大于 20%

143.对于级配良好的砂子，下列说法错误的是（　）。

A. 可节约水泥　　B. 有助于提高混凝土的强度

C. 有助于提高混凝土的耐久性　　D. 能提高混凝土的流动性

144. 国家标准规定，混凝土立方体抗压强度以立方体试件在标准条件下养护 28d 时测定，该立方体的边长规定为（　）。

A. 200 mm×200 mm×200 mm　　B. 150 mm×150 mm×150 mm

C. 100 mm×100 mm×100 mm　　D. 50 mm×50 mm×50 mm

145. 下列外加剂中，能提高混凝土强度或者改善混凝土和易性的外加剂是（　）。

A. 早强剂　　B. 引气剂

C. 减水剂　　D. 加气剂

146. 泵送混凝土其砂率与最小水泥用量宜控制在（　）。

A．砂率 40%～50%，最小水泥用量不小于 300kg/m^3

B．砂率 40%～50%，最小水泥用量不小于 200kg/m^3

C．砂率 30%～35%，最小水泥用量不小于 300kg/m^3

D．砂率 30%～35%，最小水泥用量不小于 200kg/m^3

147. 对于同一验收批砌筑砂浆的试块强度，当各组试块的平均抗压强度值大于设计强度等级值，其最小值应大于或等于（ ）倍砂浆的设计强度等级值，可评为合格。

A．0.50　　B．0.60

C．0.65　　D．0.75

148. 材料在水中吸收水分的性质称为（ ）。

A．吸水性　　B．吸湿性

C．耐水性　　D．渗透性

149. 某一材料，给其施加 800kg 的压力，受压面积为 40cm^2，则其抗压强度为（ ）。

A．0.2 MPa　　B．2 MPa

C．20 MPa　　D．无法确定

150. 石灰在硬化的过程中，其硬化的体积会产生（ ）。

A．微小收缩　　B．膨胀

C．不收缩也不膨胀　　D．较大收缩

151.某沿海城市欲新建一座码头，下列水泥中不宜选用（ ）。

A．矿渣水泥　　B．粉煤灰水泥

C．普通水泥　　D．火山灰水泥

152. 以下工程适合使用硅酸盐水泥的是（ ）。

A．大体积混凝土工程　　B．受化学及海水侵蚀的工程

C．耐热混凝土工程　　D．早期强度要求较高的工程

153. 在混凝土配合比设计中，规定以砂子的哪一种状态为准计算砂子的质量（ ）。

A．完全干燥状态　　B．风干状态

C．饱和面干状态　　D．润湿状态

154. 对混凝土抗渗性起决定性作用的因素是（ ）。

A．水泥强度　　B．混凝土强度

C．水灰比　　D．砂率

155. 欲设计强度等级为 C25 的钢筋混凝土室内大梁，施工单位统计资料表明 σ=5.0MPa，该混凝土的试配强度为（ ）。

A．33.2 MPa　　B．40 MPa

C．30 MPa　　D．25 MPa

156. 轻混凝土是指干表观密度小于（ ）kg/m^3 的混凝土。

A．2 400　　B．2 100

C．1 800　　D．1 950

157. 根据《砌体工程施工及验收规范》规定，砌筑砂浆的分层度不得大于（ ）。

A．1cm　　B．1.5cm

C．3cm　　D．4cm

158. 空心砌块是指空心率不小于（ ）的砌块。

A. 10%　　B. 15%

C. 20%　　D. 25%

159. 钢材的屈服强度与抗拉强度的比值越小，说明（ ）。

A. 结构的安全性高　　B. 钢材的利用率高

C. 结构的安全性低　　D. A和B

160. 建筑钢材中，随着其含碳量的增加，则钢材（ ）。

A. 强度和硬度增加、塑性和韧性增加

B. 强度和硬度增加、塑性和韧性降低

C. 强度和硬度降低、塑性和韧性增加

D. 强度和硬度降低、塑性和韧性降低

161. 下列木材中强度最大的是（ ）。

A. 顺纹抗压强度　　B. 顺纹抗拉强度

C. 顺纹抗弯强度　　D. 顺纹抗剪强度

162. 按热性能分，以下哪项属于热塑性树脂？（ ）

A. 聚氯乙烯　　B. 聚丙烯

C. 不饱和聚脂　　D. A和B

163. （ ）是决定石油沥青温度稳定性的技术指标。

A. 针入度　　B. 延度

C. 闪点　　D. 软化点

164. 对于炎热地区屋面防水，应选用（ ）。

A. 140号石油沥青　　B. 100号石油沥青

C. 60号石油沥青　　D. 10号石油沥青

165. 对保温隔热材料通常要求其导热系数不宜大于（ ）。

A. 0.4W/（m·K）　　B. 0.32W/（m·K）

C. 0.17W/（m·K）　　D. 0.1W/（m·K）

166.（ ）不属于节能型玻璃。

A. 吸热玻璃　　B. 热反射玻璃

C. 中空玻璃　　D. 普通平板玻璃

167. 生产硅酸盐水时，掺入石膏的作用是（ ）。

A. 缓凝作用　　B. 早强作用

C. 减水作用　　D. A和B

168. 以下对砌筑砂浆的说法中不正确的是（ ）。

A. 石灰砂浆：适用于地上、强度要求不高的低层或临时建筑工程中

B. 水泥砂浆：适用于潮湿环境、水中以及要求砂浆强度等级大于M5级的工程

C. 水泥混合砂浆耐久性好于水泥砂浆和石灰砂浆

D. 按砂浆的强度：水泥砂浆＞水泥混合砂浆＞石灰砂浆

169. 评价材料抵抗水的破坏能力的指标是（ ）。

A. 抗渗等级　　B. 渗透系数

C．软化系数　　D．抗冻等级

170. 炎热夏季大体积混凝土施工时，必须加入的外加剂是（　）。

A．速凝剂　　B．缓凝剂

C．$CaSO_4$　　D．引气剂

171. 下列材料中可用作承重结构的为（　）。

A．加气混凝土　　B．塑料

C．石膏板　　D．轻骨料混凝土

172. 烧结普通砖在墙体中广泛应用，主要是由于其具有下述除（　）外的各性能特点。

A．一定的强度　　B．高强

C．耐久性较好　　D．隔热性较好

173. 石灰熟化过程中的陈伏是为了（　）。

A．利于结晶　　B．蒸发多余水分

C．消除过火石灰的危害　　D．降低发热量

174. 硅酸盐水泥石耐热性差，主要是因为水泥石中含有较多的（　）。

A．水化铝酸钙　　B．水化铁酸钙

C．氢氧化钙　　D．水化硅酸钙

175. 砌筑砂浆的分层度为（　　）mm 时，该砂浆的保水性和硬化后性能均较好。

A．0～10　　B．10～20

C．30～50　　D．60～80

176. 对混凝土早期强度提高作用最大的外加剂为（　）。

A．M 剂　　B．硫酸钠

C．$NaNO_3$　　D．引气剂

177. 砂浆的流动性指标为（　）。

A．坍落度　　B．分层度

C．沉入度　　D．维勃稠度

178. 干燥环境中有抗裂要求的混凝土宜选择的水泥是（　）。

A．矿渣水泥　　B．普通水泥

C．粉煤灰水泥　　D．火山灰水泥

179. 现场拌制混凝土，发现黏聚性不好时最可行的改善措施为（　）。

A．适当加大砂率　　B．加水泥浆（W/C 不变）

C．加大水泥用量　　D．加 $CaSO_4$

180．测试混凝土静力受压弹性模量时标准试件的尺寸为（　）。

A．150 mm×150 mm×150 mm　　B．40 mm×40 mm×160 mm

C．70.7 mm×70.7 mm×70.7 mm　　D．150 mm×150 mm×300 mm

181．用于吸水基底的砂浆强度，主要决定于（　）。

A．石灰膏用量　　B．水泥用量和水泥强度

C．水泥强度和水灰比　　D．砂的强度

182. 砂浆保水性的改善可以采用（　）的办法。

A．增加水泥用量　　B．减少单位用水量

C．加入生石灰　　D．加入粉煤灰

183．已知混凝土的砂石比为 0.54，则砂率为（　）。

A．0.35　　B．0.30

C．0.54　　D．1.86

184．下列水泥中，和易性最好的是（　）。

A．硅酸盐水泥　　B．粉煤灰水泥

C．矿渣水泥　　D．火山灰水泥

185．检验水泥中 f-CaO 是否过量常是通过（　）。

A．压蒸法　　B．长期温水中

C．沸煮法　　D．水解法

186．工程中适用的木材主要是树木的（　）。

A．树根　　B．树冠

C．树干　　D．树皮

187．石油沥青的黏性是以（　）表示的。

A．针入度　　B．延度

C．软化点　　D．溶解度

188．石膏制品的特性中正确的为（　）。

A．耐水性差　　B．耐火性差

C．凝结硬化慢　　D．强度高

189．用于炎热地区屋面防水的沥青胶宜采用（　）配制。

A．10 号石油沥青　　B．60 号石油沥青

C．100 号石油沥青　　D．软煤沥青

190．低温焊接钢结构宜选用的钢材为（　）。

A．Q195　　B．Q235—AF

C．Q235—D　　D．Q235—B

191．材料抗渗性的指标为（　）。

A．软化系数　　B．渗透系数

C．抗渗指标　　D．吸水率

192．下列材料中可用于配制耐热混凝土（900℃）的是（　）。

A．矿渣水泥　　B．硅酸盐水泥

C．普通水泥　　D．高铝水泥

193.有抗冻要求的混凝土施工时宜选择的外加剂为（　）。

A．缓凝剂　　B．阻锈剂

C．引气剂　　D．速凝剂

194．表示砂浆流动性的指标为（　）。

A．坍落度　　B．分层度

C．沉入度　　D．维勃稠度

195.表示干硬性混凝土流动性的指标为（　）。

A．坍落度　　B．分层度

C. 沉入度　　D. 维勃稠度

196. 欲增大混凝土拌合物的流动性，下列措施中最有效的为（ ）。

A. 适当加大砂率　　B. 加水泥浆（W/C 不变）

C. 加大水泥用量　　D. 加减水剂

197. 对混凝土有利的变形为（ ）。

A. 徐变　　B. 干缩

C. 湿涨　　D. 温度变形

198. 地上水塔工程宜选用（ ）。

A. 火山灰水泥　　B. 矿渣水泥

C. 普通水泥　　D. 粉煤灰水泥

199. 为减小石灰硬化过程中的收缩，可以（ ）。

A. 加大用水量　　B. 减少单位用水量

C. 加入麻刀、纸筋　　D. 加入水泥

200. 具有调节室内湿度功能的材料为（ ）。

A. 石膏　　B. 石灰

C. 膨胀水泥　　D. 水玻璃

201. 已知混凝土的砂率为 0.35，则砂石比为（ ）。

A. 0.35　　B. 0.54

C. 0.89　　D. 1.86

202. 下列水泥中，耐磨性最好的是（ ）。

A. 硅酸盐水泥　　B. 粉煤灰水泥

C. 矿渣水泥　　D. 火山灰水泥

203. 预应力混凝土中不宜使用的外加剂为（ ）。

A. M 剂　　B. 硫酸钠

C. $NaNO_3$　　D. SM 剂

204. 可造成木材腐朽的真菌为（ ）。

A. 霉菌　　B. 腐朽菌

C. 变色菌　　D. 白蚁

205. 钢结构设计中，强度取值的依据是（ ）。

A. 屈服强度　　B. 抗拉强度

C. 弹性极限　　D. 屈强比

206. 塑性的正确表述为（ ）。

A. 外力取消后仍保持变形后的现状和尺寸，不产生裂缝

B. 外力取消后仍保持变形后的现状和尺寸，但产生裂缝

C. 外力取消后恢复原来现状，不产生裂缝

D. 外力取消后恢复原来现状，但产生裂缝

207. 在一定范围内，钢材的屈强比小，表明钢材在超过屈服点工作时（ ）。

A. 可靠性难以判断

B. 可靠性低，结构不安全

C．可靠性较高，结构安全

D．结构易破坏

208. 对直接承受动荷载而且在负温下工作的重要结构用钢应特别注意选用（ ）。

A．屈服强度高的钢材

B．冲击韧性好的钢材

C．延伸率好的钢材

D．冷弯性能好的钢材

三、多选题（以下各题的备选答案中有两个或两个以上最符合题意，请将它们选出，多选、少选及错选均不得分）

1．建筑材料，按材料的作用分，可以分为：（ ）。

A．结构材料　　　　B．墙体材料

C．屋面材料　　　　D．装饰材料

2．材料的密度是指材料在绝对密实状态下单位体积的质量，可用下式计算：$\rho=m/V$，对该公式的描述以下说法正确的有（ ）。

A．*m* 指材料的质量

B．*m* 指材料在干燥状态下的质量

C．*V* 指材料在绝对密实状态下的体积

D．*V* 指材料在自然状态下的体积

3．在材料、水和空气三相的交点处，沿水滴表面所引的切线与材料表面所成的夹角（称为润湿角）。以下说法正确的有（ ）。

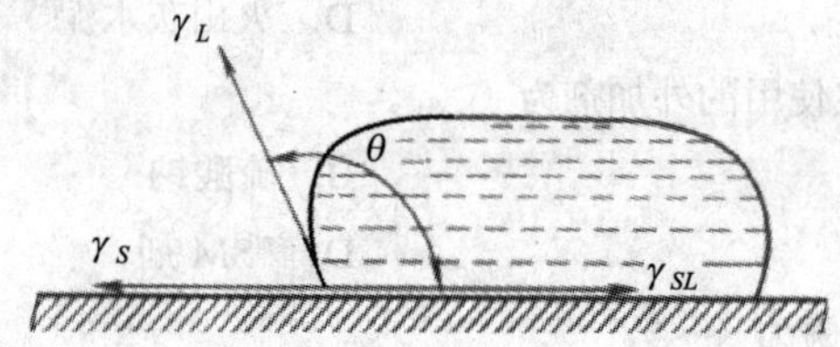

A．θ 角愈大，润湿性愈好

B．若 θ 角为零，则表示材料完全被水所润湿

C．一般认为，当润湿角 $\theta<90°$，这种材料称为憎水性材料

D．如果材料分子与水分子间的相互作用力小于水分子本身之间的作用力，那么表示材料表面不能被水所润湿，这种材料称为憎水性材料

4．以下属于亲水性材料的有（ ）。

A．砖　　　　B．混凝土

C．木材　　　　D．石蜡

5．以下对材料的导热系数的说法正确的有（ ）。

A．密实性大的材料，导热系数亦大

B．相同组成时，晶态比非晶态材料的导热系数大些

C．材料在高温下的导热系数比常温下大些

D．在孔隙率相同时，具有微细孔或封闭孔构造的材料，其导热系数偏小

6. 材料长期在高温作用下，不失去使用功能的性质称为耐热性。材料在高温作用下会发生性质的变化而影响材料的正常使用。以下属于受热变质的情况的是（　　）。

A. 二水石膏在 65～140℃脱水成为半水石膏

B. 石英在 573℃由 α 石英转变为 β 石英，同时体积增大 2%

C. 混凝土长期在 300℃以上工作会导致结构破坏

D. 石灰石、大理石等碳酸盐类矿物在 900℃以上分解

7.《建筑内部装修防火设计规范》（GB 50222—95）按建筑材料的燃烧性能不同将其分为（　　）。

A. 易燃材料　　B. 可燃材料

C. 难燃材料　　D. 非燃烧材料

8. 以下属于是非燃烧材料，但不是耐火材料的有（　　）。

A. 铝　　B. 玻璃

C. 木材　　D. 钢铁

9. 以下对材料的说法不正确的有（　　）。

A. 非燃烧材料，在空气中受到火烧或高温作用时不起火、不碳化、不微燃的材料

B. 难燃材料，在空气中受到火烧或高温高热作用时难起火、难微燃、难碳化，当火源移走后，已有的燃烧或微燃立即停止的材料

C. 易燃材料，在空气中受到火烧或高温高热作用时立即起火或微燃，且火源移走后仍继续燃烧的材料

D. 可燃材料，在空气中受到火烧或高温作用时立即起火，并迅速燃烧，且离开火源后仍继续迅速燃烧的材料

10. 以下属于脆性材料的有（　　）。

A. 砖　　B. 钢材

C. 石材　　D. 混凝土

11. 材料的耐久性是材料的一项综合性质，一般包括有（　　）等。

A. 耐磨性　　B. 抗渗性

C. 耐水性　　D. 耐光性

12. 胶凝材料根据其化学组成可分为（　　）。

A. 无机胶凝材料　　B. 有机胶凝材料

C. 气硬性胶凝材料　　D. 水硬性胶凝材料

13. 以下属于气硬性胶凝材料的是（　　）。

A. 石膏　　B. 石灰

C. 普通水泥　　D. 硅酸盐水泥

14. 制造石灰的原料中的 CO_2 逸出后，即得到主要成分为 CaO 和少量 MgO 的白色块状材料。其中，（　　）。

A. MgO 含量大于 5%时，称镁质生石灰

B. CaO 含量大于 5%时，称钙质生石灰

C. MgO 含量小于或等于 5%时，称钙质生石灰

D. CaO 含量小于或等于 5%时，称镁质生石灰

15. 根据《建筑生石灰》（JC/T 479—1992）、《建筑生石灰粉》（JC/T 480—1992）、《建筑硝石灰粉》

（JC/T 481—1992）规定，建筑石灰分钙质和镁质两类，分别又划分为（ ）几个等级。

A．优等品　　B．一等品

C．二等品　　D．合格品

16．建筑石膏的特性，主要表现在（ ）方面。

A．防火性能优良

B．具有一定的调节温度、湿度的性能

C．孔隙率大、表观密度小、强度低

D．其有良好的保温隔热和吸声性能

17．以下对砂浆宝（Ⅱ型）的说法正确的有（ ）。

A．砂浆宝是一种石灰的替代产品，能全部替代传统石灰膏

B．砂浆宝在砂浆中主要起到分散水泥，使水泥与砂子分布均匀，从而达到不沉淀、不泌水

C．掺用砂浆宝后的砂浆能有效减少施工中的裂缝、起壳、空鼓等现象

D．砂浆宝能显著改善砂浆的和易性，提高砂浆的抗压强度和黏结强度，以及抗冻、抗渗性能，提高建筑物的耐久性

18．水泥的种类很多，按照主要的水硬性物质不同，水泥可分为（ ）等系列。

A．铝酸盐水泥　　B．硅酸盐水泥

C．铁铝酸盐水泥　　D．硫铝酸盐水泥

19．普通硅酸盐水泥分（ ）几种强度等级，各强度等级又分为普通型和早强型（R 形）两种类型。

A．32.5　　B．42.5

C．52.5　　D．62.5

20．火山灰质硅酸盐水泥有（ ）几种强度等级及普通型、早强型两种类型。

A．32.5　　B．42.5

C．52.5　　D．62.5

21．硅酸盐水泥、普通水泥，凡（ ）中任何一项不符合标准规定均为不合格品。

A．细度　　B．烧失量

C．不溶物　　D．终凝时间

22．矿渣水泥、火山灰水泥、粉煤灰水泥，凡（ ）中任何一项不符合标准规定均为不合格品。

A．细度　　B．烧失量

C．不溶物　　D．终凝时间

23.混凝土按用途分，可以分为：结构混凝土、防水混凝土、（ ）等。

A．装饰混凝土　　B．耐热混凝土

C．预拌混凝土　　D．泵送混凝土

24．混凝土的耐久性主要包括：抗渗性、（ ）等。

A．抗侵蚀性　　B．抗碳化性

C．抗冻性　　D．碱—骨料作用

25．以下可以改善新拌混凝土和易性的外加剂是（ ）。

A．减水剂　　B．加气剂

C．引气剂　　D．消泡剂

26. 以下可以调节混凝土凝结硬化速度的外加剂是（ ）。

A. 早强剂　　B. 速凝剂

C. 引气剂　　D. 缓凝剂

27. 以下可以调节混凝土中空气含量的外加剂是（ ）。

A. 减水剂　　B. 加气剂

C. 引气剂　　D. 消泡剂

28. 以下可以改善混凝土物理力学性能的外加剂是（ ）。

A. 膨胀剂　　B. 抗冻剂

C. 引气剂　　D. 防水剂

29. 以下说法中正确的有（ ）。

A. 干表观密度不大于 1 950kg/m^3 的混凝土称为轻骨料混凝土

B. 保温结构轻骨料混凝土ρ_0=800～1 400 kg/m^3 主要用于既承重又保温的围护结构

C. 结构轻骨料混凝土ρ_0=1 400～1 900kg/m^3 主要用于保温的围护结构，热工构筑物等

D. 保温轻骨料混凝土ρ_0＜800kg/m^3 主要用于承重构件或构筑物

30. 混凝土强度评定的说法正确的是（ ）。

A. 每组三个试件应在同一盘混凝土中取样制作

B. 取三个试件强度的算术平均值作为每组试件的强度代表值

C. 当一组试件中强度的最大值或最小值与中间值之差超过中间值的 15%时，取中间值作为该组试件的强度代表值

D. 当一组试件中强度的最大值和最小值与中间值之差均超过中间值的 15%时，取最大最小值的中间值作为该组试件的强度代表值

31.确定石油沥青主要技术性质所用的指标包括（ ）。

A. 针入度　　B. 大气稳定性

C. 延伸度　　D. 软化点

32. 以下属于目前常用的非烧结砖的有：（ ）。

A. 蒸压灰砂砖　　B. 蒸压（养）粉煤灰砖

C. 炉渣砖　　D. 实心灰砂砖

33. 普通混凝土小型空心砌块，目前建筑上常选用的强度等级为 MU3.5、MU5.0、MU7.5、MU10 四种。（ ）多用于中高层承重砌块墙体。

A. MU3.5　　B. MU5.0

C. MU10.0　　D. MU7.5

34. 轻骨料混凝土小型空心砌块（LHB），该产品主规格尺寸为 390mm×190mm×190mm。按外观质量，砌块分为（ ）。

A. 优等品　　B. 一等品

C. 合格品　　D. 不合格品

35. 轻骨料混凝土小型空心砌块的应用范围，强度等级小于 MU5.0 的，主要用于框架结构中的非承重墙和隔墙。强度等级（ ）主要用于多层建筑的承重墙体。

A. MU3.5　　B. MU5.0

C. MU10.0　　D. MU7.5

36. 纤维水泥平板按产品的密度分：有（　）三类。

A. 普通水泥板　　B. 中密度板

C. 高密度板　　D. 轻板

37. 有色金属是指黑色金属以外的金属，以下属于有色金属的是（　）。

A. 铁　　B. 铝

C. 钢　　D. 铜

38. 钢的品种繁多，为了便于掌握和选用，常对钢从不同角度进行分类：按化学成分分类，可以分为（　）。

A. 碳素钢　　B. 低碳钢

C. 高碳钢　　D. 合金钢

39. 钢材按用途分类，可以分为（　）。

A. 建筑钢　　B. 工具钢

C. 结构钢　　D. 特殊钢

40.（　）是建筑钢材的重要工艺性能。

A. 冷拔　　B. 冷弯

C. 冷脆性　　D. 焊接性能

41. 以下对碳素结构钢的说法正确的是（　）。

A. 碳素结构钢的牌号有Q195、Q215、Q235、Q255和Q275等

B. 碳素结构钢指一般结构钢和工程用热轧板、管、型、棒材等

C. 钢材随钢号的增大，含碳量增加，强度和硬度相应提高，而塑性和韧性则降低

D. 建筑工程中应用最广泛的是Q235号钢。属低碳钢，具有较高的强度，良好的塑性、韧性及可焊性，综合性能好

42. 目前混凝土结构用钢筋主要有：（　）。

A. 热轧钢筋　　B. 钢绞线

C. 热处理钢筋　　D. 预应力混凝土用消除应力钢丝

43. 热处理是将钢材按一定规则加热保温和冷却，以获得需要性能的一种工艺过程。热处理的方法有：（　）。

A. 退火　　B. 正火

C. 淬火　　D. 回火

44. 预应力钢绞线，采用3根钢丝捻制的钢绞线（表示为1×3）、采用7根钢丝捻制的钢绞线（表示为1×7）。按应力松弛能力分为（　）。

A. Ⅰ级松弛　　B. Ⅱ级松弛

C. Ⅲ级松弛　　D. Ⅳ级松弛

45. 以下属于防止钢材锈蚀的有效措施的是：（　）。

A. 钢结构防止锈蚀的方法通常是表面刷防锈漆

B. 薄壁钢材可采用热浸镀锌后加涂塑料涂层

C. 在钢铁结构上接一块比钢铁更为活泼的金属（如锌、镁）作为阳极来保护钢结构

D. 在钢中加入合金元素铬、镍、钛、铜，制成不锈钢，以提高其耐锈蚀能力

46. 在对建筑钢材进行外观质量检查时，需要进行的检查程序是（　）。

A．尺寸测量：包括直径、不圆度、肋高等应符合标准规定

B．表面质量：不得有裂纹、结疤、折叠、凸块或凹陷

C．捆扎情况：单捆长度、质量是否符合国家规定，捆扎情况是否符合需方的要求

D．质量偏差：试样不少于 10 支，总长度不小于 60m，长度逐根测量精确到 10mm。试样总质量不大于 100kg 时，精确到 0.5kg；试样总质量大于 100kg 时，精确到 1kg。质量偏差应符合规定。

47. 施工现场堆放的建筑钢材应注明（　）等产品质量状态，注明钢材生产企业名称、品种规格、进场日期及数量等内容，并以醒目标识标明，工地应由专人负责建筑钢材收货和发料。

A．合格　　B．不合格

C．在检　　D．待检

48. 防水材料可以分为（　）。

A．柔性防水材料　　B．刚性防水材料

C．涂料类防水材料　　D．瓦片类防水材料

49. 防水防潮石油沥青具有温度敏感性较小的特点，特别适合用作防水卷材的涂料及屋面与地下防水的黏结材料。以下说法正确的是（　）。

A．3 号沥青温度敏感性一般，适用于一般地区可行走的缓坡屋面防水

B．4 号沥青温度敏感性较小，适用于一般温度下的室内及地下防水工程

C．5 号沥青温度敏感性小，适用于一般地区暴露屋顶或气温较高地区的屋面防水

D．6 号沥青温度敏感性最小，适用于一般地区，特别是用于寒冷地区的屋面及其他防水工程

50. 以下属于定型密封材料的是（　）。

A．沥青嵌缝油膏　　B．自黏性橡胶

C．橡胶止水带　　D．丁腈胶-PVC 门窗密封条

51. 木材的顺纹抗压、抗拉强度均比相应的横纹强度大得多，这与木材细胞结构及细胞在木材中的排列有关。木材的受剪方式有（　）。

A．顺纹剪切　　B．横纹剪切

C．顺纹切断　　D．横纹切断

52. 用于木材防腐的防腐剂主要有水溶性、油溶性和油质防腐剂三大类。室外应采用耐水性好的防腐剂。防腐剂注入方法主要有（　）等。

A．表面涂刷　　B．常温浸渍

C．冷热槽浸透　　D．压力渗透法

53. 与传统建材相比，塑料有（　）等特性。

A．质量轻、比强度高　　B．绝缘性好

C．耐腐蚀性好　　D．加工性能好，节能效果显著

54. 以下对塑料的说法正确的是（　）。

A．塑料虽具有许多优点，但目前存在的主要缺点是易老化、易燃、耐热性差、刚性差等

B．在塑料的配方中加入适当的稳定剂和优质颜料，可以改善老化性能

C．在塑料制品中加入较多的无机矿物质填料，可明显改变其可燃性

D．在塑料中加入复合纤维增强材料，可大大提高其强度和刚度

55. 以下几种壁纸中，属于特种塑料壁纸的是（　）。

A．印花压花壁纸　　B．镭射壁纸

C．发泡壁纸　　D．耐水壁纸

56. 塑料装饰板材是指以树脂为浸渍材料或以树脂为基材，采用一定的生产工艺制成的具有装饰功能的普通或异形断面的板材。以下属于塑料装饰板的是（　）。

A．三聚氰胺层压板　　B．玻璃钢（GRP）板

C．有机玻璃板　　D．覆塑装饰板

57. 以下对大理石的描述中正确的是（　）。

A．大理石有极佳的装饰效果，纯净的大理石为白色，多数因含有其他深色矿物而呈红、黄、棕、绿等多种色彩，磨光后光洁细腻，纹理自然，美丽典雅，是室内的高级饰面材料

B．大理石的抗风化性能差，大多数大理石的主要化学成分是碳酸钙等碱性物质，会受到酸雨及空气中酸性氧化物（如 SO_3 等）遇水形成的酸类侵蚀而失去光泽，变得粗糙多孔

C．当用作人员活动较多场所的地面装饰板材时，由于大理石的硬度较低，因而板材的磨光面易损坏

D．大理石按其表面加工程度分为：粗磨板、细磨板、半细磨板、精磨板和抛光板等

58. 以下属于石渣类砂浆饰面材料的是（　）。

A．水刷石　　B．干粘石

C．斩假石　　D．假面砖

59. 玻璃表面可用不同的加工工艺方法制出花纹饰面，常用的有（　）等。

A．压花玻璃　　B．喷花玻璃

C．雕花玻璃　　D．冰花玻璃

60. 铝合金有不同的分类方法，一般来说，可按加工工艺分为（　）。

A．热处理强化型　　B．变形铝合金

C．热处理非强化型　　D．铸造铝合金

61. 外墙涂料必须具有良好的装饰性、耐水耐候性和耐沾污性，并应施工及维修方便。常用的外墙涂料有（　）。

A．溶剂型涂料　　B．乳液型涂料

C．水溶型涂料　　D．硅酸盐无机涂料

62. 内墙涂料的主要功能是装饰和保护建筑物内墙。目前国内常用的内墙涂料有：（　）。

A．溶剂型涂料　　B．乳液型涂料

C．水溶型涂料　　D．特种涂料

63. 绝热材料的类型有（　）。

A．多孔型　　B．平板型

C．纤维型　　D．反射型

64. 自然界中甲醛是甲烷循环中的一个中间产物，背景值很低。室内空气中的甲醛主要来源是（　）。

A．工业废气　　B．建筑材料

C．汽车尾气　　D．装饰物品

65. 苯属中等毒类，苯于 1993 年被世界卫生组织确定为致癌物。苯对人体健康的影响主要表现在（　）方面。

A．气体毒性　　B．血液毒性

C．遗传毒性　　D．致癌性

66. 以下对苯的危害说法正确的是（　）。

A. 苯可导致胎儿的畸形、神经系统功能障碍以及生长发育迟缓等多种先天性缺陷

B. 女性对苯以及其同系物更为敏感，甲苯和二甲苯对生殖功能也有一定影响。孕期接触苯系物混合物时，可导致妊娠高血压综合征、呕吐及贫血等

C. 甲苯和二甲苯因其挥发性，主要分布在空气中，对眼、鼻、喉等黏膜组织和皮肤等有强烈刺激和损伤，可引起呼吸系统炎症

D. 长期接触，二甲苯可危害人体中枢神经系统中的感觉运动和信息加工过程，对神经系统产生影响，具有兴奋和麻醉作用，导热烦躁、健忘、注意力分散、反应迟钝、身体协调性下降以及头晕、恶心、呼吸困难和四肢麻木等症状，严重的导致黏膜出血、抽搐和昏迷

67. 以下对铅的危害说法正确的是（ ）。

A. 过量的铅能损害神经、造血和生殖系统，引起抽搐、头痛、脑麻痹、失明、智力迟钝

B. 铅可引起免疫功能的变化，包括增加对细菌的易感性，抑制抗体产生，以及对巨噬细胞的毒性而影响免疫

C. 铅对儿童的危害更大，因为儿童对铅有特殊的易感性，铅中毒可严重影响儿童生长发育和智力发育

D. 长期接触铅化合物可引起接触性皮肤炎或湿疹

68. 材料管理的方针、原则包括（ ）。

A. “从施工生产出发，为施工生产服务”的方针

B. 加强计划管理的原则

C. 加强核算，坚持按质论价的原则

D. 厉行节约的原则

69. 材料员应廉洁自律、秉公办事，认真执行有关法规，遵纪守法，努力钻研业务，熟悉各种材料，及时准确、保质保量完成任务。以下属于材料员的岗位职责的是（ ）。

A. 负责劳动保护用品的计划、申请、登记、发放、回收工作

B. 负责项目部材料验收、搬运、储存、标识、发放及固定财产的管理

C. 负责项目部季度验工材料成本管理，建立材料消耗台账，搞好季度验工的材料成本分析工作

D. 负责项目部能源、资源管理和可回收废弃物的回收、处置登记，易燃、易爆、危险化学品的收、发、存工作。做好仓库的消防安全管理工作

70. 材料计划管理的任务包括（ ）。

A. 建立健全材料计划管理制度

B. 做好平衡协调工作材料计划的平衡是施工生产各部门协调工作的基础

C. 采取措施，促进材料的合理使用建筑施工露天作业，操作条件差，浪费材料的问题长期存在

D. 为实现企业经济目标做好物质准备建筑企业的经营发展，需要材料部门提供物质保证

71. 按照材料计划的用途分为材料供应计划、（ ）。

A. 材料需用计划　　B. 材料申请计划

C. 材料加工订货计划　　D. 材料采购计划

72. 材料计划的编制原则是（ ）。

A. 综合平衡的原则　　B. 实事求是的原则

C. 留有余地的原则　　D. 严肃性和灵活性统一的原则

73. 材料计划在实施中常因受到内部或外部的各种因素的干扰，影响材料计划实现的一般因素

有（　）。

A. 施工任务的改变　　B. 设计变更

C. 采购情况变化　　D. 施工进度变化

74. 建筑材料采购的范围包括建设工程所需的大量建材、工具用具、机械设备和电气设备等，这些材料设备约占工程合同总价的60%以上，大致可以分为：（　）。

A. 工程用料　　B. 暂设工程用料

C. 机电设备　　D. 周转材料和消耗性用料

75. 以下对于分散采购的缺点描述正确的是（　）。

A. 就某一采购部门内来说，流动资金量小，不利于部门内资金管理

B. 分散采购难以形成采购批量，不易形成企业经营规模，从而影响企业整体经济效益

C. 局部资金占用少，但资金分散，其总体占用额度往往高于集中采购资金占用，资金总体效益和利用率下降

D. 机构人员重叠，采购队伍素质相对较弱，不利于建筑企业材料采购供应业务水平的提高

76. 关于材料的基本性质，下列说法正确的是（　）。

A. 材料的表观密度是可变的

B. 材料的密实度和孔隙率反映了材料的同一性质

C. 材料的吸水率随其孔隙率的增加而增加

D. 材料的强度是指抵抗外力破坏的能力

77. 建筑石膏制品具有（　）等特点。

A. 强度高　　B. 质量轻

C. 加工性能好　　D. 防火性较好

78. 下列对于硅酸盐水泥叙述错误的是（　）。

A. 现行国家标准规定硅酸盐水泥初凝时间不早于45min，终凝时间不迟于10h

B. 不适宜大体积混凝土工程

C. 不适用配制耐热混凝土

D. 不适用配制有耐磨性要求的混凝土

79. 在水泥的储运与管理中应注意的问题是（　）。

A. 防止水泥受潮

B. 水泥存放期不宜过长

C. 对于过期水泥作废品处理

D. 严防不同品种、不同强度等级的水泥在保管中发生混乱

80. 某工地施工员拟采用下列措施提高混凝土的流动性，其中可行的措施是（　）。

A. 加氯化钙

B. 加减水剂

C. 保持水灰比不变，适当增加水泥浆数量

D. 多加水

81. 为提高混凝土的耐久性可采取的措施是（　）。

A. 改善施工操作，保证施工质量　　B. 合理选择水泥品种

C. 控制水灰比　　D. 增加砂率

82. 对于砌筑砂浆下列叙述错误的是（ ）。

A. 砂浆的强度等级以边长为 150mm 的立方体试块在标准养护条件下养护 28d 的抗压强度平均值确定

B. 砂浆抗压强度越高，它与基层的黏结力越大

C. 水泥混凝土砂浆配合比中，砂浆的试配强度按 $f_{mo}=f_{设}+1.645\delta$ 计算

D. 砌筑在多孔吸水底面砂浆，其强度大小与水灰比有关

83. 对于加气混凝土砌块，下列说法正确的是（ ）。

A. 具有良好的保温隔热性能　　B. 耐久性好

C. 加工方便　　D. 可用于高层建筑柜架结构填充墙

84. 钢筋的拉伸性能是建筑钢材的重要性能，由拉伸试验测定的重要技术指标包括（ ）。

A. 拉伸率　　B. 抗拉强度

C. 韧性　　D. 弯曲性能

85. 材料吸水后，原有性能会发生改变，下列说法正确的是（ ）。

A. 强度降低　　B. 表观密度增加

C. 体积收缩　　D. 耐久性降低

86. 对于建筑石灰，以下叙述正确的有（ ）。

A. 石灰水化产生大量的热

B. 石灰水化时产生体积膨胀

C. 石灰硬化时体积收缩，因此，不宜单独使用

D. 石灰凝结硬化较快

87. 与普通水泥相比，矿渣水泥具有以下特点（ ）。

A. 抗冻性好　　B. 水化放热量低

C. 耐热性好　　D. 早期强度高

88. 对于一项紧急抢修工程可选用如下水泥品种（ ）。

A. 白色硅酸盐水泥　　B. 粉煤灰水泥

C. 快硬硅酸盐水泥　　D. 高铝水泥

89. 提高混凝土强度的措施是（ ）。

A. 采用高强度水泥　　B. 增大砂率

C. 增大粗骨料的最大粒径　　D. 降低水灰比

90. 在混凝土配合此设计中，下列说法正确的是（ ）。

A. 确定混凝土配制强度时，标准差越大，说明施工单位品生产管理水平越好

B. 在满足混凝土强度和耐久性的基础上确定水灰比

C. 在满足混凝土和易性的基础上，根据骨料的品种规格确定单位用水量

D. 砂率反映了砂子和石子之间比例关系

91. 提高水泥砂浆保水性的措施主要有（ ）。

A. 提高水泥用量　　B. 加微粒剂

C. 加石膏　　D. 加石灰膏

92. 木材的主要缺陷有（ ）。

A. 木节　　B. 腐朽

C. 变色　　　　　　　　　　　　　　　　D. 虫害

93. 关于钢筋的冷加工，下列说法正确的是（　）。

A. 钢筋的冷加工主要有冷拉、冷拔、冷轧 3 种方法

B. 甲级冷拔钢丝适用于作预应力筋，乙级钢丝适用于作焊接网和构造钢筋

C. 钢筋冷拉通常在低温下进行

D. 冷轧带肋钢筋适用于作预应力混凝土构件和普通钢筋混凝土构件

94. 对于 SBS 和 APP 防水卷材，下列说法正确的是（　）。

A. 两种卷材均属于改性沥青防水卷材

B. SBS 属于弹性体防水卷材

C. APP 属于塑性体沥青防水卷材

D. SBS 卷材尤其适用于较低气温环境的建筑防水

参考答案

一、判断题

1～10 × √ √ × × × √ √ √ ×
11～20 √ × √ × × × √ × √ ×
21～30 √ √ × × × √ × × √ ×
31～40 √ × × × √ √ √ × × ×
41～50 √ √ × √ √ √ × × √ √
51～60 √ √ × √ √ × × × × √
61～70 √ × √ √ × √ √ √ × √
71～74 √ √ × √

二、单选题

1～10 BDCCCABBDB
11～20 DABDCACBDA
21～30 CCBDBBCDCC
31～40 BCACCDBAAD
41～50 CDCADBDBCA
51～60 CCABBCADBD
61～70 CABCACABBC
71～80 BDBBBBCADC
81～90 CBAABBCABC
91～100 BCBDDABCAA
101～110 DBDACADCDC
111～120 BDBDCCCDAC
121～130 ABDDBCADDA
131～140 CDABDCABCA
141～150 DBDBCAAADD
151～160 CDACADCDAB
161～170 BDDDCDACCB
171～180 DBCCBBCBAD
181～190 BDABCCAAAC
191～200 BDCCDDCCCA
201～208 BAABAACB

三、多选题

1～10 AD BC BD ABC ABCD ABD ABCD ABD CD ACD
11～20 ABCD AB AB AC ABD ABCD ABCD ABCD BCD ABC
21～30 ABCD AD AB ABCD AC ABD BCD ABCD AB ABC
31～40 ACD ABCD AB BC CD BCD BD AD BCD ABD
41～50 ABCD ABCD ABCD AB ABCD ABD ABCD ABD CD BCD
51～60 ABD ABCD ABCD ABCD BD ABC ABCD ABC ABCD BD
61～70 ABD ABCD ACD ABCD BCD ABCD ABC ABCD ABCD ABCD
71～80 ABCD ABCD ABCD ABCD BCD ABD BCD AD ABD BC
81～90 ABC ACD ABCD AB ABD ABC BC CD AD BCD
91～94 BD ABCD ABD ABCD

参考文献

[1] 曹文达. 材料员必读[M]. 北京：中国电力出版社，2004.

[2] 中国建设教育协会. 材料员专业管理实务[M]. 北京：中国建筑工业出版社，2007.

[3] 中国建设教育协会. 材料员专业基础知识[M]. 北京：中国建筑工业出版社，2007.

[4] 潘全祥. 材料员必读[M]. 北京：中国建材工业出版社，2001.

[5] 本书编委会. 材料员[M]. 武汉：华中科技大学出版社，2010.

[6] 本书编委会. 材料员一本通[M]. 北京：中国建材工业出版社，2008.

[7] 李建钊. 材料员全能图解[M]. 天津：天津大学出版社，2009.

[8] 樊晶光，等. 现场材料员岗位通（建筑工程类）[M]. 北京：北京理工大学出版社，2009.